2026
중국 과학기술의 부상과 미래 전망

2026
중국 과학기술의 부상과 미래 전망

2025년 11월 28일 초판 1쇄

엮음	한중과학기술협력센터·재중한인과학기술자협회
펴낸곳	HadA
펴낸이	전미정
책임편집	전혜영
교정·교열	이민주
디자인	윤종욱

출판등록	2009년 12월 4일, 제420-251002009000230호
주소	서울 중구 퇴계로 235, 211호
전화	070-7090-1177
팩스	02-2275-5327
이메일	go5326@naver.com
홈페이지	www.hadabooks.com
ISBN	978-89-97170-81-4 03500

정가 23,000원

ⓒ 한중과학기술협력센터·재중한인과학기술자협회, 2025

이 책은 저작권법에 따라 보호받는 저작물이므로 무단 전재와 무단 복제를 금지하며,
이 책 내용의 전부 또는 일부를 이용하려면 반드시 저작권자와 도서출판 하다의 동의
를 받아야 합니다.

The Future Outlook of Science and Technology

2026 중국 과학기술의 부상과 미래 전망

HadA

프롤로그

급변하는 국제 환경과 새로운 한중 협력

21세기 중반을 향해 가는 오늘, 글로벌 정세는 전례 없는 불안정성과 복합적 전환기를 동시에 맞이하고 있다. 러시아-우크라이나 전쟁 장기화, 불안정한 중동의 지정학, 트럼프 2.0 행정부의 등장과 자국 우선주의 확산, 미중 갈등 심화 등으로 국제 질서 전반의 불확실성이 증가했다. 여기에 글로벌 공급망 재편과 AI·양자·바이오 등 신기술 패러다임의 가속화가 첨단기술과 국가안보의 일체화 흐름과 맞물리면서, 세계 경제는 그 어느 때보다 위협과 기회가 공존하는 변곡점에 진입했다.

 이러한 격변의 한가운데에서 중국의 과학기술은 더 이상 '추격자'가 아니라 글로벌 선도국으로 부상하고 있다. 딥시크DeepSeek의 초거대 AI 모델, 유니트리Unitree의 휴머노이드 로봇, 양자컴퓨팅의 혁신, 바이오파운드리와 합성생물학의 도약은 모두 중국의 도전과 성취를 상징적으로 보여준다. 중국은 기술-산업-국가-국제 질서를 포괄하는 국가 주도형 혁신 정책의 틀 속에서, 한국의 20배를 넘는 전략적 R&D 투자를 기반으로 인재 양성, 산업 육성, 공급망 자립화, 국제 표준·동맹 외교를 통해 글로벌 리더십을 강화하고 있다.

그간 중국에 대한 연구는 주로 기술 발전 자체나 개별 산업 대응 전략에 국한되어 왔다. 그러나 오늘날 과학기술은 단순한 산업 성장의 수단을 넘어, 국가안보와 패권 경쟁의 핵심 축으로 부상했다. AI·반도체·양자·바이오 등 전략기술 분야에서 국가 간 관세와 제재가 이어지는 현실은 과학기술이 더 이상 연구나 산업의 문제에 머물지 않음을 보여준다. 기술 경쟁은 곧 안보 경쟁이며, 공급망 재편은 외교·경제 질서의 재구축과 직결된다. 첨단과학기술은 이제 국제정치 무대에서 국가 전략의 핵심 자산으로 작동하며, 국가의 미래 위상을 결정짓는 새로운 패권의 언어가 되었다.

● 『2026 중국 과학기술의 부상과 미래 전망』에 담긴 글

이 책은 총 20편의 글로 구성되어 있으며, 중국의 과학기술 역량, 분야별 전략과 성과, 그리고 한중 과기 협력의 새로운 모델을 중심으로 총 4부로 집필되었다.

1부에서는 KISTI의 데이터 분석을 기반으로 중국의 과학기술 역량과 전망을 다루었고, 2부에서는 양자컴퓨팅, 신에너지, 이차전지, 바이오파운드리, 유전체, 반도체, 고에너지, 신소재, 항공우주 등 기초과학 생태계를 분석하였다.

3부는 디지털 분야를 다루며, AI 융합, 휴머노이드, 디지털 공급망 등 첨단과학기술의 전반적 흐름을 분석하고 분야별 시사점을 제시했다. 특히 2·3부의 집필에는 재중한인과학자협회 소속 중국 현지 교수들과 KIEP, KISDI, STEPI, 한양대학교 연구자가 참여하여 현장성과 전문성을 높였다.

4부는 새로운 한중 과기 협력 패러다임을 모색한 부분으로, 기술과 안보가 직결되는 국제정치학적 관점에서 서울대 김상배 교수와 중앙대 이승주 교수의 참여로 심층적 논의가 가능했다. 이로써 「기술-산업-국제」를 연결하는 다층적 분석 틀이 완성되었다.

20명의 전공이 서로 다른 저자들이 함께 집필하는 과정은 큰 도전이었다. 일정 조율의 어려움은 물론, 이공계와 사회과학의 관점과 언어 차이를 조정하는 일도 쉽지 않았다. 그 과정에서 재중과학기술자협회장인 남경농업대학교 정용삼 교수의 조율과 지원이 결정적인 역할을 했다.

한편 원고 집필 과정에서 일부 추가적 보완이 필요해 보이기도 했으나, 출판 지연보다는 현시점의 결과물을 공유하는 것이 의미 있다고 판단했다. 이번 출간을 계기로 중국 과학기술 부상이 한국에 던지는 다층적 시사점을 확인한 것만으로도 큰 성과라 생각한다. 향후에는 중국의 기술 R&D, 산업 연계, 인재 육성, 시장 보호·창출, 표준화·동맹, 글로벌 전략 등 다양한 변수들이 어떻게 맞물려 작동하는지를 심층적으로 탐구할 필요가 있다. 또한 현지 정량 데이터를 활용해 중국의 과학기술 부상을 시각화하는 후속 연구도 필요하다. 이번 출판이 한국의 글로벌 과기 협력 전략, 그리고 대중국 전략 모색에 새로운 시각과 지적 기반을 제공하기를 기대한다.

● 과학기술의 선도자로 부상한 중국

분야별 원고를 종합하면, 중국은 이제 과학기술의 새로운 선도국임이 명확하다. 전기차·배터리·태양광·무인기·고속철도 등에서 중국은 이미 세계 1위를 차지하고 있으며, 반도체와 AI 분야에서도 격차는 줄어들고 있다. SMIC의 7나노 공정 돌파와 딥시크의 대규모 AI 모델 성공은 미국의 견제를 자극하며 새로운 경쟁의 장을 열었다.

바이오와 신소재 분야에서도 중국은 합성생물학, 그래핀, 희토류 등 전략 분야를 집중 육성하며 '기술-산업-자원'의 삼각구조를 정교하게 결합해 국가안보와 연계된 핵심 전략 자원으로 발전시키고 있다.

기업 차원에서도 혁신이 돋보인다. 화웨이는 반도체 제재 속에서도 자체 칩을 탑재한 스마트폰을 출시하며 시장을 선도하고 있고, CATL은 인산철 배터리를 통해 한국이 주력한 삼원계 배터리를 우회·추월했다. 테슬라와 경쟁하는 BYD, 스마트폰 제조사에서 전기차 기업으로 확장한 샤오미의 사례는 기술 혁신의 폭과 속도를 보여준다.

특히, 선진국과의 협력이 축소되는 가운데 중국이 일대일로, BRICS, SCO 등 신흥국과의 협력을 3배 이상 확대하며 '기술 외교'의 새로운 무대를 개척하고 있다는 점은 주목할 만하다. 이는 중국이 단순한 '과학기술 강국'을 넘어 국제 질서 재편의 축으로서 기술 외교의 선도자 역할을 자임하고 있음을 보여준다.

● 위기와 도전, 새로운 한중 협력 패러다임의 모색

이 책은 미중 경쟁, 첨단기술의 안보화, 그리고 한국의 새로운 대응 전략을 심도 있게 다루고 있다. 기존의 '기술 우위를 바탕으로 한 시장 진출형 협력'이나 '안미경중安美經中' 프레임은 이미 한계를 드러냈다. 한국의 대중 무역수지는 구조적 적자로 전환되었고, 양국의 산업·R&D 구조는 높은 유사성을 보이며 협력보다 경쟁의 긴장이 부각되고 있다. 실제로 중국의 국제 과기 협력 파트너 중 한국은 남아공·핀란드보다도 낮은 12위 수준에 머물고 있으며, 협력 분야도 바이오·에너지·환경 등 일부에 제한되어 있다. 반도체·농업·신소재 분야에서는 사실상 협력이 부재하다. 게다가 트럼프 2기의 등장으로 관세전쟁이 재점화되어 '안미安美' 프레임 자체를 흔들고 있다. 협력의 외연이 축소되고 경쟁의 내연이 강화되는 현 국면에서, 한국은 새로운 협력 모델을 모색해야 한다.

현재 한중 과기 협력은 네 가지 도전에 직면해 있다.
① 첨단기술의 안보화로 응용기술 협력이 구조적으로 제약되고 있다.
② 협력의 규모와 위상 측면에서 한국의 존재감이 약화되고 있다.
③ 국제 표준과 규범 경쟁에서 한국의 전략적 대응이 부족하다.
④ 민간 협력의 부재와 거버넌스 미비로 양국 협력의 내실이 약화되고 있다.

이러한 도전 속에서 한국이 모색해야 할 것은 단순한 협력의 확대가 아니라 새로운 패러다임의 구축이다. 양국 모두 글로벌 공급망 재편과 기술 안보화라는 흐름 속에서 선택적 협력의 필요성을 공유하고 있으며, 기후·보건·환경 등 국제 공공재 영역에서는 여전히 협력의 정당성과 유인이 존재한다.

● 한중 과학기술 협력의 새로운 방향과 전략

4부에서 제시한 새로운 협력 패러다임은 ① 취약성 보완, ② 개방-폐쇄 균형, ③ 상향식-하향식 결합을 통한 지정학적 리스크 대응으로 요약된다.

첫째, 리스크 분산형 협력이 필요하다. 미중 전략 경쟁으로 국제 공동연구 네트워크가 약화되는 가운데, 연구자 중심의 개별 교류를 넘어 국가 차원의 리스크 분산형 협력 전략을 추진해야 한다.

둘째, 개방과 폐쇄의 균형을 유지해야 한다. 과학기술 협력은 본질적으로 개방에 기반하지만, 전략 경쟁의 시대에는 일정 수준의 폐쇄성이 불가피하다. 지정학적 리스크 관리와 혁신 생태계의 활력 유지라는 두 목표를 병행해야 한다.

셋째, 정부 주도의 전략적 협력이 요구된다. 전략 경쟁 시대에는 정부 주도의 하향식 협력을 병행하여 신속하고 파격적인 국제 협력 추진이 필요하다. 정상 외교 등 상위 차원의 합의가 이를 뒷받침해야 하며, 상향식과 하향식을 결합한 과기 협력 전략 설계가 중요하다.

● **위중유기(危中有機)의 지혜**

첨단과학기술 협력은 시행착오와 탐색을 통해 새로운 혁신을 발견하는 과정이다. 한중 협력의 전략 방향은 다음과 같다.

첫째, 미래기술·기초연구 분야에서의 전략적·선택적 협력이다. 첨단 바이오, 뇌과학, 양자, 신소재 등 불확실성이 크고 위험이 높은 초기 단계 기술은 양국이 공동으로 리스크를 분산하며 혁신의 가능성을 확장할 수 있는 영역이다.

둘째, 기후·에너지·환경·보건 등 국제 공공재 분야의 기여형 협력을 확대해야 한다. 이는 단순한 기술 협력을 넘어 국제사회에서의 책임성과 정당성을 확보할 수 있는 영역으로, 고위급 정책 대화나 국제기구와의 다자 협력으로도 발전할 수 있다.

셋째, 서방과의 병행 협력을 통한 균형 전략 구축이다. 중국과의 협력이 불가피하다면, 이를 미국·유럽 등과의 협력과 병행해 국제적 정당성과 전략적 자율성을 확보해야 한다.

결국 한중 과기 협력은 단순한 기술 교류를 넘어 '기술-안보 일체화 시대'를 포괄하는 전략적 협력 모델로 재설계되어야 한다. 이는 응용기술 경쟁을 인정하면서도 미래기술과 공공재 분야에서 협력의 가능성을 모색하는 '경쟁적 협력competitive cooperation'의 새로운 틀이다.

최근 국제 환경의 높은 불확실성은 한중 과기 협력에 위기이자 동시에 기회를 제공하고 있다. 미국의 견제와 중국의 부상 속에서 한국은 협력과 경쟁이 교차하는 전략적 갈림길에 서 있다. 그러나 위기 속에서도 반드시 기회는 존재한다.

위중유기危中有機 — 위기 속에서 새로운 기회를 찾아내는 지혜와 전략이야말로, 한중 과기 협력의 새로운 패러다임을 여는 출발점이 될 것이다.

이것이 바로 이 책의 기획과 출판의 근본적 동기이다.

2025년 11월

20명의 저자를 대신해서
김 준 연 한중과학기술협력센터장

CONTENTS

프롤로그   급변하는 국제 환경과 새로운 한중 협력   04

제1부 기술 도약의 전환점
― 중국 과학기술의 약진을 읽다

01 데이터로 본 중국 과학기술의 도약과 미래 좌표 • 박진서   16
02 한중 과기 협력의 궤적과 흐름 • 김종선   28
03 추격자에서 선도자로, 중국 과학기술의 진화 • 김창현   39

제2부 기초에서 미래로
― 중국의 과학기술 생태계

04 양자의 문을 두드리는 중국, 양자컴퓨터 시대의 시작 • 황명중   52
05 수소경제를 향한 중국의 에너지 패권 전략 • 김정식   62
06 중국 이차전지 산업의 전략과 미래 전망 • 김종명   84
07 바이오파운드리, 생명과학과 제조의 융합 전망 • 정용삼   98
08 기후위기 시대의 해법, 환경유전체 연구 전략 • 김은유   110
09 고에너지물리학, 중국의 도전과 위상 • 김성수   124
10 신소재 혁신, 기술 강국을 떠받치는 전략 자원 • 김장용   138
11 우주 산업의 부상과 국제 질서 재편 • 정다훈   154

제3부 **디지털 제국의 부상**
　　　　— 중국 기술 혁신의 최전선

　12　반도체 굴기의 현재와 대응 전략 • 오종혁　　　　　168
　13　두뇌를 향하는 AI 반도체의 진화 • 백은혜　　　　　185
　14　AI 응용 산업의 폭발적 성장과 전략 • 조은교　　　　198
　15　휴머노이드 로봇, 중국의 Next Big Thing • 백서인　　211
　16　디지털 공급망 혁신과 기술 주권의 재구성 • 정지현　　225
　17　플랫폼의 글로벌화, 중국식 디지털 확장의 논리 • 김성옥　237

제4부 **협력의 재설계**
　　　　— 새로운 한중 과기 협력 패러다임

　18　딥시크 이후, 과학기술의 부상과 국제정치 • 김상배　　256
　19　미중 경쟁 시대, 기술의 안보화와 한국의 선택 • 이승주　268
　20　글로벌 전환기 속 한중 협력의 새로운 전략 프레임 • 김준연　279

••• 　부록: 중국 과학기술 통계　　　　　　　　　　　　　291
••• 　저자소개　　　　　　　　　　　　　　　　　　　　300

제1부

기술 도약의 전환점

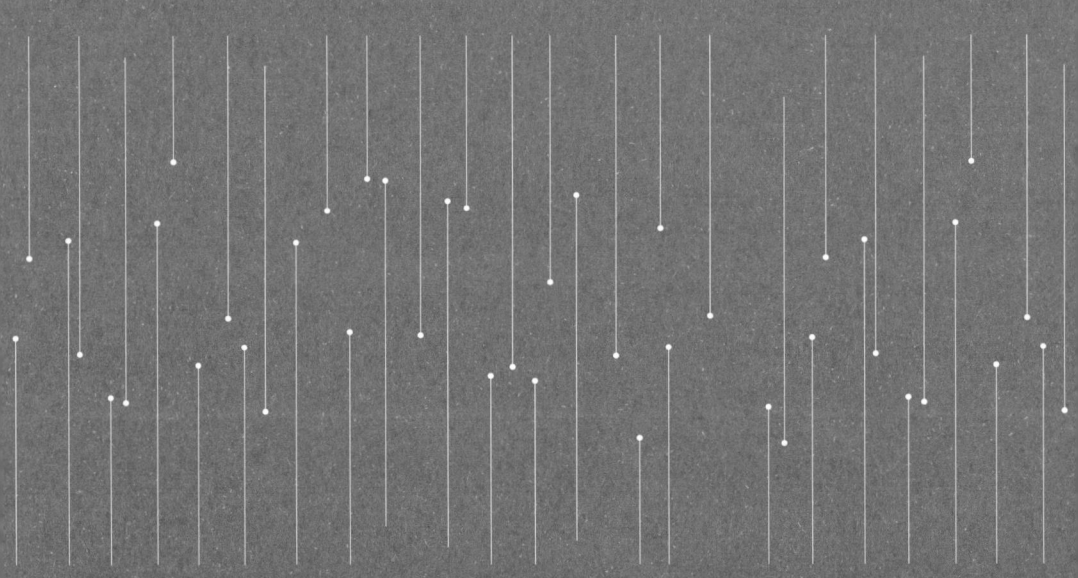

中국 과학기술의
약진을 읽다

01 데이터로 본 중국 과학기술의 도약과 미래 좌표
02 한중 과기 협력의 궤적과 흐름
03 추격자에서 선도자로, 중국 과학기술의 진화

01
데이터로 본 중국 과학기술의 도약과 미래 좌표

박진서 | 한국과학기술정보연구원

중국은 2008년 금융위기 이후에도 연구개발 투자를 확대하며 과학기술 대국으로 부상했고, 2019년 무렵에는 국내총연구개발지출GERD 규모에서 미국을 추월할 것이라는 전망이 제기되었다. KISTI의 데이터 분석 결과, 논문의 양적·질적 측면에서 양자기술 등 일부 전략 분야는 미국의 우세가 지속되는 반면, 중국은 물리·공학·화학·AI 등 거의 모든 영역의 STEM 분야에서 미국과 대등한 수준의 글로벌 위상을 확보한 것으로 분석된다. 본고에서는 중국이 장기 투자와 정책 드라이브를 통해 글로벌 과학기술 패권 경쟁의 구조적 변화를 이끌 수 있는지에 대해 최근의 성과와 현황을 분석하고, 한계점과 전망을 제시한다.

중국 과학기술의 성장과 배경

2008년 글로벌 금융위기는 연구개발 생태계에도 영향을 미쳤다. 미국, 일본, EU 등 다수 국가는 공공 연구개발 지출을 축소했으나, 한국, 독일, 중국은 오히려 확대했다. 특히 중국은 글로벌 위기 속에서도 연구개발 투자를 급격히 확대하여 2019년 무렵 전체 연구개발 지출에서 미국을 추월할 것이라는 전망이 제기되었다.

중국은 2006년 「국가 중장기 과학기술 발전 계획 요강」을 통해 27개 첨단기술을 선정하고 GERD 비율을 2.2%까지 높이겠다고 밝혔다. 이어 2016년 「혁신주도발전전략개요」에서는 2050년까지 세계적 혁신 강국을 목표로 GERD 비율을 2.5%까지 끌어올리겠다는 계획을 제시했다. 이러한 장기 정책과 대규모 투자가 결합되면서 중국은 논문 수에서 이미 미국을 앞섰고, 일부 분야에서는 질적 측면에서도 우위를 차지했다는 평가가 나온다. 그러나 연구부정행위 등 구조적 문제로 인해 국제적 신뢰에는 여전히 논란이 따른다.

그렇다면 중국 과학기술이 양적으로 어느 정도 성장했는지, 또한 인용 영향력 측면에서 어느 정도의 우수성Excellence을 확보하고 있는지를 KISTI 글로벌R&D분석센터의 축적된 데이터 분석을 바탕으로 살펴보자.

논문 데이터를 통한 과학기술 성과 분석

연구개발 성과가 모두 논문으로 나타나는 것은 아니지만, 학술논문은 지식이 형식화되는 가장 보편적 형태이므로 국가별 과학기술 수준을 파악하는 핵심 지표로 활용된다. 그러나 학술논문의 질Quality, 영향력Impact, 우수성Excellence을 양적으로 평가하는 데에는 학계의 합의가 없다. 개별 논문은 독창성이나 유용성 등 다양한 기준에서 평가될 수 있으며, 학문 분야마다 '질'의 기준 또한 다르다. 따라서 미시적 수준에서는 전문가의 정성적 평가가 우선되어야 하지만, 국가 간 비교와 같은 거시적 분석에서는 모든 논문을 정성적으로 평가하기 어렵기 때문에 지표 활용이 불가피하다.

대표적인 지표인 피인용 수는 영향력을 가늠할 수 있으나, 분포가 비대칭적이어서 평균값으로는 대푯값 역할을 하기에 적절하지 않다. 이에 따라 최근에는 백분위percentile 지표가 우수성을 보여주는 보다 안정적인 대안으로 주목받고 있다. 실제로 2014년 국제학술대회에서 채택된 「라이덴 선언The Leiden Manifesto」도 분야별 인용률 차이를 정규화하기 위한 방법으로 백분위 지표의 사용을 권장하였다.

미중 과학기술 경쟁의 구도와 지형

KISTI 글로벌R&D분석센터는 연구 주제를 4,140개 라이덴Leiden 클러스터로 정의한 뒤, 시기별로 미국과 중국의 클러스터별 전체 논문 수, 글로벌 상위 10% 논문 수, 그리고 상위 1% 논문 수를 산출하였다. 각 노드의 색상은 미국의 상대적 비중을 나타내는 것으로, '미국의 상대적 비중 = 미국 논문 수/(미국 논문 수 + 중국 논문 수)'로 정의된다. 색상 점수 0.5흰색는 양국의 논문 수가 동일함을 의미하며, 1.0파란색은 미국의 절대적 우위를 뜻한다. 따라서 0.5를 넘어 1에 가까울수록 미국의 상대적 우세, 반대로 0.0빨간색은 중국의 절대적 우위, 0.5 미만에서 0에 가까울수록 중국의 상대적 우세를 나타낸다.

2017~2019년 기준 웹오브사이언스Web of Science 논문을 대상으로 미국과 중국의 클러스터별 논문 수를 비교한 결과 <그림 1>에서 보듯이 사회과학 및 인문학, 의생명과학 및 보건과학 분야를 제외한 거의

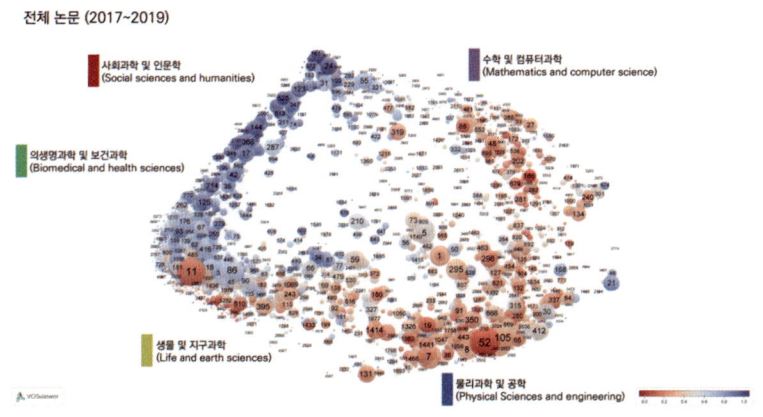

그림 1 — 전체 논문 수 기준 미·중 과학기술 경쟁 지형도 (2017~2019)

출처 : 박진서·이준영(2021), 「글로벌 미·중 과학기술경쟁 지형도」, KISTI Data Insight 제17호, 한국과학기술정보연구원.

> **그림 2** ─ 상위 1% 논문 수 기준 미·중 과학기술 경쟁 지형도 (2017~2019)

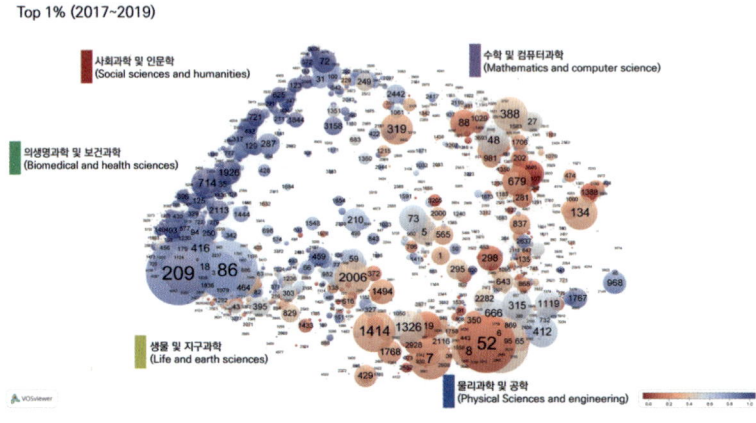

출처: 박진서·이준영(2021), 「글로벌 미·중 과학기술경쟁 지형도」, KISTI Data Insight 제17호, 한국과학기술정보연구원.

모든 분야에서 중국이 논문 수라는 양적 측면에서 미국을 압도하고 있음을 확인할 수 있다. 한편 인용 영향력이 가장 높은 최상위 1% 논문 수를 기준으로 살펴보더라도, <그림 2>에서 나타나듯이 물리과학 및 공학, 수학 및 컴퓨터과학 영역에서는 중국의 우세가 뚜렷하게 나타났다.

KISTI 글로벌R&D분석센터는 전체 논문 수, 상위 10% 논문 수, 최상위 1% 논문 수를 기준으로 중국이 미국을 추월했는지 여부와 그 시기를 검토했을 뿐 아니라, 국가별 해당 분야의 우수성을 보여주는 상위 10% 논문 비율도 함께 분석하였다. 그 결과는 <표 1>에 제시되어 있다. 이 표는 OECD 과학기술 분류에 따른 20개 연구 분야별로 중

표 1 — 분야별 중국의 미국 추월 시기

OECD 분류 (20개 STEM 영역)	논문 수 기준 중국의 미국 추월 시기			미국과 중국의 상위 10% 논문 비중 (2017~2019)	
	전체 논문 수	상위 10% 논문 수	최상위 1% 논문 수	중국	미국
1.01 수학	2017	2017	2015	11.68%	10.40%
1.02 컴퓨터 및 정보과학	2015	2015	2015	13.15%	13.60%
1.03 물리학 및 천문학	2014	2018	2019	10.77%	13.89%
1.04 화학	2008	2012	2014	14.88%	13.74%
1.05 지구·환경과학	2017	2018	2018	13.20%	13.07%
1.06 생명과학	–	–	–	10.99%	14.05%
2.01 토목공학	2016	2015	2017	12.38%	9.74%
2.02 전기전자공학	2012	2014	2015	11.66%	14.30%
2.03 기계공학	2014	2014	2015	10.95%	9.11%
2.04 화학공학	2008	2010	2013	15.49%	11.40%
2.05 재료공학	2007	2013	2015	13.62%	13.95%
2.06 의공학	–	–	–	12.58%	13.15%
2.07 환경공학	2012	2013	2013	17.58%	14.49%
2.08 환경BT	2015	2017	–	10.41%	13.82%
2.09 산업BT	2013	2013	2012	14.22%	14.32%
2.10 나노기술	2013	2014	2014	21.82%	18.14%
3.01 기초의과학	–	–	–	9.98%	14.12%
3.02 임상의학	–	–	–	8.94%	15.15%
3.03 보건과학	–	–	–	12.95%	11.49%
4.01 농림어업	2018	2015	2017	13.88%	10.36%

출처 : 박진서·이준영(2021), 「글로벌 미·중 과학기술경쟁 지형도」, KISTI Data Insight 제17호, 한국과학기술정보연구원.

국이 논문 수 기준에서 미국을 추월한 시기와 각 분야의 상위 10% 논문 비율을 요약한 것이다. 분석 결과, 생명과학 및 보건의료를 제외한 과학, 기술, 공학, 수학 전 영역에서 중국이 미국을 양적·질적으로 앞섰으며, 전반적인 연구 수준에서도 양국이 대등한 수준에 있음을 보여준다.

첨단과학기술 분야별 중국의 경쟁력

본고는 전 분야의 국가별 경쟁력 분석에 더해 생성형 AI, 반도체, 양자기술 등 미래전략기술로 부상한 연구 분야에서도 다양한 수준 분석을 수행하였다. 이 절에서는 생성형 AI, 반도체, 양자기술을 중심으로 해당 분야의 국가별 연구 수준을 보여주는 상위 10% 논문 비율과 점유율을 통해 중국 과학기술의 현황을 살펴보고자 한다.

먼저 생성형 AI 분야의 경우 세부 분야는 딥러닝 모델Deep Learning, 자연어 처리Natural Language Processing, 얼굴 인식Face Recognition, 음성 인식Speech Recognition, 초고해상도 변환Super-Resolution 등으로 구분된다. <그림 3>은 이러한 세부 분야별로 국가별 우수성상위 10% 비율과 상위 10% 논문 점유율을 보여준다.

분석의 결과, 중국은 생성형 AI 다섯 개 세부 연구 영역 모두에서 우수성이 글로벌 평균인 10%를 상회하며, 음성 인식을 제외한 분야에서는 글로벌 상위 10% 논문 점유율에서 미국을 현저하게 앞지르고 있다.

그림 3 ― 생성형 AI 분야별 상위 20개국의 상위 10% 점유율 대 상위 10% 엑셀런스 비교 (2016~2021년)

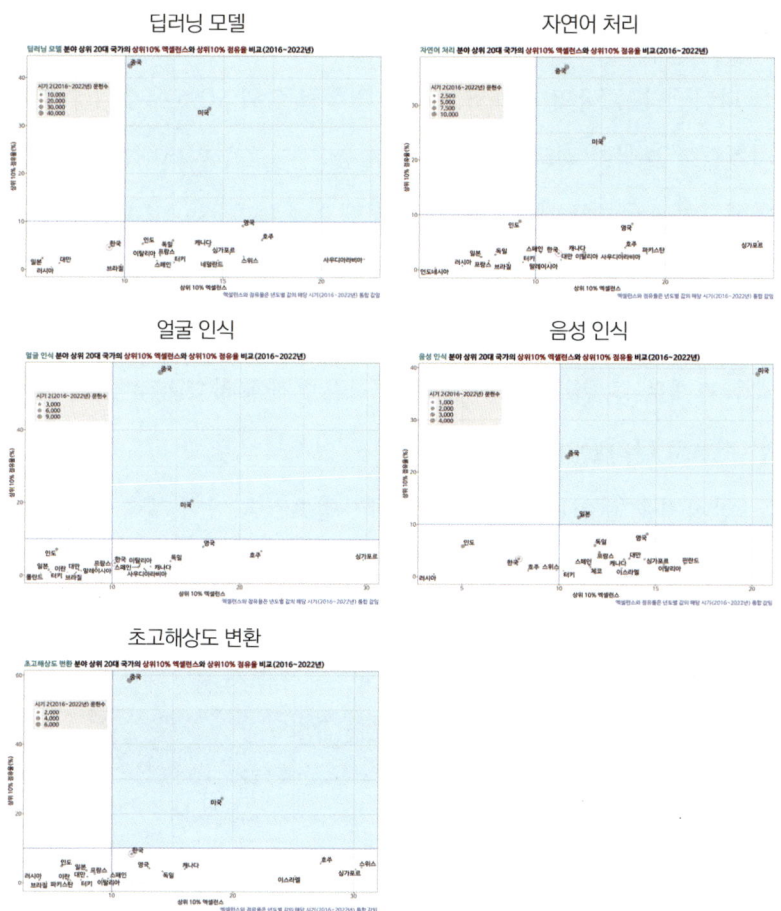

출처 : 소대섭 외(2023), 「생성형 AI의 연구개발 동향과 글로벌 경쟁 분석」, KISTI Data Insight 제39호, 한국과학기술정보연구원.

다음 반도체 분야의 경우, 웹오브사이언스 반도체 논문을 분석하여 반도체 관련 100개 연구 주제citation topic를 선별하고, 국가별로 각

주제의 경쟁력을 분석하였다. <그림 4>와 <그림 5>는 1기2000~2005년과 4기2016~2021년 두 시기를 구분해 제시한 것으로, x축은 활동도 지수개별 국가의 연구 집중도를 전 세계 평균과 비교한 값, y축은 상위 10% 우수성을 나타낸다. 중국의 활동도 지수와 영향력 상위 10% 우수성 지수를 시기별로 분석한 결과, 두 지표 모두 높은 수준을 나타내는 제1사분면에 1기에는 7개 인용 주제가 분포했으나 4기에는 19개로 증가하였다. 이는 곧 반도체 기초연구의 질적·양적 성장이 이루어졌음을 시사한다. 한편 미국은 제1사분면에 위치한 인용 주제가 1기 53개에서 4기 51개로 큰 변화가 없었으며, 한국은 7개에서 10개로 소폭 증가한 것으로 나타났다.

양자기술 분야는 일반적으로 양자정보기술, 양자계측·센싱, 양자통신·암호, 양자컴퓨팅의 네 가지 분야로 구분된다. <그림 6>은

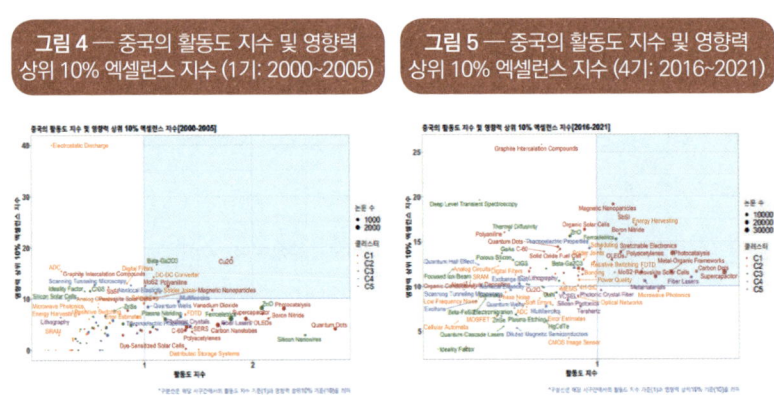

그림 4 — 중국의 활동도 지수 및 영향력 상위 10% 엑셀런스 지수 (1기: 2000~2005)

그림 5 — 중국의 활동도 지수 및 영향력 상위 10% 엑셀런스 지수 (4기: 2016~2021)

출처 : 안세정·이준영(2022), 「학술논문 데이터로 본 글로벌 반도체기술 패권 경쟁」, KISTI Data Insight 제25호, 한국과학기술정보연구원.

이들 분야별로 x축에 상위 10% 우수성, y축에 상위 10% 논문 점유율을 기준으로 국가별 위치를 나타낸 것이다. 2022년 조사 기준으로 양자기술 영역에서 중국의 경쟁력은 양자통신·암호 분야를 제외하면 뚜렷하지 않았다. 상위 10% 논문 점유율 역시 양자통신·암호를 제외하면 미국이 우위를 보였으며, 전체 수준을 나타내는 상위 10% 우수성 지수에서도 중국은 해당 시기까지 글로벌 평균을 밑도는 것으로 드러났다.

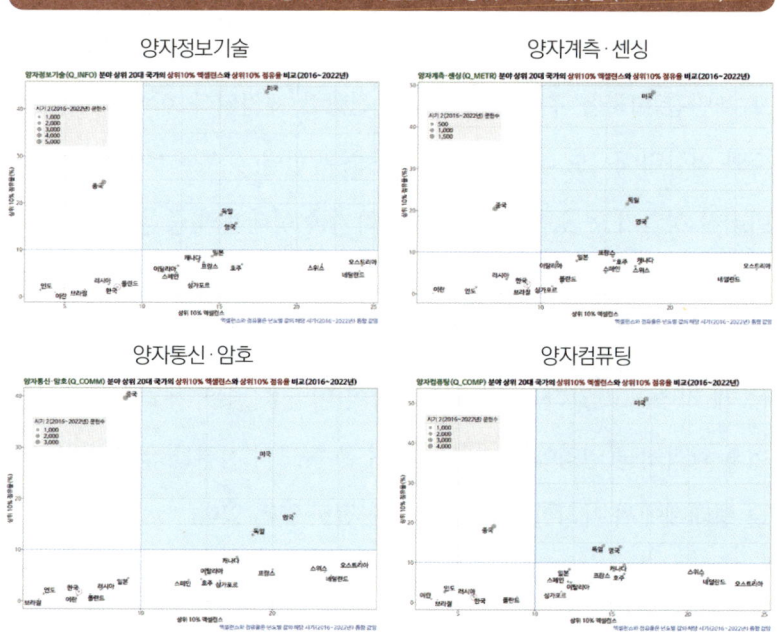

그림 6 ― 양자기술 분야별 상위 10% 엑셀런스와 상위 10% 점유율 (2016~2022)

출처 : 소대섭 외(2023), 「생성형 AI의 연구개발 동향과 글로벌 경쟁 분석」, KISTI Data Insight 제39호, 한국과학기술정보연구원.

중국 과학기술의 미래와 전망

중국이 과학기술 영역에서 미국을 추월했는지 여부는 여전히 논쟁 중이다. 일부 보고서는 중국이 미국과의 격차를 상당히 좁혀 왔으나 결정적인 우위는 여전히 미국이 유지하고 있다고 평가한다. 무엇보다 현재 진행 중인 미국의 디커플링 전략이 '민주국가 과학기술 동맹' 결성을 수반해 중국을 고립시킬 수 있을지가 향후 전망을 크게 좌우할 것이다. 미국은 첨단 디지털 기술 규제를 무기로 동맹을 강화하며 중국을 견제하려 하고 있다. 이에 대한 중국의 대응 가능성과 미국 전략의 성패는 여전히 불확실하다.

중국 정부의 연구개발 지출은 이미 미국을 넘어섰고, GERD에서도 조만간 미국을 추월할 것이라는 전망이 제기된다. 이에 따라 논문 수와 영향력에서도 미국과의 격차를 더욱 벌릴 것으로 보인다. 그러나 이러한 성과가 곧 중국이 글로벌 과학기술 생태계의 중심이 되었음을 뜻하지는 않는다. 여전히 글로벌 학술지 편집위원 중 중국인의 비율은 논문 점유율에 비해 현저히 낮으며, 연구부정행위 문제도 해결되지 않은 채 지속되고 있다. 그럼에도 중국이 미국을 넘어, 제2차 세계 대전 이후 과학기술 영역에서 미국이 누려 온 독보적 지위를 글로벌 과학기술 생태계에서 차지할 수 있을지는 여전히 열려 있다.

참고문헌

- 박진서·이준영 (2021). 「글로벌 미중 과학기술경쟁 지형도」. KISTI Data Insight 제17호. 한국과학기술정보연구원.
- 소대섭·이준영·김소영·김한국·박진서 (2023). 「생성형 AI의 연구개발 동향과 글로벌 경쟁 분석」. KISTI Data Insight 제39호. 한국과학기술정보연구원.
- 안세정·이준영 (2022). 「학술논문 데이터로 본 글로벌 반도체 기술 패권 경쟁」. KISTI Data Insight 제25호. 한국과학기술정보연구원.
- 안세정·이준영·이주연·류훈·류정희·박진서 (2023). 「논문 데이터로 본 글로벌 양자기술」. KISTI Data Insight 제36호. 한국과학기술정보연구원.
- 한중과학기술협력센터 (2025). 「중국의 과학기술 거버넌스와 국제 비교」. Issue Report Vol. 12. 한중과학기술협력센터.
- Hicks, D., Wouters, P., Waltman, L., De Rijcke, S., & Rafols, I. (2015). *Bibliometrics: the Leiden Manifesto for research metrics*. Nature, 520(7548), 429–431.
- OECD (2014). *OECD Science, Technology and Industry Outlook 2014*. OECD Publishing, Paris. https://doi.org/10.1787/sti_outlook-2014-en.
- ScienceOn (2006). 「중국 국가 중장기 과학기술 발전 계획 요강('06~'20년)」. https://scienceon.kisti.re.kr/srch/selectPORSrchTrend.do?cn=GT200600154
- Sun, Y., & Cao, C. (2021). *Planning for science: China's "grand experiment" and global implications*. Humanities and Social Sciences Communications, 8(1), 1–9.

02
한중 과기 협력의 궤적과 흐름

김종선 | 과학기술정책연구원

미중 기술 패권 경쟁 심화와 트럼프 2기 관세 전쟁 등으로 인해 국제 사회는 각자도생과 기정학 시대로 급변하였다. 각 국가의 생존이 강조되는 환경 속에서 우리의 발전에 중국과의 관계는 필수적이다. 또한 기정학 시대에 한중 과기 협력의 중요성은 더욱 커졌다. 이에 본고에서는 과거 30년의 한중 과기 협력 현황을 고찰하고, 미래 나아갈 방향을 제시하고자 한다.

배경 : 국제사회의 변화

2018년부터 본격화된 미중 기술 패권 경쟁 이후 국제사회의 변화가 빠르게 진행되고 있다. 특히 미국은 CETs Critical Emerging Technology를 중심으로 대중국 제재를 강화하면서 국제 질서를 변질시켰다. 여기에 최근 트럼프 대통령은 자국의 산업 발전을 위해 관세를 무기로 동맹국들에게도 희생을 강요하고 있다. 이미 국제사회는 기술이 외교의 중심 무대에 서 있는 기정학技政學 시대로 급변하였으며, 각자도생各自圖生 시대로 전환되었다. 이제 우리나라와 같은 중견국들은 각자도생 시대에 자신의 역량을 최대한 살리면서, 다른 국가들과 전략적으로 연합하여 살아남고 발전해야 한다. 이러한 면에서 윤석열 정부 시기에 정체되었던 중국과 협력 재개는 매우 중요하다. 향후 중국과 협력을 어떤 방향으로 할지 진지하게 고민해 볼 필요성이 크다.

한중 과학기술 협력 현황

기정학 시대에 중국과의 협력에서 과학기술은 중요한 이슈로 떠오를 가능성이 매우 높다. 그렇다면 현재 한중 과학기술 협력은 어떠한가? 그 역사와 성과를 살펴보겠다.

중국 개방 이후 한국은 중국과 지속적으로 협력 관계를 유지해 왔다. 중국이 개방한 1992년 선린우호善隣友好 관계에서 시작하여, 김대중 정부 시대에는 협력 동반자로 발전했으며, 노무현 정부 때 전략적 협력 동반자 관계로 다시 격상하였다. 이러한 전략적 협력 동반자 관계는 2003년 노무현 정부 때부터 2022년 문재인 정부 때까지 지속되었다. 그러나 2016년 사드 문제와 코로나 팬데믹 영향 그리고 윤석열 정부 때의 관계 소원 등으로 협력 동반자 관계가 정체된 시기도 존재한다. 새롭게 출범하는 이재명 정부는 한중 관계 복원을 중요하게 생각하고 있어, 향후 협력적 관계가 다시 복원될 것으로 기대된다.

지난 30여 년간의 한중 협력 관계 속에 과학기술 분야에서도 지속

표 1 — 수교 이후 한중 관계 발전 역사

구분	시기	국가		각국 지도자
		한국	중국	
선린우호	1992~1997	탈냉전, 북방 정책, 남북 관계, 경제 협력	탈냉전, 주변외교, 한반도 지정학, 경제 협력	노태우-장쩌민
협력 동반자	1998~2002	금융위기, 남북 관계, 북핵, 경제협력	책임대국론, 북핵, 한반도 안정, 경제 협력	김대중-장쩌민
전면적 협력 동반자	2003~2007	북핵문제, 균형외교, 경제 협력	북핵, 대국외교, 경제 협력	노무현-후진타오
전략적 협력 동반자	2008~2013	한미동맹, 경제 협력	한미동맹, 다극화, 경제 협력	이명박-후진타오
전략적 협력 동반자 관계 '내실화'	2014~2015	북핵문제, 한중 FTA, 인문교류	북핵, 한중 FTA, 인문교류	박근혜-시진핑
'실질적' 전략적 협력 동반자	2017~2022	북핵, 사드, 한반도 평화 체제, 경제 협력	북핵, 사드, 한미동맹, 일대일로	문재인-시진핑
협력 관계 정체	2022~2025	한미동맹, 한일 협력	미국의 대중 제재 대응 및 제3세대 연대	윤석열-시진핑

자료 : 성균관대학교 출판부, 한중 수교 25년사. p13., 이춘근 외(2018)에서 발췌함

적인 협력이 진행되어 왔다. 현재까지 15차례 개최된 양국의 장관급 과학기술공동위원회를 통해서 양국의 과기 협력 역사를 살펴보자.

초기 한중 과기 협력은 양국의 적극적인 관심하에 상호 이해와 네트워크 확대 중심으로 이루어졌다. 우선 협력 거점으로 양국에 과학기술협력센터 설립이 합의되었으며,[1] 초기 다양한 협력 분야를 중심으로 기술조사단 사업이 지속적으로 진행되었다. 특히 인력 교류 분야에서는 기술조사단 사업을 기반으로 포스트 닥터 상호 교류, 신진과학자 교류 등으로 확대되었다. 협력 분야도 초기에는 항공기, 컴퓨터 등 중국이 관심을 가지는 분야에서 원자력, 해양, IT, BT, 우주, 기후변화 등 다양한 분야로 확대되었다.

한중 과기 협력은 그동안 많은 성과를 창출하였다. 기술조사단 사업의 경우 한국은 105회에 걸쳐 548명이 중국을 방문하였으며, 중국은 68회에 걸쳐 347명이 한국을 방문하여 상호 이해와 네트워크 확대 성과를 얻었다. 공동연구의 경우 11개의 공동연구센터를 설립하여 양국의 협력 거점을 확보한 바 있다. 신진과학자 교류 사업의 경우 현재까지 매년 10여 명 안팎의 전문가들이 교류하고 있으며, 한국 연구재단과 중국 자연과학기금의 공동연구도 매년 진행되고 있다. 최근에는 한국의 국가과학기술연구회와 중국 과학원도 양국의 과기 협력 과제 사업을 새롭게 진행하고 있다.

----

1 양국 합의에 따라서 한국은 1993년 북경에 한중과학기술협력센터를 설립하였으나, 중국은 서울에 중한과학기술협력센터를 설립하지 않았다. 이로 인해 현재 북경 한중과학기술협력센터가 유일하게 존재한다.

표 2 — 한중 과학기술공동위원회(장관급) 개최 실적

구분	일자/장소	수석대표 한국	수석대표 중국	주요 내용
제1차	1993.11/ 북경	김시중 장관	송건 주임	• 항공기, 컴퓨터 등 한중 공동연구 과제(5개) 조기 착수 • 상호 관심 분야에 약 50명 규모의 첨단과학기술 인력 및 4회/년 20여 명 규모의 과학기술조사단 교류 • 한중 과학기술협력센터 및 동 센터 북경사무소와 한중/중한 대기과학연구센터 운영 지원 • 과학기술정보 교류, 기초과학, 항공우주 및 농업 기술과 산업 기술 분야 협력 등 논의
제2차	1994.11/ 서울	한영성 차관	혜영정 부주임	• 과기 인력 교류, 기술조사단 상호 교환 프로그램, Post-Doc 상호 연수, 양국 과학기술 정보 교류 사업 등 논의 • 신규 의제로 한중 공동연구개발센터 설립·운영, 한중 공동연구 사업 추진, 한중 해양과학 기술 협력에 관한 양해각서 체결, 한중 원자력 협력 강화, 중국 첨단기술 전시회 개최 등 중점 논의
제3차	1995.10/ 북경	정근모 장관	송건 주임	• 원자력(연)/중국 고능물리연구소 등 8개 과제 공동연구 추진, 해양과학 공동연구센터의 연구 사업 지원과 신소재, 생명공학 분야의 공동연구센터 신규 설립 검토 • 제2차 한중 산업기술정책 세미나 개최, 과학기술 인력 교류, KOSEF/NSFC 간 한중 기초과학 교류위원회설립 등 기초과학 및 공동 관심 분야 협력 확대와 한중 원자력공동조정위원회의 설치 추진 등 합의
제4차	1996.11/ 서울	구본영 장관	송건 주임	• 12개의 국제 공동연구 사업, 한중 신소재연구협력센터 설립·운영 및 한중 생명공학연구협력센터 추진 • 한중 양국 간 정부 차원의 원자력협의회를 별도로 설치·운영 등 새로운 협력 분야로 논의
제5차	1998.12/ 북경	강창희 장관	주여란 부장	• 생명공학, 신소재, 레이저, 기상, 정보기술, 환경기술 등 분야의 공동연구 추진, 기상예보 전문가회의 정례화, 기상 자료 교환 추진, 원자력 분야 협력 강화, 국방 기술의 민수 전환 분야 협력 확대 • 청년과학자 교류, 기술조사단 파견 등 인력 교류 활성화 • 첨단기술 산업화 분야 협력 강화(중국 고신기술산업개발구와 한국의 대덕연구단지 등과의 협력) 등 추진 합의
제6차	2000.11/ 서울	한정길 차관	마송덕 부부장	• 주요 의제로 기상재해 방지 기술 협력, 신진과학자 교환연수, 기술조사단 상호 교류, 연구개발망 직접 연결을 통한 과기정보 협력 체제 구축 • 첨단기술 산업화 벤처기업 간 협력 논의
제7차	2002.12/ 북경	이승구 차관	마송덕 부부장	• 지난 10년간의 양국 간 협력 실적과 한중 과기 협력의 중요성 재확인 등 지금까지의 협력 성과 회고 • 한중광기술협력센터 승인 등 향후 추진될 실질적인 협력 의제에 대하여 협의

구분	일자/장소	수석대표 한국	수석대표 중국	주요 내용
제8차	2005.07/ 서울	오명 부총리	쉬관화 부장	• 나노, 원자력수소 분야, 과학기술 정보네트워크 등 미래 첨단 기술 분야에서의 공동연구 및 산업화에 대한 협력 강화 합의
제9차	2007.07/ 북경	김우식 총리	쉬관화 부장	• 과학기술 9개 분야 (① 생명과학 및 생물의학, ② 전통의약, ③ 정보통신, ④ 생물연료 등 청정연료, ⑤ 신소재 및 나노소재, ⑥ 레이저 및 광전자, ⑦ 항공우주, ⑧ 환경감시측정과 처리, ⑨ 원자력에너지)에 대한 협력 강화와 첨단기술 협력 로드맵 작성 및 과학기술 협력 기관 간 협력 강화 등 합의
제10차	2009.05/ 서울	안병만 장관	완강 부장	• 지속가능한 발전을 한 에너지절감·오염배출감소 등 녹색 기술, 기후변화, 생물 기술 등 3개 분야를 추가한 12개 분야에 대한 협력 강화 합의
제11차	2011.11/ 북경	이주호 장관	완강 부장	• 한중 공동연구 프로그램 추진, 한중 공동연구센터 신규 설립, 한중 신진과학자 교류 프로그램 MOU 개정 및 한중 과학기술조사단 상호 파견 • 한중 핵융합 연구 협력, 중이온가속기 구축 관련 양국 간 인력·기술 교류 및 한중 수교 20주년 기념행사 개최 합의
제12차	2014.11/ 서울	이석준 차관	차오 지엔린 부부장	• 기초연구 분야 공동연구 및 공동연구 분담 비용 확대 (3년간 4억 원-)연간 20~30억 원 규모) • 산학연 대형 공동연구, 기관 간 교류 협력, 신진과학자 교류 등 다양한 협력 의제에 대해 의견을 교환
제13차	2016.12/ 청두	최양희 장관	완강 부장	• 바이오, ICT, 신재생에너지 분야 8개 공동연구 과제 추진 • 신진과학자 및 석·박사 과정 학생 교류 확대 • 창업경진대회와 한중 산업 혁신 테크페어 등 양국이 연계하여 추진하는 혁신 창업 관련 협력 확대
제14차	2019.12/ 서울	최기영 장관	왕즈강 부장	• 바이오 기술 개발 분야 협력 추진 • 장애 극복 및 차세대 탄소자원화 기술 개발 분야 학술교류 및 공동연구, 인력 교류 추진 • 한중 기술조사단을 수요자 중심의 사업 형태로 개편 합의 • 한중 산학연 실용화 공동연구 지원 분야 확정(바이오, 정보통신) • 6개 일반 협력 공동연구 과제 선정하여 지원하기로 합의(바이오, 정보통신, 신재생에너지, 의료과학, 우주, 기후변화 분야)
제15차	2024.6/ 베이징	이종호 장관	인허쥔 부장	• 기존 신진과학자 교류 사업 지속 진행 • 2023년 중단된 산학연 실용화 공동연구 사업의 재개 • 과학기술대표단 교류 프로그램 신규 실행 • 한중 플러스 학술대회 개최

자료 : 김종선 외(2023), 「한중 과기 협력 30년 성과분석과 협력방안 모색」을 기반으로 필자가 최신 정보를 보완함

그러나 최근 한중 과기 협력 성과들이 잘 보이지 않는다. 한중 공동연구센터 사업을 보면, 초기부터 2010년까지 총 11개의 공동연구센터가 설립되었으나, 2010년대 이후 새롭게 설립된 공동연구센터는 전무하다. 오히려 한중해양과학공동연구센터 하나를 제외하고 모두 사라졌다.

표 3 — 한중 주요 공동연구센터 설립과 활동 현황

기관명	설립일자	참여 기관	설립 근거	현재 활동
한중동양의학 연구협력센터	1992.9 서울 1992.12 베이징	서울대 천연물 과학(연)/ 베이징중의학원	중국 중의약 외사사 국장 등으로 구성된 동양의학 실무협의단이 방한, 전통동양약물에 대한 협력 협의	X
한중대기과학 연구센터	1993.10 청주 1993.11 베이징	한국교원대/베이징대	-	X
한중해양과학 공동연구센터	1995.5 칭다오	해양과학기술(연)/ 국가제1해양연구소	1994 한국 과학기술처와 중국 국가해양국의 '해양과학기술 협력에 관한 양해각서' 체결	O
한중신소재 협력센터	1997 서울/ 베이징	한국과학기술(연)/ 베이징유색금속 연구총원	1997 양국 과학기술 부처 비준	X
한중생명공학 협력센터	1998.6	한국과학기술(연)/ 상하이과학기술위원회	-	X
한중광기술 공동연구센터	1999.2	한국원자력(연)/ 상하이광학 정밀기계(연)	1998 기관 간 협력차원에서 설립 후, 2002 한중 과기공동위원회 승인 획득	X
한중원자력수소 공동연구센터	2004.4	한국원자력(연) /칭화대	2003.11 제4차 한중 원자력 공동위에서 공동연구센터 설립 합의	X
한중나노 공동연구센터	2005.7.26 베이징	나노종합팹센터/ 국가나노과학센터	2003.9 한중장관회담에서 공동연구센터 합의, 제8차 한중 과학기술 공동위에서 양해각서 체결(공동연구센터 설립 명기)	X

기관명	설립일자	참여 기관	설립 근거	현재 활동
한중생명공학 공동연구센터	2005	한국생명공학(연)/ 상하이생명과학(연)	-	X
한중사막화방지 생명공학 공동연구센터	2009.11 대전	생명공학(연)/ 중국과학원물 토양보존(연)	2008.8 한중정상회담에서 '사막화방지를 위한 과학기술 협력'에 관한 한국 교육과학 기술부와 중국 과학기술부의 양해각서 체결(공동연구센터 설립 명기)	X
고에너지밀도 레이저물리 공동연구센터	2010 상하이	한국원자력(연)/ 상하이광학 정밀기계(연)	-	X

자료 : 각 보도자료, 한중 해양과학공동연구센터·한중사막화방지생명공학공동연구센터 홈페이지, 과학기술부(2004), 「한중 광기술 공동연구센터 운영」, 과학기술부(2004), 「한중 신소재협력 센터사업」, 이춘근 외(2018)에서 발췌

    초기부터 네트워크 확대 목적으로 수행되었던 기술조사단 사업도 중국 측에서 그 효율성을 문제 삼으면서 2016년 중지되었다. 기술조사단의 후속 사업은 현재까지 기획되지 못하고 있다.[2] 신진과학자 교류 사업도 한국 측의 관심 부족으로 파견 인원을 못 채우는 경우가 빈번하게 나오고 있다. 또한, 한국연구재단과 중국의 자연과학기금 공동으로 실행되고 있는 한중 산학연 실용화 공동연구 사업은 2023년과 2024년에 정지되었다가 2025년에 다시 재개되었다.[3] 전체적으로 한

---

[2] 2025년 8월 29일 베이징에서 열린 한중 과기 차관회의에서 2024년 제15차 한중 과기공동위에서 합의한 것들에 대한 구체적인 방안을 논의하였다. 그러나 아직까지 구체적인 인력 교류 사업은 실행되지 않고 있다.

[3] 한중 산학연 실용화 공동연구 사업도 2024년 열린 제15차 양국 과기공동위에서 재개를 합의했으나, 현재까지 구체적인 실행 사업이 없다. 2025년 8월에 열린 양국 차관회의에서 재개를 다시 논의하였으며, 현재 과제 선정이 진행 중이다.

중 과기 협력은 초기에 다양한 성과들을 창출하였으나, 최근에는 정체되었으며 대표적 성공 사례를 거의 창출하지 못하고 있는 것으로 평가된다.

한중 과기 협력이 나아갈 방향

한중 양국이 오랜 기간 추진해 온 과학기술 협력이 성공하지 못한 이유는 무엇일까? 그 이유는 과학기술 분야에서 한국이 중국의 빠른 발전을 애써 무시하면서, 시혜적이고 경쟁자적 관점에서 양국 협력을 소극적으로 운영해 왔고, 이로 인해 중국의 과학기술 수준에 맞는 한중 과기 협력시스템으로 발전하지 못했기 때문이다.

실질적 성과 창출을 위해서는 새로운 한중 과기 협력시스템 구축이 필요하다. 이를 위해 다음과 같은 사항들을 고려할 필요성이 크다.

첫 번째로 중국 정보 축적과 이해 확대이다. 이를 위해 장기적 관점에서 중국 과학기술 전문가를 육성하고, 활용할 수 있는 체제를 갖추어야 한다. 일본은 재중국 일본 대사관에 연구생을 파견하여 지속적으로 중국 연구와 전문 인력을 양성하는 창구를 만든다. 그리고 이들 전문 인력이 일본에 돌아가면, JST 일본 과학기술진흥기구가 운영하는 중국 전문가 프로그램을 통해 지속적으로 활동할 수 있는 연구 공간을 만든다. 이들 전문가들의 분석연구들은 일본 정부에 지속적으로 중국 정보를 제공하여 보다 효율적인 대응 정책을 만드는 데 도움을 준다. 한국도 국가적으로 유사한 시스템 구축이 필요하다. 또한, 기존 양국 협력 과제 제안서와 양국에 존재하는 상대국 유학생들이나 연구자 또는 교수 등을 기반으로 인적 네트워크 데이터베이스 구축도 중요하다.

두 번째는 중국의 명확한 이해를 기반으로 대중국 과기 협력 전략의 수립이다. 협력 전략은 기술 수준과 시간과 공간을 나눠서 접근할 필요가 있다. 우선 협력에 유리한 분야를 발굴하기 위해 기술 수준에 대한 분석이 필요하다. 또한, 단기적으로는 양국에서 급히 필요하거나 경제적으로 필요한 부분들을 발굴하며, 장기적으로는 양국이 서로 협력해서 풀어야 할 공동의 문제들을 중심으로 협력 아이템 탐색이 필요하다. 공간적으로는 중앙정부와 지방정부를 구분하여 외교와 경제적 실리를 모두 고려하면서 접근할 필요가 있다. 즉, 중앙정부는 주로 외교 분야와 공동으로 풀어야 할 미래 중요 문제를 중심으로 협력하며, 지방정부와는 민간 교류 중심으로 전략적으로 추진해야 할 공동연구 또는 기술 격차를 활용한 시장 확대 목적 등에서 접근할 수 있다. 이러한 중앙정부와 지방정부를 나눈 이분법적 접근은 미국 제재의 외교적 부담을 줄이면서 실질적으로 중국과 협력할 방법을 줄 수 있어 의미가 크다.

세 번째는 장기적 동반자 관점에서 한중 과기 협력의 확대 발전이다. 우리나라는 한국연구재단이나 국가과학기술연구회에서 협력 사업으로 선정된 경우, 연속해서 협력 과제에 선정되는 것은 중복 선정이라는 이유로 거의 불가능하다. 반면, 중국과 독일 협력은 협력 경험이 있는 팀들이 다시 협력 사업을 지원하는 경우 가산점을 주어서 과제의 연속성을 조장한다. 장기간 만들어진 공동연구 팀워크는 궁극적으로 중국 내 양국 협력 거점들을 만들고 발전하여 많은 성공 사례들을 만들고 있다. 우리나라도 장기적인 공동연구 팀워크 구축 관점에서 협력 사업을 운영할 필요성이 크다. 이를 위해서는 중국의 과기 규모에 맞는 한중 과기 협력 사업의 확대와 인적교류 확대가 필수적이다.

마지막으로 앞에서 이야기한 부분들을 추진하기 위해서는 현재 중국에 가지고 있는 우리의 전략적 자산들을 잘 활용할 필요가 있다. 즉, 중국에 있는 한중과학기술협력센터의 규모와 역할의 확대, 기타 과학기술 기관들의 재중국 대표처들의 전략적 활용 강화 등이 유기적으로 고려될 필요가 있다.

참고 문헌

- 과학기술부 (2004), 「한중 광기술 공동연구센터 운영」.
- 과학기술부 (2004), 「한중 신소재협력센터사업」.
- 김종선 외 (2023), 「한중 과기협력 30년 성과분석과 협력방안 모색」, 과기정통부.
- 성균관대학교 출판부 (2017), 「한중 수교 25년사」.
- 이춘근 외 (2018), 「한중 과기협력 25년 성과분석과 협력방안 모색에 관한 연구」, 과기정통부.
- 한중 해양과학공동연구센터·한중사막화방지생명공학공동연구센터 홈페이지.

03
추격자에서 선도자로, 중국 과학기술의 진화

김창현 | China Europe International Business School

중국은 한국보다 늦게 산업화를 시작했지만, OEM Original Equipment Manufacturer–ODM Original Design Manufacturer–OBM Original Brand Manufacturer으로 이어지는 전략적 진화를 통해 추격자에서 선도자로 부상했다. 값싼 노동력과 WTO 가입을 기반으로 글로벌 공급망에 편입해 급속한 성장을 이루었고, 화웨이·CATL 같은 기업을 앞세워 기술 내재화와 특허 경쟁력에서 우위를 확보했다. 그 결과 '한중일 삼국지' 구도는 7:2:1로 재편되어 중국이 대부분의 제조업 분야를 장악했다. 미국의 견제는 오히려 중국의 자체 생태계 구축을 촉발하며 SMIC, BYD 등이 독자 생태계 속에서 선도기술을 상용화하는 계기가 되었다. 한국은 이제 단순 경쟁이 아니라 중국의 가치사슬과 연결된 협력 전략을 모색해야 한다.

추격자 전략과 OEM-ODM-OBM으로 전환

중국은 한국보다 더 늦은 후발 주자였다. 한국의 산업화 과정을 지켜본 중국은 한국과 유사한 추격 방식을 선택했다. 일본 혹은 한국에서 장비와 핵심 부품을 수입하고, 소위 OEM을 통해 조립하고, 이를 서구 시장에 수출하는 방식이었다. 도시화를 통한 값싼 노동력의 지속적 공급과 다국적 기업들의 FDI^{Foreign Direct Investment}를 통한 자본 투자로 급격한 산업화가 진행되었다. 따라잡기 전략의 핵심 기제인 모방과 학습이 단순조립부터 시작되어 고부가가치 영역으로 확장되는 방식을 선택한 것이다.

OEM 방식은 경제가 성장함에 따라 임금도 같이 상승하는 이유로 인해 성장의 한계에 직면하곤 한다. 하지만 중국은 OEM 방식의 지속성 측면에서 엄청나게 유리한 조건을 갖추고 있었다. 인구 대국의 강점에 기반한 저임금 노동 공급의 규모가 그 지속성에서 타국과 비교하기 어려울 정도였기 때문이었다. <그림 1>에서 나타나듯이 1990년대부터 2005년경까지 급속한 경제 발전에도 불구하고 중국의 제조업 노동 단가는 낮게 유지되었다. 경쟁국인 베트남, 말레이시아, 인도 등에 비해 비슷하거나 낮은 수준을 유지했다.

2001년 WTO^{World Trade Organization} 가입으로 글로벌 공급망에 본격적으로 진입하면서, 2009년 금융위기 전까지 중국은 매년 10%에 육박하는 성장을 거듭하며 값싼 노동력의 지속적 공급과 수출, 이를 통한 자본 재투자와 산업 고도화, 그리고 내수 확대라는 선순환 사이

클의 혜택을 크게 향유한다.

더 놀라운 것은 중국의 제조 노동력 비용이 급속하게 상승하는 시점 이후에도 중국은 코로나 전까지 양호한 경제 성장을 보였다는 점이다. 단순 임가공에서 벗어나 스스로 제품을 디자인하고, 핵심 부품과 장비의 내재화를 통해 노동 임금의 상승을 흡수할 수 있는 질적 성장을 이루어 냈다. 중국에서 기술기업들이 등장하기 시작한 것이다. 중국군 혹은 정부의 지원과 구매를 통해 통신장비를 국산화하고 공급해 온 화웨이, 인산철 배터리를 기반으로 기술 자립을 이뤄 낸 CATL 등이 대표적이다. 전 세계 특허 출원의 양에 있어, 기업단위에서는 화웨이, 국가 단위에서는 중국이 세계 선두로 올라서기 시작했다(<그림 2> 참조).

그 결과, 단위 노동 비용의 상승에도 불구하고 중국 제조업의 수출 시장 경쟁력은 더욱 강화되었다. 한국 무역협회에 따르면 5천여 개에 달하는 글로벌 수출 품목에서 중국은 2020년 기준으로 1,700여 개의 품목에서 1위, 1,200여 개의 품목에서 2위를 차지하고 있다. 전 세계 5천여 개의 수출 품목 중 중국이 3천 개에 달하는 품목에서 1위 혹은 2위를 달성하면서 중국은 글로벌 공급망에서 대체 불가능한 존재로 부상했다(<그림 3> 참조). 제조업 수출 시장에서 2010년대 후반부터 중국의 점유율은 15%를 넘어서기 시작했다. 플라자합의 전후로 일본은 제조업 수출 시장에서 9% 정도의 점유율을 보여주었다. 현재 중국은 전성기 일본의 수출 경쟁력을 양과 범위에서 훌쩍 넘어서고 있다(<그림 4> 참조).

그림 1 — 단위제조노동 비용의 변화

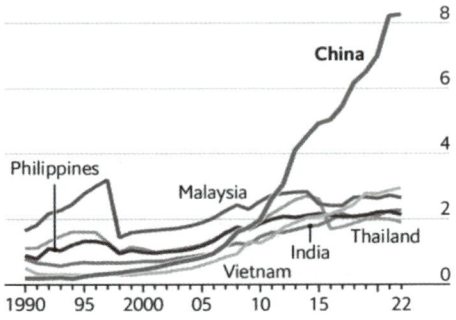

Source : The Economist(2023. Feb, 25th), Global firms are eyeing Asian alternatives to Chinese manufacturing(economist.com)

그림 2 — 특허 출원 동향

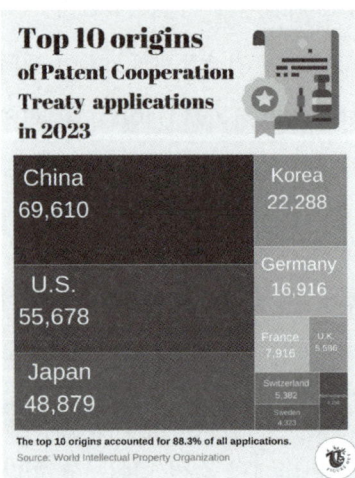
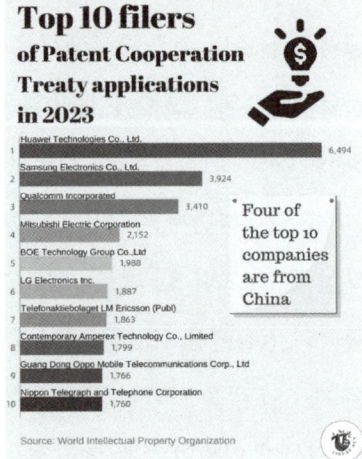

그림 3 — 세계 수출 1위 품목 보유 상위 15개국(2020년)

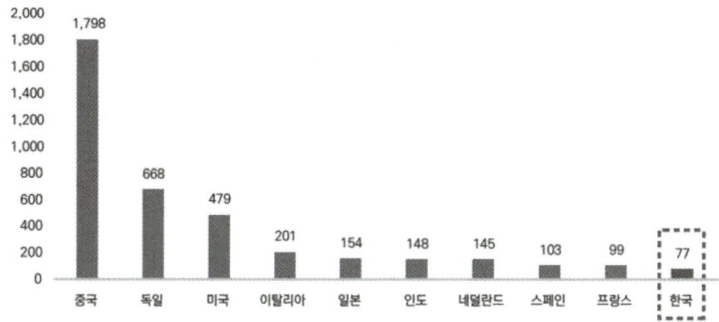

Total number of products 5,204
Source : UN Commodity Trade Statistics (Based on HS code- 6 digits), KITA(한국무역협회)

그림 4 — 수출 시장 국가별 점유율 변화

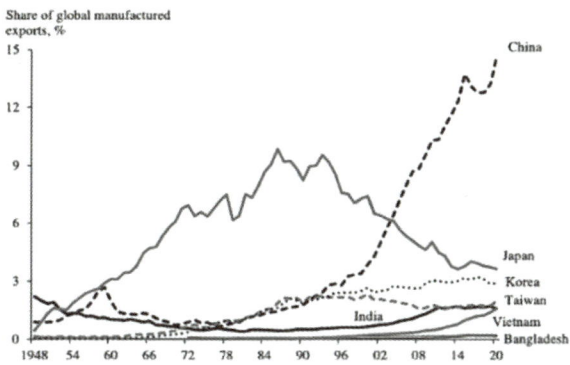

Source : WTO Merchandise trade values, https://data.wto.org/, the data corresponds to UNCTAD statistics, https://unctadstat.unctad.org/wds/TableView.aspx?ReportId=101. Indiaisbroken에서 재인용

깨어진 '한중일 삼국지'

중국의 양적 질적 성장은 철강, 조선, 디스플레이, 배터리 등 핵심 제조업의 산업 구도를 크게 바꾸어 놓았다. 2000년대 초반, 기술의 일본, 품질과 규모의 한국, 가격의 중국이 각자의 우위를 내세우면서 세계 시장을 삼분하고 있었다. 이를 '한중일 삼국지'라고 명명하기도 했다.

하지만, 2000년대 후반부터 일본의 힘이 빠지고, 중국이 급속하게 성장하면서, 현재는 대부분의 산업에서 중국 7, 한국 2, 일본과 기타가 1로 세계 시장을 분할하는 형태로 전환되었다. 조선 수주량, 디스플레이, 배터리 등에서 한중일 기업들의 점유율을 보면 7:2:1 구도를 확인할 수 있다. 세계 시장의 절반 이상을 차지하는 중국 내수 시장을 중국 기업들이 완벽하게 장악하고, 해외 수출 시장에서도 대형 업체로 자리 잡으면서 첨단 반도체, 항공, 바이오 등 몇몇 분야를 제외하면 대부분의 제조업에서 중국의 영향력은 가히 압도적이다. 한국의 세계 1위 품목이 급속히 줄어든 이유도 변화된 산업 구도에 기인한 바가 크다.

미국의 견제와 중국의 기술 자립

글로벌 공급망을 중국이 압도하면서, 미국은 트럼프 1기부터 이에 대한 본격적인 견제에 나섰다. 관세를 통해 미국으로의 수출을 어렵게 만들고, 화웨이 등 중국의 기술기업에 대한 첨단 반도체 및 소프트웨어 공급을 금지해 중국 기술 발전의 속도를 늦추는 것이 핵심이었다. 하지만 미국의 관세 인상은 미국으로의 직접적인 수출을 떨어뜨리는 효과는 가져왔는지 몰라도 전 세계를 향한 중국의 수출 지배력은 더욱 강화하는 결과를 가져왔다(<그림 5> 참조).

2022년 중국의 주요 제조업 글로벌 수출 점유율은 거의 20%에 육박하게 되었다. 중국 기업들이 베트남, 멕시코 등에 FDI를 단행하면서 우회 수출로를 확보하고 글로벌 사우스 진출을 강화하면서 더 많은 양의 수출을 해 왔기 때문이다.

그림 5 ― 중국의 미국 및 세계 수출 시장 점유율 변화

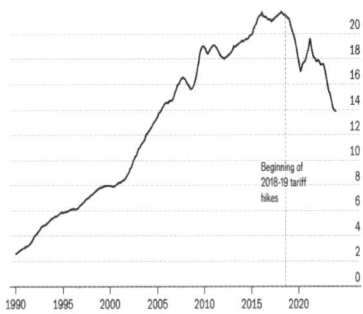

China's share of US imports had declined dramatically
% share of US imports from China, 12m rolling average

Source : EIU.
Copyright © The Economist Intelligence Unit 2024. All rights reserved.

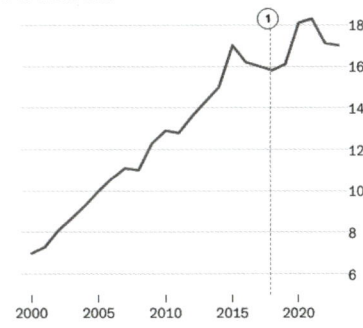

China's share of global exports has continued to rise
Goods exports from China & HK, % of world total

① 2018-19 Tariffs
Copyright © The Economist Intelligence Unit 2024. All rights reserved.

미국의 규제는 자체 생태계 구축으로 이어져

화웨이 등 중국 기술기업에 대한 미국의 규제는 중국의 자체 생태계 구축이라는 의도치 않은 결과를 가져왔다. 반도체 등 핵심 부품을 개발·공급하는 중국 기술기업들에게 있어 미국의 수출 규제는 오히려 중국 시장에 대한 독점적 공급권을 확보하는 계기가 되었기 때문이다.

SMIC 같은 파운드리 업체는 EUV Extreme Ultraviolet Lithography를 수입하지 못하게 되자, 기존의 DUV Deep Ultraviolet Lithography를 활용한 더블 패터닝을 실시해 7나노까지의 반도체 생산에 성공했다. 더블 패터닝이 가져오는 수율의 감소에도 불구하고 화웨이 등 중국 기술기업들은 SMIC에 의존할 수밖에 없는 처지다. 그 결과, SMIC는 제한된 환경이지만 기술적 성취를 이어가고 있다. 첨단 메모리 반도체의 수급이 어려워지자, 코로나 시기 사선에 몰렸던 창신메모리 CXMT도 중국 기술기업과의 협업을 통해 메모리 시장에서 자립 기반을 만들어 가고 있다. 션전을 중심으로 하는 선도기술 생태계도 미국 실리콘 밸리 혹은 미국의 주요 대학과의 협업이 어려워지자 자체 생태계 내의 협업과 분업을 통해 AI, 자율 주행, 로봇 및 드론 등에서 미국과 분리된 자체 생태계를 구축하면서 기술 상용화에 더 빨리 다가가는 모습을 보여주고 있다. 잊지 말아야 할 것은, 딥시크 DeepSeek는 이와 같은 중국식 협력 생태계의 산물이지, 어느 특별한 천재의 특별한 노력으로 인한 대륙의 실수가 아니라는 것이다.

자체 생태계 구축과 대형 내수시장은
선도기술 상용화의 결정적 이점으로 작용

 범위와 규모의 경제에서 압도적인 중국의 공급망 위에 선도기술 개발을 위한 자체 생태계의 구축이 더해지면서, 중국은 이제 AI 및 이에 기반한 자율 주행 및 로보틱스 등 핵심 미래 산업에서 추격자가 아닌 선도자로 자리매김하고 있다. 미국의 실리콘 밸리에서나 가능하다던 개방형 혁신 체계 및 모듈러리티에 기반한 수평적 분업화를 실현시키면서 자율 주행 및 로보틱스에서 중국은 한국을 앞서가고 있다.

 세계 최대 규모의 내수시장을 가지고 있는 중국의 자체 기술들이 미국 혹은 한국이 집중하고 있는 기술 방식에 비해 그 완성도나 매력도가 3~4년 뒤진다 해도 사실 큰 문제가 되지 않는다. 어차피, 미국으로부터의 기술 도입이 어렵다면 자체 생태계와 세계 최고의 공급망을 통해 선도기술을 먼저 상용화하면서 기술적 약점들을 극복하면 되기 때문이다.

 자동차용 배터리 개발에 있어 중국이 집중한 인산철 배터리가 한국이 집중한 삼원계 배터리를 넘어선 과정은 기술과 시장의 결합이 얼마나 중요한지를 보여주는 상징적인 사례이다. 인산철 배터리는 에너지 밀도에 있어 삼원계 배터리에 비해 열위에 있는 기술이다. 고출력과 긴 주행거리를 확보해야 하는 전기차에서 에너지 밀도가 높은 배터리를 만들 수 있는 삼원계 배터리는 기술적 우위가 뚜렷해 보이는 기술이었다. 이러한 인식을 바탕으로 한국 기업들은 기술 개발에 투자하고 핵심 특허들로 모방을 방지하는 기술 장벽도 구축해 두고 있었다.

하지만 중국의 선택은 에너지 밀도에서 열위의 기술인 인산철 배터리였다. 중국 정부가 전기차의 보급이라는 정책 방향하에 인산철 기반의 전기차에 강력한 인센티브를 제공하면서, 인산철 배터리는 다양한 혁신을 통해 삼원계 배터리의 장점을 무색하게 만들고 있다.

일단, 전기자동차가 빠르게 확산되자 중국 기업들은 다양한 방식으로 에너지 밀도에서의 기술적 열위를 극복했다. 전기자동차로의 전방 통합을 실시한 BYD는 인산철 배터리의 안전성을 활용해 여러 개의 배터리 셀을 묶어내는 모듈 과정을 생략하는 셀투팩Cell-to-Pack 방식을 통해 공간 활용률을 높여 셀 단위에서의 에너지 밀도 열위를 상쇄해 나가기 시작했다. 더 나아가 팩Pack 과정마저 생략해 배터리 셀을 자동차 바디에 바로 붙이는 셀투바디Cell-to-Body까지 나아가면서 안전성과 공간 활용률로 게임의 룰을 바꾸면서 인산철 배터리의 약점은 가리고 장점은 극대화했다. 자동차 기업에 있어 중요한 것은 주어진 공간에서 원하는 주행거리를 확보하는 공간 활용률과 안정성을 확보하는 것이다. 개별 배터리 셀의 밀도는 자동차 차원의 안전성과 주행거리를 확보하기 위한 과정상의 주요 지표일 뿐 최종 목표는 아니기 때문이다. 한국이 쌓아 올린 삼원계 배터리의 기술 장벽을 우회한 것이다.

경쟁에서 협력으로

중국 기업처럼 OEM→ODM→OBM로 사업 모델을 진화해 온 한국 기업들의 가치사슬은 수직적 통합Vertical Integration으로 특징지을 수 있다. 제품 설계부터 주요 부품의 내재화, 해외시장에 대한 직접적인 영업과 마케팅은 한국 기업의 장점인 속도를 뒷받침하는 중요한 인프라였다.

문제는 범위와 규모에서 한국 기업보다 압도적인 중국 기업이 한국보다 더 빠른 속도로 무장해 내수시장에서 독점적 지위를 구축하고, 이를 바탕으로 세계 시장도 빠르게 잠식하고 있다는 점이다. 더 나아가 미래 기술 개발 및 상용화에 있어서는 압도적인 내수시장의 규모와 중국 정부의 제도적 뒷받침으로 인해 한국을 넘어서고 있다.

이제 중국을 경쟁의 대상으로만 보던 시대는 지나갔다. 미국이 아니라 중국에서 또 다른 기술의 표준과 레퍼런스가 만들어지고 있다. 이 생태계와 분리되어서는 미래를 담보할 수 없다. 자동차용 배터리 사업의 사례는 중국 시장의 발전에 어떻게 보조를 맞추어야 하는지 잘 보여주고 있다. 할 수만 있다면 되도록 모든 가치사슬을 내재화하는 수직적 통합의 관성에서 벗어나, 중국의 공급망과 우리 기업의 가치사슬을 같이 엮어내는 가치사슬 재구성을 통해 기술 선도자인 중국 기업과의 협력 포인트를 찾아내야 한다.

중국 전체를 바라보면 협력의 포인트를 찾는 것이 어려울 수 있다. 하지만 중국 내수시장에서 극심한 경쟁을 하면서 경쟁 우위의 새로운 원천을 찾고자 하는 개별 중국 기업들을 발굴하고 그들의 필요를 채울 수 있다면 새로운 협력의 공간이 열릴 것이다.

제2부

기초에서 미래로

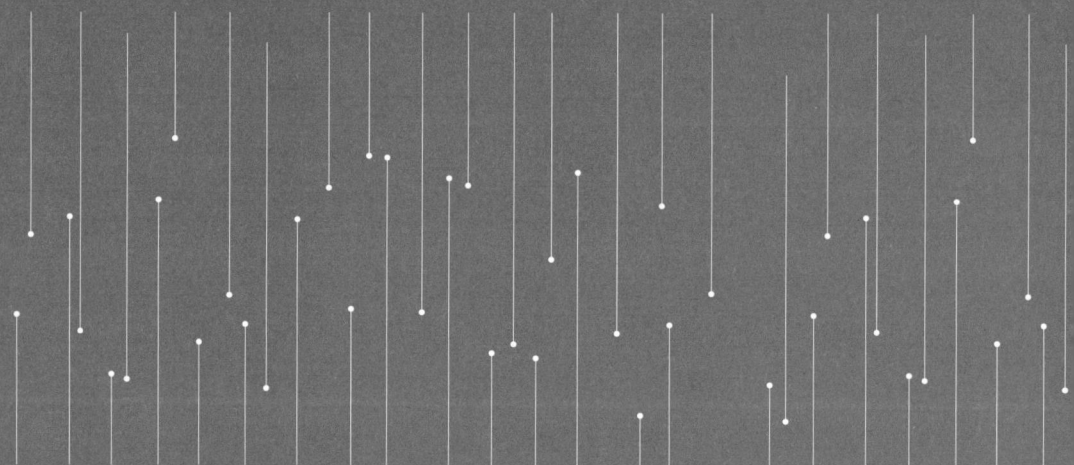

중국의 과학기술 생태계

- 04 양자의 문을 두드리는 중국, 양자컴퓨터 시대의 시작
- 05 수소경제를 향한 중국의 에너지 패권 전략
- 06 중국 이차전지 산업의 전략과 미래 전망
- 07 바이오파운드리, 생명과학과 제조의 융합 전망
- 08 기후위기 시대의 해법, 환경유전체 연구 전략
- 09 고에너지물리학, 중국의 도전과 위상
- 10 신소재 혁신, 기술 강국을 떠받치는 전략 자원
- 11 우주 산업의 부상과 국제 질서 재편

04
양자의 문을 두드리는 중국, 양자컴퓨터 시대의 시작

황명중 | Duke Kunshan University

중국은 구글, IBM 등 미국 빅테크와의 치열한 경쟁 속에서 초전도 회로·포토닉스 기반 양자컴퓨터 개발에서 빠르게 성과를 내고 있다. 주총지祖冲之, Zuchongzi와 구장九章, Jiuzhang 시리즈는 구글의 시카모어 Sycamore 및 윌로우Willow 칩과 어깨를 나란히 하며 양자이득과 내결함성 연구를 선도하고 있다. 이러한 성과 뒤에는 정부의 전략적 투자, 연구자 육성 및 귀환 정책, 대학 중심의 대규모 연구 생태계가 결합한 선순환 구조가 있다. 현재 중국은 학문적 성과를 넘어 벤처 창업과 산업화 단계로 확장하며 독자적 양자 생태계를 구축해 가고 있다.

양자컴퓨터를 둘러싼 미중 경쟁의 서막

구글이 2024년 말 내놓은 양자컴퓨팅 프로세서 윌로우는 발표와 함께 전 세계의 주목을 받았다. 105개의 초전도 큐비트를 집적한 윌로우는 양자컴퓨터의 상용화를 위한 기술 성숙도를 한 단계 끌어올렸다는 평가를 받는다. 구글의 CEO인 순다르 피차이가 직접 소셜미디어를 통해 이 성과를 과시하고, 이에 일론 머스크가 답글로 "놀랍다"는 반응을 보인 일화는 구글이 보여준 양자컴퓨터의 기술적 진보에 대한 높은 대중적, 산업적 관심을 보여주었다. 윌로우 칩의 공개 직후, 중국과기대학 판젠웨이潘建伟 교수 그룹에서 주총지 3.0이라는 동일한 105개의 초전도 큐비트를 집적한 칩을 발표하였다. 결맞음 시간 coherence time과 단일 및 이중 큐비트 게이트 충실도gate fidelity 등의 양자컴퓨터의 성능을 결정짓는 핵심 지표에서는 윌로우가 소폭 앞서고 있지만, 이는 최근 몇 년간 두 그룹이 번갈아 더 나은 성능 지표를 내며 경쟁해 온 상황을 보여주는 한 단면일 뿐, 전반적인 기술 격차는 크지 않다고 판단된다.

양자컴퓨터 구현을 위해 연구개발되고 있는 플랫폼 중, 초전도 회로를 기반한 양자컴퓨터는 기술 성숙도가 높은 유력한 플랫폼으로 주목받고 있다. 구글을 비롯해 아마존과 IBM 등 미국 빅테크 기업들은 막강한 자금력과 차세대 컴퓨팅 패러다임 주도권 확보라는 비전을 바탕으로 최상위급 양자물리, 하드웨어 엔지니어를 꾸준히 흡수하며 초전도 기반 양자컴퓨터 개발에 박차를 가하고 있다. 스타트업들도 속도를 내고 있다. 대표적으로 유럽의 IQM과 미국의 Rigetti가 거론된다. IQM은 최근 기업 가치 약 10억 달러 수준의 밸류에이션으로 시리즈 B에서 3억 달러 투자를 유치했다. 상장 스타트업 Rigetti도 올해 연구개발 재원을 위해 약 3억 5천만 달러의 현금을 추가로 확보했다. 이렇듯 미국 빅테크 기업과 미국과 유럽의 대규모 밴처캐피탈 자금을 등에 업은 스타트업이 치열하게 경쟁하는 구도 속에서, 초전도 회로 기반 양자컴퓨터의 최전선으로 평가받는 구글의 윌로우 칩과 맞서는 강력한 경쟁자가 중국과기대학의 주총지 3.0 칩이라는 사실은 주목할 만하다. 이는 중국의 정부 주도 연구비 투자가 얼마나 중요한 결실을 거두고 있는지 보여줄 뿐만 아니라, 앞으로 전개될 양자컴퓨터 개발 주도권 경쟁의 양상과 전략에 대해 많은 시사점을 던진다.

윌로우 vs 주총지 3.0 - 양자이득의 벤치마크

양자컴퓨터가 가져올 변혁의 핵심은 CPU와 GPU로 대표되는 고전적 정보처리 방식으로는 사실상 불가능한 계산을 수행한다는 데 있다. 여기서 '불가능'은 종종 계산에 걸리는 시간이 우주의 나이보다 길어지는 수준을 뜻한다. 양자적 정보처리는 고전적 정보처리 방식과 다른 양자역학의 법칙에 기반하여, 이를 통해 고전 컴퓨터 대비 특정 연산에서 비약적인 진전을 달성하는 것을 양자이득quantum advantage이라 부른다. 특히 머신러닝, 신약개발, 신소재 탐색 같은 상업적으로 중대한 영역에서 양자이득이 실현되면 그 파급력은 가늠하기 어려울 만큼 커진다. 오늘날 AI 주도의 기술 경쟁에서 기업과 국가의 경쟁력이 GPU 컴퓨팅 자원 확보에 좌우되는 것을 체감하고 있듯, 앞으로는 누가 양자컴퓨팅 자원을 주도하느냐가 기술 패권을 가르는 핵심 지표가 될 수 있다.

그렇다면 지금의 기술은 양자이득에 얼마나 근접해 있을까. 여기에 정량적으로 답하기 위해 쓰이는 벤치마크가 무작위 회로 샘플링 random circuit sampling이다. 이는 무작위로 구성한 양자회로를 양자칩을 이용해 연산을 수행할 때 걸리는 시간과 가장 강력한 슈퍼컴퓨터와 알려진 최첨단 고전 알고리즘으로 모사할 때 걸리는 시간을 비교하는 것이다. 회로에 사용하는 큐비트 수가 많아질수록, 그리고 회로를 반복하는 횟수가 늘어날수록 고전 모사 비용은 기하급수적으로 커진다. 그래서 양자칩의 큐비트의 수를 조금만 늘려도 고전적 계산이 사실상 불가능해지는 구간이 곧 나타나고, 이를 통해 양자이득을 확인하는 것이다. 무작위 회로 샘플링 자체는 상업적 가치는 없다. 다만 새로운 컴퓨터를 구매할 때 CPU나 GPU 성능을 보려 인공 벤치마크를 돌려보듯, 양자칩 실행 시간과 고전 모사 시간을 같은 조건에서 맞대어 비교함으로써 양자이득의 유무와 크기를 보여주는 도구인 것이다.

무작위 회로 샘플링에 기반해 구글은 2019년 53큐비트 시카모어 칩으로 양자이득을 처음 주장하며 큰 파장을 일으켰다. 곧이어 중국을 포함한 여러 연구진이 고전 알고리즘을 개선해 실제로는 양자컴퓨터보다 더 빠른 연산이 가능함을 보여주면서, 양자이득이 한 번의 실험으로 공언할 수 있는 성과가 아님을 드러냈다. 고전 알고리즘의 발전 속도는 누구도 단언할 수 없기 때문이다. 그럼에도 지난 6년 동안 구글과 중국과기대학 팀은 각각 67·70큐비트 시카모어와 56·60큐비트 주충지를 내놓으며 고전적 알고리즘과의 격차를 경쟁적으로 키워왔다. 최신 결과에 따르면 윌로우 칩은 10^{25}년이 걸리는 연산을, 주충지 3.0은 10^9년이 걸리는 연산을 몇 분 만에 수행 가능함을 보였고, 이에 따라 무작위 회로 샘플링 과제에서의 양자이득은 한층 공고해졌다. 두 그룹이 고전 연산 시간의 산정 기준이 달라 직접 비교는 어렵지만, 중국과기대학의 추정에 따르면 주충지 3.0은 구글의 시카모어 버전들보다 우수한 성능을 보인다. 여기서 주목할 점은 양자컴퓨터로 수행 가능한 연산 복잡도가 이중지수적으로 증가하고 있다는 사실이다. 상업적 가치는 없는 벤치마크이지만, 계산의 복잡도가 이중지수적으로 커지는 가파른 진전의 한 축을 미국의 빅테크 기업과 중국과기대학이 막상막하로 이끌고 있다.

윌로우는 앞서 언급한 양자이득뿐 아니라 내결함성fault-tolerant 범용 양자컴퓨터로 가는 또 하나의 분기점을 제시했다. 핵심은 오류 정정 코드의 임곗값threshold 이하 오류율 달성이다. 다시 말해, 여러 개의 물리 큐비트로 구성한 로지컬 큐비트에서 물리 큐비트 수를 늘릴수록 로지컬 오류가 줄고 결맞음 시간이 길어진다는 내결함성의 전제 조건을 실험으로 확인했다는 뜻이다. 이 대목은 아직 주충지 칩에서는 발표된 바는 없지만, 두 장치의 성능 지표 격차가 크지 않다는 점을 감안하면 중국과기대학 측도 근접해 있다고 추측할 수 있다. 여기서 주목할 점은 윌로우가 로지컬 큐비트 1개를 실제로 구현했다는 사실이다.

105큐비트라는 규모가 커 보일 수 있으나, 내결함성 범용 양자컴퓨터 관점에서 보면 아직 출발선에 가깝다. 그럼에도 최근 성능 향상이 가파른 이중지수적 곡선을 그려 왔다는 추세를 감안하면, 다음의 마일스톤이 될 임곗값 이하의 다중 로지컬 큐비트 제어는 10~20년 뒤가 아니라 수년 안의 과제로 다가설 수 있다. 이 지점을 둘러싼 미국과 중국의 최전선 경쟁은 앞으로도 한동안 지속될 것이다.

구장 4.0이 보여주는 중국 양자기술의 포트폴리오

중국의 양자 R&D는 위에서 언급한 한 플랫폼에 국한되지 않는다. 초전도, 이온트랩, 포토닉스, 중성원자를 비롯한 다양한 플랫폼에서 첨단 연구를 이끌어가는 포트폴리오를 구성하고 있다. 이 가운데 광자의 양자 상태를 이용하는 포토닉스 칩 기반 양자컴퓨터 개발은 중국의 포트폴리오의 폭과 깊이를 선명하게 보여주는 사례이다. 서구에서는 대규모 밴처캐피털 자금을 등에 업은 스타트업—실리콘밸리의 PsiQuantum(시리즈 E 약 10억 달러, 기업 가치 약 70억 달러), 캐나다의 Xanadu(누적 투자액 약 2억 5천만 달러)—가 주도적으로 개발에 속도를 내고 있는 반면, 중국에서는 위에서 언급한 중국과기대학 판젠웨이 그룹이 구장 시리즈를 통해 학계 최전선의 결과를 연달아 내놓으며 정면으로 맞서고 있다.

포토닉스 칩에서 양자이득을 보여주는 방법으로는 가우시안 보손 샘플링Gaussian Boson Sampling이라는, 고전적으로 계산이 어려운 벤치마크가 쓰인다. 앞서 언급한 무작위 회로 샘플링과 마찬가지로 양자이득의 실현은 고전 계산의 수준이 함께 발전하기 때문에 불확실성이 항상 존재한다. 이전 세대의 광자칩을 통해 발표된 양자이득 실험과 서구의 경쟁그룹에 경쟁적으로 발표해 온 양자이득과 관련된 실험은 이러한 양자칩 성능의 증가와 고전 알고리즘의 진보가 팽팽한 긴장감을 이루어 가며 지속적으로 진보하고 있음을 보여준다.

이 맥락에서 2025년 8월 arXiv에 공개된 구장 4.0은 주목할 만한 성과다. 현재 알려진 최선의 고전적 방법으로는 10^{42}년을 넘어서는 시간이 필요한 가우시안 보손 샘플링 문제를 1초도 안 되는 매우 짧은 시간에 처리할 수 있다고 주장했다. 경쟁 스타트업의 최신 성과는 비공개인 경우가 많아 전모를 단정하기 어렵지만, 구장 계열이 이 분야 최첨단을 이끌고 있다는 사실만은 분명하다. 또한 공개적이고 과학적인 논문 발표와 검증 과정을 통해 단계적으로 포토닉스 양자컴퓨터 개발을 이끌고 있다는 점에서, 중국이 기술 개발뿐만 아니라 과학적 진보의 리더 역할을 하고 있다는 점도 주목할 만하다.

중국 양자기술 육성의 전망 및 시사점

중국이 주총지 칩과 구장 칩 같은 첨단 연구 성과를 이어올 수 있었던 배경에는 장기간의 전략적 투자와 생태계 조성이 있다. 수십 년간 양자정보를 국가 핵심 과제로 삼아 과감하게 자금을 투입하면서 대학과 연구소는 탄탄한 저변을 다져 왔다. 유럽과 미국의 선도 연구

실에서 훈련받은 중국 출신 연구자들은 파격적인 연구비와 연봉, 정주 여건까지 보장받으며 귀국해 독자적인 그룹을 꾸리고 연구 기반을 확장하였다. 이들은 풍부한 대학원생 자원과 대규모 연구비를 발판으로 빠르게 성장했고, 국제 무대에서 경쟁력 있는 대형 연구 그룹으로 자리 잡았다. 이제는 중국 내에서도 해외에 나가지 않고 최첨단 연구가 가능해졌고, 이러한 선순환 구조는 오늘날의 성과와 내일의 가능성을 동시에 지탱하고 있다.

구글이라는 막강한 자금력을 가진 빅테크 기업과 맞붙으면서도 뒤처지지 않는 중국과기대학의 선전은 바로 이러한 환경이 가능하게 했다. 구글 양자팀의 뿌리가 된 UC Santa Barbara의 존 마르티니스 교수John Martinis, 2025년 노벨 물리학상 수상는, 대학에서는 연구비 확보와 논문 발표가 연구자의 생존 조건이지만 기업에서는 안정적인 고용을 통해 엔지니어링 난제에만 집중할 수 있다고 밝힌 바 있다. 그런데 중국과기대학은 이런 엔지니어링 문제를 해결할 수 있는 인력 구조를 대학 연구소 안에 이미 갖추고 있다. 이는 정부의 전략적 투자가 얼마나 효과적으로 집행되고 있는지를 보여주는 상징적인 사례다. 해외에서는 오직 거대 기업이나 대규모 자본을 유치한 스타트업만이 가능한 환경을, 중국은 정부 주도의 집중 투자와 대학 연구소의 인재 풀을 통해 구현해낸 것이다.

강력한 국가 주도의 대학 연구가 기술 성숙도를 끌어올리는 한편, 최근에는 창업과 벤처 자본의 유입이 눈에 띄게 활발해지고 있다. 대표적으로 허페이 중국과기대학의 저명한 양자물리학자인 궈광찬郭光燦

교수가 공동 창업한 본원양자Origin Quantum는 초전도 회로 기반 양자컴퓨터 Wukong을 개발해 클라우드를 통해 제공하고 있다. 상하이교통대학의 진셴민金賢敏 교수가 창업한 튜링큐TuringQ는 포토닉스 기반 양자컴퓨터를 개발 중이며, 최근 시리즈 A 자금 조달을 포함해 대규모 투자를 유치했다. 이외에도 중국의 유수 대학에서 수준 높은 실험 연구를 이끌던 교수들이 연구실 구성원들과 함께 창업에 나서는 사례가 빠르게 늘고 있다. 이제 중국의 양자 연구는 학문적 성과에 머무르지 않고 산업과 시장으로 확장되는 단계에 들어섰다. 안정적인 대학과 연구소를 중심으로 한 연구 역량과 기민한 민간 자본 투자 속성이 결합하면서 중국만의 독특한 양자 생태계가 자리 잡을 가능성이 크다. 국가 전략과 시장 역동성이 동시에 작동하는 이 구조는 세계 양자 경쟁에서 중국이 한 걸음 더 앞서 나갈 수 있는 강력한 원동력이 될 것이다.

한국의 경우 정부와 대학이 양자 연구에 본격적으로 주목하기 시작한 것은 구글이 양자이득 실험을 발표하던 즈음으로, 세계적 흐름에 비하면 늦은 출발이었다. 그 결과 기초 체력이 충분히 다져지지 못한 채, 이제서야 여러 플랫폼에서 선도적 연구 그룹을 만들기 위한 노력이 시작되고 있다. 지금 필요한 것은 집중적인 투자를 통해 기반 기술을 축적하고, 단순히 학술 논문 생산에 머무르지 않고 실제 하드웨어와 응용기술로 이어질 수 있는 연구를 확대하는 일이다. 여기에 민간 자본과 스타트업 생태계가 결합해 상호 보완적으로 성장할 수 있는 구조를 마련하는 것이 절실하다. 중국의 투자와 인력 양성이 만들어낸 선순환은 분명한 참고 사례가 된다. 양자컴퓨터 개발은 여전히 초기 단계에 머물러 있지만, 발전 속도는 기하급수적으로 빨라지고 있다. 따라서 장기적 관점에서 효율적이고 집중적인 연구비 투자와 인력 개발이 이루어진다면 한국 역시 국제 경쟁에서 의미 있는 입지를 확보할 수 있을 것이다.

05
수소경제를 향한
중국의 에너지 패권 전략

김정식 | 북경항공항천대학

중국은 세계 최대의 수소 생산·소비국이며, 전해조의 자국 기술화 및 대형 실증 과제 투자를 통해 그린·저배출 수소 전환을 가속 중이다. 쌍탄소 전략과 국가에너지국NEA 주도의 투자·인센티브로 전해조 설치 증가와 시장 가격 하락을 동시에 이끌어 내고 있으며, 화학·정제·철강 산업 등의 탈탄소화와 수소 산업 부문 다각화에도 적극적이다. 다만 아직은 그레이 수소에 대한 의존이 절대적이고, 생산 설비 과잉 투자와 수소 전주기 인프라 부족, 안전 규제 등이 시장 성장과 확장에 엇박자로 작용한다. 수소용 대형 파이프라인·안전 규제·자국 기술 국제표준 선점이 승부처가 될 것이라 판단하는 듯, 향후 5년여 기간 동안 적극적인 투자와 성장이 있을것으로 보인다. 한국과는 기술 개발이 요구되는 SOEC·가성비가 약한 수소환원제철·국제표준 공동화 등 상호 협력 기회가 기대된다.

중국, 글로벌 수소 리더의 위상

중국은 2010년 이후 산업 부문—주로 중공업 분야 및 석유화학 분야—의 급격한 수요 증가와 저비용 자원의 가용성 덕분에 세계 최대 수소 생산국이자 소비국이 되었다. 중국의 중국수소연합CHA; China Hydrogen Alliance의 2020년 자료에 따르면 동 기간 동안 중국의 전국적 수소 소비량은 30% 증가하여 2020년에는 약 3,300만 톤에 달했으며, 이는 당시 전 세계 수소 소비량의 약 30%를 차지했다.

중국의 수소 생산 및 소비 추이는 지속적인 증가세에 있으며 2024년 들어서는 3,650만 톤을 생산하며 전 세계 수소 공급량의 35%를 차지하였다. 이는 중국의 수소 시장이 지난 5년간 연평균 6.2%에 달하는 꾸준한 생산량 증가세(글로벌 평균 증가율 4.1%)를 바탕으로 글로벌 마켓에서 수소 시장의 선도적 리더의 위상을 더욱 확고히 하고 있음을 보여주며, 특히 다양한 수소 기술 및 시장 다각화 가속이 가능해지도록 뒷받침해주고 있다. 중국의 수소 생산량 기록은 2019년 2,800만 톤(그중 화석연료 기반 생산량이 96%), 2020년에는 3,300만 톤(그린 수소 비중 0.5%), 2023년에는 3,550만 톤(그린 수소 비중 1.2%)에 이어 2024년에는 3,650만 톤 생산으로 성장했으며, 이 과정에서 그린 수소의 비중은 2021년 0.5%에서 2024년 1.8%(22만 톤)으로 전체 수소 생산 비중은 작지만 빠르게 확대되고 있다.

중국의 수소 기술과 시장 확대는 대기오염 저감 및 연료전지를 통한 전력 생산 다각화—풍력, 태양광 등에 더해 재생에너지원의 다원화— 같은 기후·경제적 이유도 있지만, 더불어 최대 에너지 수입국에서 근미래에는 에너지 수출국으로의 국가적 위상 전환을 기대하는 국제 정세적 이유가 복합적으로 작용하고 있다. 이러한 근원적인 이유들로 중국 당국은 수소 산업화 포트폴리오를 다양화하며 시장 성장을 적극적으로 지원 중이며 수소 경제의 글로벌 리더로 굳혀가고자 하는 정책적 의지가 강하다.

현재 중국의 수소 소비는 크게 ① 화학 물질 및 수소 기반 연료(최고 수소 소비 부문, 메탄올과 암모니아 생산 등으로 지속적 증가세 유지), ② 석유 정제 및 industrial process(수소환원제철DRI 등의 실증 프로젝트 다수 진행), ③ 교통(연료전지 자동차FCEV 등의 보급이 본격화될 것으로 예상되는 2030년 이후에야 비로소 괄목할 만한 수소 소비 부문으로 기대함), ④ 건물용 등의 난방 및 전기 소비(기존 가스 파이프 네트워크에 수소 혼합 및 소규모 열병합 발전), ⑤ 발전용(아직은 수소의 발전용 소비는 미미하지만 세계 최대의 발전용 섹터를 보유하고 운용 중인 나라이므로 수소 사용 잠재력이 높음) 등 다섯 가지 주요 섹터로 분류할 수 있다.

그리고 이들 다섯 가지 섹터 모두에 적용이 가능한 기술적 요소로 탄소 포집, 활용 및 저장 기술CCUS; Carbon Capture, Utilisation and Storage이 연계되어 기술적·경제적 시너지를 가질 것으로 기대한다. CCUS는 화석 연료에서 발생하는 이산화탄소를 포집하여 활용하거나 유전이나 가스전 등에 저장하는 기술로, 저배출 수소low-emission hydrogen[1] 생산의 근간 기술이다.

현재 중국의 석탄 의존도가 높은 에너지 구조를 고려할 때, 그린 수소와 CCUS를 결합한 저배출 수소 생산을 통해 탈탄소화 목표를 달성하자는 등 에너지 시나리오를 다양화시킬 수 있고, 기술 루트 다양화로 위험 요소 분산을 기대할 수 있기 때문에 유관 기술들의 전략적 가치를 고려한 연구개발 및 실증을 지원하고 있다.

특히, 중국 내 지난 5년간의 수소 관련 기술 및 시장의 급성장 배경에는 국가에너지국NEA의 그린 수소 산업 발전 계획 2021~2035을 통해 1,200억 위안약 23조 원의 투자가 유치된 행정 정책적 지원과, 전해조 설치 총량이 2020년 500MW에서 2024년에는 8.5GW로 4년 만에 17배나 증가하는 등 기술적 향상과 실증 사업의 확산이 핵심적으로 작용했다. 2020년 시진핑 중국 주석이 발표한 쌍탄소 전략[2] 실행으로 기존 화석연료 기반의 그레이 수소 생태계에서 재생에너지 기반의 그린 수소 생태계로의 본격적인 전환을 위해 기술 개발과 산업 규모화 확대에 주력하고 있다. 이 발표는 국제 기후 정책에 있어 중요한 이정표였으며, 전 세계적인 기후 행동에 파급 효과를 가져왔다고 전문가들은 평가하고 있다. IEA국제에너지기구에 따르면 중국은 2020년에 전 세계 에너지 관련 CO_2 배출량의 3분의 1, 즉 110억 톤 이상을 배출하

----

1 화석 연료 기반의 수소 생산 공정 중에 CCUS를 적극적으로 적용시켜 탄소배출을 줄여 생산한 수소로, 그린 수소와 함께 청정 수소의 중요한 축을 이룰 것으로 기대한다.
2 2030년에 탄소 배출 정점 도달 이후, 2060년에 탄소 중립을 달성한다는 국가적 계획이다.

였다. 탄소 중립의 목표는 모든 경제 부문에서 탄소 배출량을 대폭 감축할 수 있는 광범위한 기술 포트폴리오를 완성하고 적용해야 한다는 의미이다. 중국은 쌍탄소 전략을 진행하는 과정에서의 기술과 산업 발전을 지렛대로 하여 2035년 이후부터는 글로벌 수소 시장에서 절대적 영향력을 구축하고자 하며, 자국 수소 기술이 수소 생산과 유관 산

그림 1 — 2030~2060년 동안 중국의 수소 수요 추이 전망

Source : IEA(2021a), An Energy Sector Roadmap to Carbon Neutrality in China

그림 2 — 2030~2060년 동안 중국의 수소 생산량 추이 전망

Source : IEA(2021a), An Energy Sector Roadmap to Carbon Neutrality in China

업 기술에서 국제 표준화로 인증되도록 지원하여서 그 영향력과 위상을 높이고자 한다.

자국 수소 기술의 국제 표준화는 생산된 그린 수소를 글로벌 마켓에서 거래에 용이한 위치를 선점하게 하고, 결국에는 현재 화석 에너지 최대 수입국이라는 국가적 위상을 근미래 수소 시대에는 에너지 수출국으로 전환하여, 산업 경제에서도 이를 변곡점으로 활용하는 목표를 가지고 있는 것이다. 이를 위해 정부와 산업, 그리고 연구개발 주체가 합심하여 협력하며 견제하는 양상을 갖추고 있다. 공개적으로는 대규모 실증 사업을 지원하고, 산업 스케일 거대화 등을 이뤄 내서 수소 생산 효율성 향상 및 생산 단가 하락을 유도하고, 점차적으로 규모의 경제화를 통해 자국의 글로벌 리더로의 위상을 굳건히 해 가는 과정이 눈에 띄고 있다.

그린, 저배출 수소의 도전

중국은 지난 30년 이상 급속한 산업화를 통해 국가 성장을 이루었으며, 이를 뒷받침한 제조 및 운송 부문은 화석연료의 광범위한 사용에 기반하였고, 중국 당국은 이제 이를 심각한 대기오염의 주된 원인으로 판단하고 있다. 이에 화석연료를 수소로 대체함으로써 대기질 향상은 물론 에너지 공급 안보Energy Supply Security를 확보하고, 재생에너지의 간헐성과 불확실성에 대비하여 수소로 전환 후 연료전지 등을 통해 다시 전기를 생산하는 방식으로 재생에너지 공급의 다각화와 전력 생산 증대를 꾀하고 있다.

현재 중국 수소 생산의 98% 이상은 석탄 가스화, 천연가스 개질, 또는 철강·화학 공정의 부산물로부터 얻어지고 있어 생산 구성이 화석연료에 심하게 편중되어 있는 상황이다. 재생에너지 기반 수전해 방식의 비중은 1.8% 정도에 불과하나, 앞서 설명한 여러 배경 이유와 국제 정세 등으로 인해 이 부분의 기술과 시장의 성장 속도는 글로벌 평균을 상회하며, 중국 정부의 2025년 그린 수소 생산 목표량인 20만 톤/년을 2024년에 조기 달성하여 22만 톤/년을 기록하는 성과를 냈다. 다만, 생산 설비에 대한 투자가 수소 수요 시장의 성장세를 웃도는 현상이 2년여간 지속되고 전력 피크타임의 전기요금 부담 등의 이유로 대부분의 설비가 100% 가동률을 이루지 못하고 있는 것도 현실이다.

이런 여건에서도 그린 수소 생산의 조기 목표를 달성한 성과를 이루어 낸 데에는 다음의 세 가지 주요 요인들이 작용한 것으로 분석한다. 첫째, 국가에너지국이 100MW 이상의 재생에너지-수소 통합 대규모 프로젝트(예: 내몽골 500MW 태양광-수소 플랜트)를 승인하며 시장을 웃도는 사업을 우선 승인하고 촉진한 점, 둘째, 전해조 설비 비용이 가격이 저렴한 알칼라인ALK 전해조 기준으로 2025년 상반기에 평균 $145/kW로 지난 5년간 60% 이상이 감소하고 동시에 효율성이 개선된 점, 그리고 셋째, 그린 수소 생산 시 kg당 5위안약 980원의 보조금 및 세금 감면 등 강력한 인센티브 정책 시행한 점이다.

그 결과, 중국의 2024년 수소 생산 단가는 전년도 대비 15% 가량 하락으로 집계되고, 이는 타국에 비해 현저한 가격 경쟁력을 갖게 되며 국제 시장에서 유럽과 미국의 수소 공급에 비해 우위를 가질 수 있다. 가격 하락은 대규모로 지원된 수소 생산 장비의 국산화와 대형 수소 생산 실증 프로젝트 등의 확대에 의한 것으로 보인다.

그린 수소 생산 단가는 2025년 상반기의 경우 kg당 4~10달러(산업용 전기요금 가격에 연동)로 그레이 수소 대비 2배 가까이 비싸지만, 40~60%의 보조금(지방정부는 저마다 개별적인 인센티브 적용)이 가능하고, 2045년 즈음에는 그린 수소가 보조금 없이도 시장에서 가격 경쟁력을 갖도록 성장시킬 것으로 기대한다. 이러한 비용 감소에는 알칼라인 전해조 효율이 65%에서 80% 이상으로 개선된 기술 성취와 100MW급 프로젝트에서 전해조 비용이 총액 기준 40% 절감된 규모의 경제 효과가 핵심 요인으로 꼽힌다. 폴리머 전해조PEMEC에 필수인 백금 촉매 등의 수입에는 중앙정부가 개입하여 국가 차원의 대량 구매 등을 통해 가격 절감 효과를 이루어 내어 기업들을 지원한다. 이와 더불어 2030년까지는 기존 수소 생산 산업에 CCUS를 적용한 저배출 수소 생산 능력이 2024년보다 5배 이상 증가할 것으로 전망하는 자료도 있다.

수소 생산 기술 :
수전해 장비 시장의 기술 선점 및 에너지 시장 다각화

중국은 글로벌 전해조 시장의 50% 이상을 점유하며 기술적·가격적 패권을 장악하고 있으며, 이는 관련 부품의 완전한 국산화와 거대해지는 생산 규모의 경제화에서 비롯된다. 필수적으로 해외 수입에 의존해야만 하는 촉매와 원소재 등의 유입도 중앙정부가 직접적인 지원과 최대 단일 시장이 주는 협상 우위를 통해 저렴한 단가로 수입 계약을 체결하여 가격 경쟁력을 더 높여 주고 있다. 기술 유형별로는 ALK 방식이 시장 점유율 65%를 확보하고, 국내 전해조의 효율 80% 초반 성능 및 10년 이상의 수명 검증을 확보하여 국제 시장에서도 주도적 위치를 차지하고 있다. PERIC, CJH^{Cockerill Jingli Hydrogen}, Longi 등이 주요 선도적 기업들이다. 그 다음으로는 PEMEC를 이용한 수소 생산이 25%의 시장 점유율을 확보하고 있다. 높은 운전 효율 75% 및 수전해에 필요한 전력 공급과 dynamic한 수소 수요에 빠르게 응답할 수 있는 기술적 장점을 내세워 Envision, LONGi 기업 등이 시장을 리딩한다. 그리고 고체산화물 전해조^{SOEC} 방식은 10% 점유율이지만 상대적으로 가장 높은 운전 효율(85% 이상의 높은 이론적 효율)이 가능하기 때문에 지속적인 시장 성장이 기대되며 많은 R&D 지원이 있다. SOEC의 높은 운전 효율과 이를 구현해 잠재적 시장성을 타깃하는 독일의 Sunfire사의 협력사가 독일과 기술교류하며 중국에서 활동 중이다.

주요 기업을 구체적으로 살펴보면, PERIC은 알칼라인 방식에서 자국 내 점유율 40%를 차지하는 시장 위너로 자리했다. CJH는 세계적 수준의 알칼라인 전해조 기술을 보유하고 있으며, PEMEC 기술은 다른 기관과 협업 혹은 기술 융합을 통하여 개발하는 전략을 유지하며 전해조의 내구성으로 높이 인정받고 있다. LONGi는 태양광 모듈의 세계적 강자로서 'Solar for Solar' 전략 아래 하이브리드 알칼라인/고분자전해질막 전해조와 통합형 태양광-수소 플랜트 사업으로 진출했다. Envision은 내이멍구 치펑에 500MW 규모의 그린 암모니아(연간 30만 톤) 생산 플랜트 시설을 구축(최종 완성형은 2028년까지 2.5GW 규모로 그린 수소와 그린 암모니아 생산 계획)하여 풍력, ESSEnergy Storage System 및 PEMEC 기술의 산업적 적용을 선도하며, 해당 시설은 Bureau Veritas 인증(2025년 5월 Bureau Veritas Renewable Ammonia Certification)을 획득했다.

수소 소비 산업 : 화학 및 정제 산업을 넘어선 광범위한 적용

중국에서 수소는 단순한 연료 이상으로 산업의 탈탄소화를 위한 핵심 자원으로 인식되고 있으며, 전체 수소 소비의 80% 이상(약 2,950만 톤/년)이 산업 원료로 사용 중에 있다. 이러한 소비 구조의 편중은 몇 가지 배경으로 분석 가능하다. 첫째, 중국의 원유 수입 의존도는 73%(2024년 기준)에 달하며, 국가적 에너지 안보 전략 차원에서 수소를 통해 화석연료를 대체하고 암모니아·메탄올 등 부가가치 높은 부산물 생산을 촉진하려는 정책적 의지가 작용한다. 둘째, 철강·화학 산업이 중국 전체 탄소 배출량의 40%를 차지하는 점을 고려하면, 수소를 활용한 이들 산업의 청정 공정 전환은 탄소중립 목표 달성을 위한 국가적 필수 어젠다이다. 유관 산업이 대부분 국유기업SOE; State-Owned Enterprise이고 이들은 입안된 정부 정책의 실행 효율과 이행이 높은 편이며, 실행된 정책들의 목표 달성률도 상대적으로 우수한 편이다. 셋째, 산업용 그레이 수소 비용이 교통용 수소 단가 대비 60% 저렴한 경제성도 한 원인이다.

주요 소비 분야별 기술 동향을 살펴보면, 메탄올 합성 분야에서는 CO_2 포집과 수소 연료 전환 기술이 주목받고 있고, 암모니아 생산 분야에서는 Envision의 30만 톤/년 규모 그린 암모니아 프로젝트가 Bureau Veritas 인증을 획득하고 2025년 생산량 전량이 이미 계약 완료되는 등 활발한 움직임이 보인다. 정유 및 석탄 화학 분야에서는 Sinopec 등의 거대 에너지 국영기업들의 수소 소비는 지속될 것으로 기대하고 있다.

산업별 주요 소비량을 분야별 기술 동향과 함께 살펴보면, 첫째로 화학제조가 지속적인 증가가 예상되는 분야다. 메탄올 합성이 연간 995만 톤27%이며 큰폭의 수요 증가를 주도하고 있다. CCUS와 수소 연료 전환 기술이 주목받으며 대련화학물리연구소가 선도하고 있다. 암모니아 생산은 질소 비료 등의 산업과 연계되어 연간 950만 톤26%으로 자리매김하였으며, 해외 수입 가스량(주로 러시아산)을 고려하더라도 그린 암모니아를 적극 활용하고 도시가스와 수소를 혼합한 형태로 향후 20~30년간의 가스 에너지 산업을 지속할 가능성이 높으며, 향후 50년 이후에 이르러서는 100% 수소 가스 및 수소 산업으로의 진입도 가능할 것으로 전망된다. 정유 및 석탄 화학이 연간 1,005만 톤27%을 차지한다. 동 분야에서는 Sinopec이 유류 품질 향상 등을 위해 연간 600만 톤의 수소를 소비하는 등 여전히 많은 양이 사용되고 있으나, 2035년 이후의 장기적 관점으로는 공정 효율성 향상과 화석연료의 사용량 감소 등으로 점진적인 감소 추세로 예측된다.

중공업의 탈탄소화 측면에서는 철강 산업에서 고로에 수소를 주입하여 코크스 소비량과 배출량을 줄이는 파일럿 프로젝트가 진행 중이며, 2030년까지 20% 배출량 감축을 목표로 한다. 특히 Bao Steel은 그린 수소 100%를 사용한 직접환원제철 공정의 성공적인 시운전을 완료하며 주목받고 있다. 효율적인 직접환원제철 공정을 위해서는 제철소에서 그린 수소를 자체 생산하고 생산된 수소를 고로로 투입하는 생산량과 소비량의 실시간 밸런싱이 필수적이다. 또한 시멘트 및 유리 산업에서는 천연가스 대신 수소를 고온로furnace의 연료로 사용하는 시범사업에 국가에너지국이 보조금을 지원하고 있다. 산업에서의 수소 소비 전망은 관련 기술 중에서도 수소 순도 분석 센서 및 안전용 센서와 같은 산업용 수소 센서 사업이 2025~2030년 동안 매년 2배 이상씩 성장할 것으로 예측되며 장수성, 상하이, 저장성, 광둥성 등 지방정부의 눈에 띄는 산업체 지원 정책이 있다.

교통 부문에서는 수소 연료전지 자동차FCEV 등을 활용한 수소 소비와 전기 생산까지 시장은 예측하고 있으나 고가의 차량 가격, 부족한 인프라, 제한적인 인센티브 및 보조금 등의 조건은 아직 시장 형성이 초기 단계이며 전체 수소 수요에서의 영향력은 현재 미미한 현실을 설명한다. 흥미로운 내용으로 2024년 주요 FCEV 시장인 한국과 일본의 시장이 전년 대비 30~40% 역성장하는 등 전반적으로 글로벌 마켓이 고전하는 가운데, 중국은 상용차 중심의 FCEV 생산·보급 전략을 통해 비교적 안정적인 성장세를 유지하고 있다. 하지만 시장의 더딘 성장은 2030년 이후에나 본격적인 성장세로 전환되고 전체 수소 소비 부문에서 유의미한 소비율을 나타낼 것으로 예상한다.

발전 부문에서는 정책적 의무화가 두드러지는데, 가스발전소(10MW 이상)는 수소/암모니아 15% 이상 혼소, 석탄발전소(300MW 이상)는 암모니아 10% 이상 혼소가 의무화되었다. 이는 재생에너지의 간헐성 문제를 해결하여 전력 계통 안정화를 꾀하기 위한 목적도 있으며, 50MW급 터빈에 30% 수소 혼소 시험을 진행 중이다. 한편, Sinosynergy 및 Mingyuan Technology洛源科技와 같은 기업들은 광산이나 도서 지역을 위한 분산형 연료전지 발전 솔루션을 제공하며 오프그리드 전원 시장을 개척하고 있다. 하지만 발전 부문에서는 아직까지 석탄에 절대적으로 의존하는 산업 구조상 동 부문에서 수소 사용량은 전체 수소 소비에서 1% 미만이다.

동시에 수소 실증 사업 및 상용화 사례 또한 가시적인 성과가 흥미롭다. 철강 분야에서는 Bao Steel 그룹이 2023년 수소 환원 고로를 시범 운영하여 연간 CO_2 20만 톤 감축을 실현했으며, 발전 분야에서는 China Energy Group이 2024년 40MW 가스터빈의 30% 수소 혼소를 1,200시간 이상 연속 운전하는 데 성공했다는 소식이 있다.

엔비전의 그린 암모니아 프로젝트는 이러한 산업화 움직임의 가장 상징적인 최근 사례이다. 필자 팀이 직접 감숙성Gansu province 란저우와 내몽고의 츠펑 단지를 견학한 바, 엔비전은 자체 생산한 그린 암모니아를 사용하여 세계 최초로 선박용 그린 암모니아 연료 급유 작업을 성공적으로 수행해 내며 2025년 상반기에 주목을 받았다. 이들은 내몽고 지역의 풍부한 풍력 및 태양광 자원을 이용하여 그린 수소, 그린 암모니아, 그린 메탄올 및 바이오 항공유를 생산하는 세계 최대의 '신석유' 기지를 건설 중이다. 세계 최대의 독립 재생에너지 전력 시스템을 구축하는 목표를 갖고, 그린 수소 및 그린 암모니아 장비의 전주기 자체 기술을 바탕으로 변동성이 큰 재생 전력을 현지에서 안정적이고 저장이 쉬운 그린 연료로 전환하여 전 세계로 수송하는 비즈니스 모델을 실현하고자 한다.

2024년 7월 8일, 엔비전이 건설한 이 세계 최대 규모의 그린 암모니아 프로젝트가 1단계로 완성되고 가동을 시작했다. 이 프로젝트는 100% 재생 전력을 직접 연결하여 그린 수소 생산을 실현했으며, 뛰어난 전주기 탄소 관리 능력을 인정받아 국제 지속가능발전 및 탄소 인증 플러스 인증ISCC; International Sustainability and Carbon Certificate, Plus Certificate을 획득했고, 온실가스 지표 그린 암모니아 플러스 인증서Green Ammonia Plus Certificate를 받은 세계 최초의 프로젝트가 되었다. 엔비전에너지 수소에너지 총괄 엔지니어인 장젠Zhang Jian은 "그린 수소와 그린 암모니아는 재생에너지와 최종 탈탄소 응용을 연결하는 핵심 허브이다. 이번 프로젝트의 성공은 항해 등 시나리오에서 그린 암모니아의 가용성을 검증했을 뿐만 아니라 전 세계적으로 탈탄소가 어려운 업종(항공유)의 탈탄소를 위한 혁신적인 패러다임을 제공했다"라고 그 의의를 밝힌 바 있다. 전해조는 on-site에서 생산한 재생에너지의 variable한 출력량에 연동되어 전해조에 탄력적으로 전력을 공급하도록 지능화되었으며, 전력 공급량과 그린 암모니아 생산량을 가성비가 최적화되도록 상시 운영되는 기술을 시연한 것을 자랑한다. 올해의 암모니아 생산량은 해외 수출 등으로 전량 판매가 완료가 되었다고 선전하고 있다.

주요 도전 과제 : 인프라 및 저장·운송

수소 경제의 안착과 시장 성장을 위해선 저렴하고 깨끗한 수소의 생산만큼이나 효율적인 운송과 저장이 핵심적이다. 그리고 수소의 생산-수송-저장-소비를 아우르는 전주기 모든 경로상에서 수소 가격과 탄소 배출을 통섭하는 LCA Life Cycle Assessment이 원활하게 적용되는 기반을 갖추고 적용해야만 진정한 수소 경제 시대가 열릴 것이다.

중국은 압도적인 시장규모에 반하여 가스관을 이용한 수소 운송 네트워크는 유럽 국가들에 비해 부족하단 평을 받아 왔다. 이를 보강하는 차원에서 Sinopec은 'hydrogen trucking corridor' 사업을 통해 충칭과 친저우항을 잇는 1,150km 수소 운송 회랑을 지난 4월에 구축하여 연간 40만 톤의 부생수소를 물류 중심지에 공급하고 있다. 다만, 이 부생수소의 생산을 그린 수소로 전환할 구체적인 계획에 대해서는 아직 파악되는 자료가 없는 점이 아쉽다. 충칭-친저우항 노선은 충칭이 자동차·화학 산업 클러스터이고 친저우항이 아세안 ASEAN 수출 관문이라는 점에서 물류 효율성을 더 높이기 위해 선정되었으며, 중국은 2026년까지 4,000km의 수소 파이프라인을 추가로 확충(신장-상하이 노선 포함)할 계획을 통해 자국 내 생산된 수소를 수출입 항구를 통한 기술 실증을 진행하려 한다. 정부의 가스관 지원 의지와 최대 에너지 국영기업인 Sinopec에서 최근 가스관을 활용한 수소의 저장과 수송을 전담할 자회사 설립 진행 조짐 등으로 미루어 향후 10년간 적극적인 수소 파이프라인 개발과 개통이 예상된다.

정책 및 미래 전망 :
과잉평가로 판명된 정부 예측, 그린 수소 생산의 '겨울나기'

중국의 수소 기술 및 산업 발전은 국가 차원의 명확한 로드맵이 가이드라인으로 작용하며 진행되고 있다. 그러나 지난 2년여간 발표된 정부 백서를 보면 수소 관련 산업 부문별 시장 성장 예상치가 실제 성장세를 과잉평가한 부분이 상당하다. 관련 기업들은 정부 정책과 예측에 기반하여 ALK 전해조 및 그린 수소 생산 설비 등에 투자를 진행해 왔으나, 정부 예측을 하회하는 시장 성장으로 인해 기업들의 수소 설비 투자 자금 회수 기간이 5년 전의 3~4년 정도 예측에서 실제로는 7~8년 이상의 기간으로 예측되면서 점차 투자 규모가 위축되고 사업 다양성도 줄어드는 경향이 눈에 띈다.

이런 분위기를 파쇄하기 위해 중앙정부와 지방정부 모두 수소 생산량에 대해서는 점점 더 높은 인센티브 정책으로 시장 형성을 독려하고 있으며, 이는 정부의 의지를 가늠케 하는 지표이다. 그러나 인센티브 정책 등의 정부 유인 정책은 지원 규모와 기간에 한계가 있을 수밖에 없으며 그 한계에서 자립하지 못한 시장 성장세는 관련 중소기업들의 자금 유동성 경직과 투자 위축을 불러오며 기업 경영 흐름이 곤란해지는 경우도 목격되고 있다. 필자가 직접 경험한 바에 따르면, 근래 중국 전역에서 부동산의 호황이 냉각되며 부동산으로 유입되던 투자 자금이 신규 투자처를 찾아 대체해야 하던 상황에서 수소 산업이 대안으로 인식되기도 했으며, 많은 지방정부가 수소 기업 유치에 관대한 혜택을 제공했다. 하지만 수소 소비 시장의 성장세 둔화를 인식한 투자 자금과 시장 성장을 유인하던 정책들은 수소 부문에서 로봇 기술, 저공경제, 차세대 배터리, AI를 이용한 자동화 공정 등으로 이동해가는 상황이 감지된다. 자금 유동성에 상대적으로 유연한 대기업은 당분간 투자를 지속하고, 설혹 경제 상황이 더욱 심각해지더라도 에너지 대기업의 부도를 정부가 방관하지만은 않을 것이라는 암묵적인 기대를 바탕으로 산업의 '겨울나기' 전략을 취하는 것으로 보이며, 이는 지난 20여 년간 중국 전기자동차 산업이 겪었던 정부의 정책 패턴을 적용하는 경영 경험치로 보인다.

전반적으로 수소 산업은 여전히 기술 투자와 정책 차원에서 여타 에너지 사업 대비 상대적으로 높은 관심과 지원의 대상이지만, 예상을 하회하는 시장 성장세, 수소 인프라 및 수소 엔지니어 부족, 그리고 수소 관련 안전 규제 등으로 인해 화제성과 상업성의 등락이 매우 높은 편이다. 더불어 중국의 에너지 산업에 유입되는 민간 투자금은 상당히 짧은 주기를 갖고 있는 것으로 판단되어 중국의 중소기업들은 중장기적인 수익 모델을 기획하고 기업 운영에 반영할 상황적 여유를 갖기는 어려워 보인다. 현시점에서 무엇보다 다양한 수소 기술과 소비 시장의 다각화가 필요해 보이는 이유다.

중국의 수소 산업 현황을 한눈에 파악하고 분석하기에는 어려움이 많다. 비슷한 시점에서 신뢰도 높은 일간지들에서조차 수소 산업에 대한 상반된 분석을 다뤄내는 사례를 자주 접하면서, 필자는 이러한 기사들을 '어떤 부분에서 성장과 발전이 이뤄지는지', '어떤 부분들이 도움과 국제 협력이 필요한지'를 파악하는 자료로 삼지만, 중국의 현황을 객관적으로 분석한 자료로 받아들이기에는 한계가 있다고 판단한다.

정책의 거시적인 방향성을 보면, 국가에너지국은 수소 가스의 수출보다는 국내 공급망 완성과 주요 산업의 탈탄소화에 초점을 맞추고 있으며, 이는 100km 이상의 파이프라인, 600kg 이상의 수송차량 같은 저장·수송 인프라 확충과 중공업 수요 창출로 구체화되고 있다. 중국의 수소 생산과 소비량은 세계 시장에서 압도적 점유율을 가지지만 국제표준에 미치는 영향력은 시장 규모를 감안하면 미국, 유럽, 일본에 비해 낮은 편이라는 인식이 있으며, 이에 따라 중국은 그린 수소 생산량 확대와 전해조 기술 수출을 통해 자국 기술을 국제표준에 반영하려는 노력을 지속하고 있다. 기술 국제표준화는 정부 정책으로도 지원되는 분야로서, 관련 인사들을 중국으로 초청하고 ISO 협의 관련 국제심포지엄을 다수 유치하는 등의 활동이 이어지고 있다.

대규모 인프라 프로젝트의 예로는 4,300km 길이의 신장-상하이 노선이 있으며, 2030년 완공을 목표로 연간 200만 톤의 재생에너지 기반 그린 수소를 수송할 계획이다. 이러한 프로젝트는 수소 취성[3] 문제를 극복하기 위해 수송 파이프의 소재 개발 및 내부 코팅 등의 기술적 장벽을 넘어야 한다는 분석이다. 수송된 수소의 활용처에서도 수소 사용에 적절한 기기들(난방의 경우 수소용 버너 등)이 수소 공급에 맞춰져야 한다.

중국의 2030년 목표는 그린 수소 생산량을 50만 톤/년 이상으로 확대하고, 생산 단가를 kg당 28위안약 5,500원 미만으로 낮추는 것이다. 글로벌 역할 측면에서 중국은 자국 내에서 생산된 수소 가스는 주로 내수시장용 소비에 집중하는 한편, 전해조 설비 기술과 설비 시설, 전해조의 수출은 태양광-수소-암모니아 통합 솔루션과 더불어 아세안 등 해외시장에 수출하면서 기술 및 장비 주도형 수출국으로 도약하는 전략을 취하고 있다. 이러한 내수와 수출 전략의 분리는 명확하다. 내수시장에서는 그린 수소 생산을 통해 철강·화학 산업의 탈탄소화에 집중하며 2030년까지 500만 톤의 수소 관련 목표를 세우고 있다. 한편, 수출 전략에서는 2030년까지 아세안에 37GW의 전해조 장비를 공급하는 것을 목표로 하며(LONGi는 이미 태국과 5GW 플랜트 계약 체결), 수출 기업에 대해 관세 환급 15% 및 해외 프로젝트 금융 지원 등의 다양한 인센티브제도가 있다. 아태지역 재생수소 설비 목표는 2025년 5GW, 2027년 15GW, 2030년 37GW로 설정되어 있으며, 중국으로서는 아세안 전체 그린 수소 수요의 50%를 공급하려는 계획이다.

----

3   금속이 수소를 흡수하여 연성(ductility)이 저하되고 취약해져 파괴되기 쉬운 현상을 말한다.

위 사례들은 궁극적으로는 중국의 수소 관련 기술들이 국제 표준에 반영되도록 지원할 수 있다. 국제표준 제안은 단일 국가가 추진하기 어려울 수 있으므로, 이는 한국과 중국의 협력이 잘 이뤄질 수 있는 잠재적 분야로 판단된다.

한중 수소 에너지 협력 전망

중국의 수소 산업은 정부의 강력한 정책적 의지, 방대한 내수시장, 그리고 급속한 기술 국산화로 대표되며 시장은 국제 평균 이상으로 가속 성장세에 있다. 그러나 재생에너지의 간헐성 극복, 경제성 있는 저장·수송 인프라 구축, 그리고 국제적 표준 선점 등 해결해야 할 명확한 과제들도 당장 해결이 어려운 것이 현실이다. 이 과정에서 중국이 보여주는 도전과 성과는 글로벌 수소 경제 형성 과정에서 가장 중요한 벤치마크이자 변화의 중심축이 될 것이다.

한국 역시 수소 기술과 수소 시장에 여타 국가보다 훨씬 높은 관심과 노력을 기울이고 있다. 이러한 시점에 한중 양국 간 수소 에너지 협력은 여러 분야에서 활발히 모색될 수가 있겠다. 특히 건물 분야, 그린 수소 생산 분야, 그리고 국제 규범 마련을 위한 협력이 당장 협력점이 될 수 있을 것으로 판단된다. 특히 회화강 이남 지역은 겨울철 높은 습도와 낮은 체감 온도로 인해 거대한 난방 수요가 존재하나 중앙난방이 부재하며, 이는 수소 기반 열병합 발전 기술의 건물에너지 적용에 대한 잠재 시장을 의미한다.

그린 수소 생산 분야에서는 SOEC 기술을 중심으로 한 협력이 유망해 보인다. 기술 시장이 초기 단계여서 적극적인 해외 협력은 필요하고 동시에 견제나 이해관계 충돌은 적을 것이기 때문이다. 중국은 풍부한 재생에너지 자원을 바탕으로 그린 수소 생산 여건이 좋고(2021년부터 이미 매년 약 1천억 kWh의 잉여전력이 발생), 한국은 SOEC 기술력과 혁신 역량을 보유하고 이는 중국에서도 인정받고 있기에 양국의 상호 보완적 협력이 가능하다. 이를 통해 수소 에너지 산업의 가치 사슬 전반에서 국제적 위상을 함께 높여 나갈 수 있을 것이다.

나아가 양국 지방정부 간 에너지 협력이나 양국의 선도 에너지 기업 간 파트너십은 한중 수소 협력의 효율적인 실행 모델이 될 수 있다. 그러나 민간 협력의 전제로 양국 간 기술 표준, 인증 체계, 안전 관리 규정 등의 차이가 협력 형성에 걸림돌이 되지 않도록 조율이 필요하며, 특히 중국 정부가 주도하여 양국 민간 협력의 지원 틀을 갖춰주길 바라는 데에 기대가 높은 것으로 감지된다. 특히 수소 관련 기술과 제품에 대한 표준과 기준에 대한 양국의 높은 의지는 양국에 대한 높은 이해를 가진 인력들의 적절한 코디네이션coordination을 통하면 한중의 협력을 선순환 구조로 자리매김할 수 있을 것으로 기대한다.

궁극적으로 한중이 수소 에너지 산업에서 협력 관계를 구축해 나간다면, 향후 전 세계 수소 산업에서 양국의 글로벌 기술 경쟁력과 국가적 위상을 동시에 높이는 성과도 기대해 볼 수 있다. 시장 차원에서는 한국의 수소 연료전지차와 중국의 ALK 전해조의 높은 경제성을 결합하여 제3국 시장에 공동 진출하는 모델 등을 제안해 볼 수 있고,

산업 차원에서는 제철소 간에 수소환원제철 기술 공동연구를, 기술 차원에서는 SOEC의 고온 소재 개발이나 운전 기술 개발, 그리고 항공 분야에서도 수소 기술 협력을 추진해 볼 수 있다. 또한 표준 차원에서는 수소 안전 표준을 공동으로 개발 및 실증하고 국제표준으로 승인받기 위한 노력, 그린 수소 표준 상호 인증 등을 위한 협력 등이 효율적일 것이다.

참고문헌

- 유안타증권 리서치센터 (2025). 「수소 경제: 중국이 움직이고 있다」.
- Bao Steel Group (2024). *Hydrogen Reduction Blast Furnace Pilot Technical Report*. Shanghai: Bao Steel Group.
- China Hydrogen Alliance & BloombergNEF (2024). *China Electrolyzer Market Landscape 2024*. Beijing: China Hydrogen Alliance.
- CNPC Economics & Technology Research Institute (ETRI) (2024). *China Hydrogen Storage and Logistics Infrastructure Outlook*. Beijing: CNPC ETRI.
- International Energy Agency (IEA) (2024). *Global Hydrogen Review: Opportunities for Hydrogen Production with CCUS in China*. Paris: IEA.
- National Energy Administration (NEA) of China (2024). *Hydrogen Power Generation and Grid Stability: Technical Roadmap and Pilot Projects*. Beijing: NEA.
- S&P Global Commodity Insights (2025). *China's Hydrogen Industry: Comprehensive Analysis (2025)*. Available at: https://www.spglobal.com/commodity-insights/
- Sinopec Group (2024). *Hydrogen Pipeline Corridor Project: Chongqing-Qinzhou Case Study*. Beijing: Sinopec.

06
중국 이차전지 산업의 전략과 미래 전망

김종명 | 상하이과기대학

중국은 이차전지 산업에서 정책·기술·시장 통합을 통해 글로벌 주도권을 강화하고 있다. LFP의 대량 상용화를 축으로 전고체, 나트륨이온 등 차세대 포트폴리오를 병행하고, 재활용과 ESS까지 아우르는 후방 가치사슬을 구축해 구조적 경쟁력을 강화했다. 이러한 성과는 정부의 장기 정책 일관성, 자립형 공급망, 인재 유입과 연구 생태계에 기반한다. 한국은 대량·저가 시장과의 단순 경쟁을 피하고, 특수 응용과 실증 협력 등에서 차별화된 전략을 모색해야 한다.

중국 주도의 글로벌 배터리 산업 재편

2010년대 이후 이차전지는 전기자동차EV 보급 확대와 함께 급성장했으나, 2025년 현재 과잉 공급, 경기 불확실성, 보조금 축소 등으로 조정 국면에 들어섰다. 그럼에도 ESSEnergy Storage System, 에너지저장장치, 로봇·드론, 특수 모빌리티 등 응용 분야 확대로 중장기 수요는 꾸준하다. 특히 AI·반도체 등 고전력 산업의 확산으로 전력 신뢰도와 수급 관리의 중요성이 커지면서, 배터리는 에너지 안보의 핵심 축으로 부상했다.

한국은 2010년대 중반까지 일본과 함께 삼원계NCM/NCA 중심으로 시장을 주도했으나, 2020년대 들어 리튬인산철LFP을 앞세운 중국의 약진으로 점유율이 하락했다. 주목할 점은 CATL, BYD 같은 대형사뿐만 아니라 Gotion, EVE, Sunwoda 등 중견 기업도 빠르게 성장하며 구조적 우위를 공고히 하고 있으며, 이러한 흐름은 2025년에도 이어지고 있다는 것이다. 현재 미중 및 유럽-중국 간 지정학적 갈등이 중국 기업의 대외 확장을 일정 부분 제약하고 있다. 최근 체결된 LG에너지솔루션의 테슬라향 ESS용 LFP 약 6조 원 계약도 그 영향이 작용한 결과로 보인다. 그러나 개별 수주가 곧바로 중장기 우위로 이어지지는 않으며, 글로벌 배터리 생태계는 여전히 중국 중심으로 재편되고 있다.

표 1 — 2023·2024년 전기자동차용 이차전지 연간 누적 세계 공급량(단위: GWh)

Battery Supplier	2023.1~12	2024.1~12	Growth Rate	2023 M/S	2024 M/S
CATL	257.7	339.3	31.7%	36.6%	37.9%
BYD	111.8	153.7	37.5%	15.9%	17.2%
LG Energy Solution	95.1	96.3	1.3%	13.5%	10.8%
CALB	33.8	39.4	16.6%	4.8%	4.4%
SK on	34.7	39.0	12.4%	4.9%	4.4%
Panasonic	42.8	35.1	−18.0%	6.1%	3.9%
Samsung SDI	33.1	29.6	−10.6%	4.7%	3.3%
Gotion	16.4	28.5	73.8%	2.3%	3.2%
EVE	16.0	20.3	26.9%	2.3%	2.3%
Sunwoda	10.8	18.8	74.1%	1.5%	2.1%
Others	50.9	94.3	85.3%	7.2%	10.5%
Total	703.2	894.4	27.2%	100.0%	100.0%

출처 : SNE리서치

그럼에도 한국 내에서는 이를 여전히 '저가 대량생산 중심'이나 '기술적 깊이가 부족한 일시적 성장'으로 보는 인식이 일부 남아 있다. 그러나 이러한 시각이 지속되면, 2020년대 초 LFP 급부상 당시와 같은 구조적 타격이 재현될 수 있다. 더욱이 나트륨이온 배터리, 초고속 충전 인프라 등 신흥 분야에서도 중국은 내수 실증을 기반으로 빠르게 상용화를 확산하고 있다. 이러한 흐름을 제때 포착하지 못하면 한국은 기술 전환기마다 주도권을 잃는 '지속적 추격자'에 머물 위험이 크다. 이에 본고에서는 중국의 급성장을 정책·기술·시장 통합 전략의 산물로 해석하고, 그 구조적 경쟁력을 분석해 한국의 전략적 대응 방향을 제시한다.

중국의 통합 전략과 가치사슬 지배력

중국의 이차전지 산업은 전략 산업 가운데서도 자립도와 국산화율이 두드러진다. 기술, 생산장비, 소재를 포함한 전 가치사슬에서 약 90%의 국산화를 달성했으며, 이는 서방 기술 의존도가 여전히 높은 반도체, 바이오 등의 산업과 대조를 이룬다. 예를 들어 반도체는 EDA 소프트웨어, 제조장비 등 핵심 영역에서 대외 의존도가 커 제재에 취약하다. 반면 이차전지는 공급망의 대부분이 중국 내에 안정적으로 구축되어 있으며, 이러한 내재화가 가치사슬 주도권의 기반이 된다. 이 같은 선도적 지위의 배경에는 일관된 정책과 국가 차원의 통합 전략이 자리한다.

중국의 이차전지 산업은 정부 주도의 장기·집중 지원을 축으로 일관되게 성장했다. 제10차 5개년 계획 2001~2005에서 전기차가 국가 전략 과제로 지정된 이후 각 5개년 계획을 거치며 R&D·제도·생산 기반이 단계적으로 축적되었다. 특히 제13차 2016~2020는 '중국제조 2025'와 연동해 내수 보호와 기술 축적에 방점을 찍었다. 보조금은 중국산 배터리 탑재 차량에만 지급되었고, '배터리 화이트리스트'를 통해 외국계의 진입이 사실상 제한되었다. 동시에 고에너지밀도·장수명·고안전 배터리를 국가 중점 과제로 묶어 18.44억 위안을 투입해 전고체, 나트륨이온 전지 등 차세대 기술을 기초부터 응용까지 지원했다. 그 결과 2020년까지 대규모 생산 능력과 기술 내재화가 확립되며 국가 핵심 전략 산업으로 자리 잡았다.

제14차2021~2025는 탄소피크2030·탄소중립2060 목표와 결합해 배터리를 '에너지 전환 인프라'로 재정의했다. 「신에너지차 산업 발전 계획(2021~2035)」은 2025년까지 배터리·모터·운영체제의 중대 돌파와 안전성 제고를 제시하고, 전고체 상용화, 모듈 표준화, 재활용과 ESS 연계를 추진했다. 정부는 고체전해질·실리콘계 음극·저온 성능·재활용·고급 BMS에 투자하고 파일럿 라인을 확대했으며, 스마트 BMS와 AI 진단 등으로 ICT 융합을 가속했다. 또한 V2G 시범사업, 배터리 2차 활용, 생산자 회수 의무를 통해 '계단식 활용' 체계를 정비했다. 제15차2026~2030는 배터리를 탄소중립·에너지 안보·스마트 제조와 통합하는 방향이 유력하다. 핵심 축은 나트륨이온·전고체의 초기 상용화와 국제 표준화, 재사용·재활용 확대에 따른 공급망 회복력 강화, 지방의 재생에너지와 ESS 의무화를 통한 구조적 수요 창출 등으로 전망된다.

중국의 이차전지 고도화는 정부가 '인재=경쟁력' 기조 아래 대학·연구기관·기업을 촘촘히 연결하고, 해외 인재·기술 유입과 국내 역량 강화를 결합한 '도입·소화·흡수·재창조' 전략의 결과다. 2008년부터 시작된 천인계획 등 국가 인재 프로그램은 해외 유출 인재의 귀환에서 세계 유수 과학자 영입으로 확장되었고, 배터리 분야에서도 미국·일본·한국 출신 전문가가 유입됐다. 동시에 중국과학원CAS과 주요 대학을 축으로 산학연 협력 플랫폼이 정착했으며, 2024년에는 CATL·BYD와 대학·연구소가 참여하는 전고체 컨소시엄CASIP이 출범해 정부 부처와 함께 2030년까지 기초연구부터 공급망 구축까지

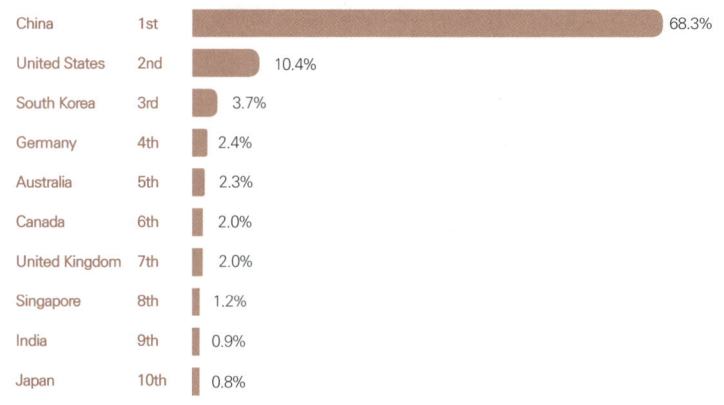

그림 1 — 2019~2023년 이차전지 분야에서 상위 10% 인용 논문 국가별 비중

1st	China	68.3%
2nd	United States	10.4%
3rd	South Korea	3.7%
4th	Germany	2.4%
5th	Australia	2.3%
6th	Canada	2.0%
7th	United Kingdom	2.0%
8th	Singapore	1.2%
9th	India	0.9%
10th	Japan	0.8%

출처 : Australian Strategic Policy Institute(ASPI), https://techtracker.aspi.org.au

전 주기를 공동 추진하고 있다.

해외 기술 도입은 그간 인수합병과 합작투자를 통해 진행됐으며, 2013년 완샹万向의 A123 Systems 자산 인수가 대표적이다. 최근에는 기술 자립도 제고와 함께 인수 의존을 줄이고, 해외 R&D 거점 확대와 외국 완성차와의 공동연구로 무게 중심이 이동하고 있다. 인력 저변 확대를 위한 교육 개편도 병행되어, 「제조업 인재 발전 계획」 이후 특성화 대학원·직업교육·청년 인턴십이 운영돼 왔고, 2024년 교육부는 '에너지저장과학및공학' 등 신설 전공을 승인해 2025년부터 학부생을 모집한다. 국가 차원의 인재 정책, 산학연 생태계, 선택적 해외 기술 도입이 결합되며 2025년 현재 중국의 배터리 기술 플랫폼은 한층 견고해졌고, 차세대 기술 경쟁에서도 주도권을 노릴 기반을 확보했다.

중국은 최근 몇 년간 이차전지의 소재·부품·장비 전 영역을 자국 중심으로 수직계열화해 외부 충격에 강한 자립형 생태계를 구축했다. 핵심 광물은 지분 투자, 장기 오프테이크, 합작JV을 병행하는 다층적 전략으로 확보하고 있다. 리튬은 국내 칭하이 염호와 남미 '리튬 삼각지'에 동시 진출했으며(예: 볼리비아 YLB와의 합작), 니켈은 인도네시아에서 국영기업 Antam과의 제련 합작을 통해 현지 정련 중심 체계를 마련했다. 코발트는 콩고 키산푸 광산 지분 확보로 안정적 조달망을 갖췄다.

중간재부터 완제품 단계 역시 국내에서 일원화됐다. 양극재·음극재·전해질·분리막 등 4대 핵심 소재에서 높은 자급률과 글로벌 지배력을 확보했으며, 특히 흑연 음극은 채굴·정제·구형화 전 공정을 내재화해 세계 생산에서 압도적 비중을 차지한다. 중국은 일부 핵심 소재와 공정을 수출 허가제로 관리하며 기술·표준 주도권을 강화하고, 원자재-중간재-셀-시스템으로 이어지는 폐쇄형 가치사슬을 구축해 공급망 리스크를 최소화했다.

장비와 공정 분야의 국산화도 빠르게 진전됐다. 전극 제조·조립 등 핵심 장비 보급률은 90% 이상에 달하며, Wuxi Lead·Yinghe 등 토종 기업이 글로벌 공급망에서 존재감을 키우고 있다. 설계 측면에서도 CTP, 블레이드, CTB 등 고집적 구조가 확산되고, MES·스마트팩토리·AI 품질 제어와 결합되며 공장은 100~200 GWh급 이상의 메가팩토리로 고도화되고 있다. 이러한 설비·공정의 내재화와 디지털화는 생산 속도·품질 균일성·원가 경쟁력을 동시에 끌어올려 차세대 전지 전환을 뒷받침하는 구조적 우위로 이어진다.

중국의 분산형 포트폴리오 전략과 다층적 기술 전략

중국의 이차전지 전략은 단일 기술 승부가 아니라 분산형 포트폴리오에 가깝다. LFP 등 범용 상용화 기술로 중저가·대량 수요를 선점하는 한편, 전고체와 나트륨이온 같은 차세대 기술은 연구·시범·응용 단계를 거쳐 단계적으로 시장에 투입한다. 또한 재사용·재활용 등 운영관리 기술을 통해 자원 효율과 ESG 대응을 동시에 개선한다. 이러한 다층 분산 전략은 중국의 기술 내재화와 응용 저변 확대를 함께 견인하고 있다.

LFP 배터리는 높은 열 안정성, 긴 수명, 저원가 원재료 구조를 바탕으로 중국이 전략적으로 채택해 온 핵심 상용 기술이다. 에너지 밀도는 삼원계보다 낮지만 가격 경쟁력과 안전성에서 강점을 보여 보급형 승용차·상용차·ESS 등 대량 수요 영역에서 급속히 확산됐다. 이후 셀투팩CTP 등 구조 혁신으로 팩 단위 에너지 밀도를 끌어올리며 적용 범위를 넓혔고, 최근에는 망간이 첨가된 LMFP 등 LFP 계열의 파생 기술로 에너지 밀도와 출력 특성을 보완하는 흐름이 나타나고 있다. 중국 정부는 2025년 7월 LFP 관련 기술을 수출 제한 품목으로 지정해 자국 양극 소재 기술을 보호하고, 표준과 기술 주도권을 공고히 하고 있다.

규모의 경제를 바탕으로 초고속 충전과 배터리 스와핑 인프라도 빠르게 확장 중이다. 2024년 말 기준 중국의 공공 충전기는 약 360만 기, 이 중 급속 설비만 100만 기 이상으로 집계된다. 이러한 확충은

LFP의 충전 취약점 완화와 운영 효율 제고에 기여한다. 스와핑도 플랫폼화가 가속 중이다. CATL의 EVOGO는 표준 모듈 교환소를 전국으로 확대하고 있으며, 2025년 CATL-NIO는 25억 위안을 투자해 전용 스와핑을 공동 개발하고 연내 1천 개소, 중장기적으로 3만 개 이상 거점을 목표로 한다. 스와핑은 비혼잡 시간대 분산 충전으로 계통 피크를 낮추고, 누적되는 수명 데이터를 통해 재사용·재활용을 체계화하며, 규격 표준화로 산업 통제력을 높인다. 중앙정부 및 지방정부의 파일럿·보조금·구매 인센티브가 이를 뒷받침하며, '배터리-인프라-서비스' 통합 플랫폼을 통해 가격·성능·운영비 경쟁력이 동시 강화되고 있다.

나트륨이온 배터리는 리튬 전지에 비해 에너지 밀도가 상대적으로 낮지만, 리튬 대비 자원 풍부성과 원가 절감 잠재력, 우수한 저온 성능과 안전성을 강점으로 도시형 EV·이륜차·ESS 등에서 활용성이 커지고 있다. CATL은 2025년에 Naxtra를 발표해 175Wh/kg, 최대 500km급 주행, 1만 회 이상 사이클, -40°C 운용 등을 내세웠고, 대량 생산을 2025년 12월 개시한다고 밝혔다. 장기적으로는 LFP의 절반까지 대체할 수 있다는 가능성도 언급했다. 상용화 측면에서도 중국이 압도적으로 선도하고 있으며, IEA에 따르면 2024년 기준 발표된 나트륨이온 배터리 제조 능력의 90% 이상이 중국에 위치하고, 2030년에도 글로벌 파이프라인의 약 84%가 중국에 집중될 것으로 전망된다.

전고체 배터리는 액체 전해액을 고체 전해질로 대체해 폭발·화재 위험을 낮추고, 이론상 최대 450~500Wh/kg까지 가능한 고밀도·장수명·고안전 전지이지만, 대량 양산에는 공정·비용 과제가 여전히 크다. 중국은 '반고체→전고체' 단계 전환과 함께 황화물·산화물·고분자 등 여러 전해질 체계를 병렬로 평가·실증하는 다중 경로를 취하고 있다. 중국 정부는 제14차 5개년 계획과 「신에너지차 산업 발전 계획(2021~2035)」에서 전고체를 중점 육성 기술로 지정하고, 2024년 초 약 60억 위안 규모의 국가 R&D 투자를 발표했다. 같은 해 출범한 전고체 배터리 산학연 협력 플랫폼 CASIP에는 CATL·BYD·중국과학원 등 30여 개 기관이 참여해 2030년까지 기초연구부터 공급망 구축까지 전 주기를 공동 추진하며, 2027~2030년 상용화를 목표로 한다.

전기차와 ESS 보급 확대로 사용 후 배터리의 순환 활용은 폐기물 처리를 넘어 기술 개발의 연장선이자 산업 생태계 후방 경쟁력의 핵심으로 부상했다. 운용의 축은 계단식 재사용–재생(재활용)–수명예측이며, 자원·비용·안전·ESG와 직결된다. 중국은 2018년 생산자책임재활용제도EPR을 명문화해 완성차에 회수 책임을 부여하고 국가 추적 플랫폼을 구축하며, '동력 배터리 회수 및 재사용 관리 규범(2019)', 'GB/T 34015 시리즈' 등을 통해 진단·분류·추적·재적용 기준을 표준화했다. 2차 사용은 통신기지국 등에서 상용화가 진행 중이며, China Tower가 대규모 적용을 확대했다. 재활용은 세계 최대 수준으로 재활용 설비 역량과 스크랩 발생량 모두 중국 비중이 과반이다. 2024년 개정 규범은 리튬 회수율 하한을 90%로 상향해 폐쇄

루프를 강화했다. 수명예측은 차량 BMS와 클라우드 분석을 연계해 SoH·RUL을 추정하며, 화웨이 AI-BMS는 10만 대 이상의 데이터를 기반으로 열폭주를 사전 경고한 사례가 보고됐다. 종합하면 중국은 제조-사용-퇴역-해체-재활용 데이터를 잇는 전주기 추적 체계로 신뢰성·자원 자립·ESG 이행을 동시에 강화하고 있다.

미래 ESS 주도권 확보를 위한 전략

최근 재생에너지 비중이 빠르게 늘며 수요·출력 변동이 커지는 가운데, ESS는 간헐성 완충과 피크 시 공급을 통해 계통의 유연성·안정성·효율을 높이는 핵심 인프라로 부상했다. 중국은 이를 전략 인프라로 규정하고, 2021년 「신형 에너지저장 가속 발전 지도의견」을 통해 2025년까지 신형 ESS 30 GW 이상 구축과 시스템 비용 30% 절감을

그림 2 — 국가별 에너지저장장치(ESS) 연간 신규 설치 용량 추이 (2016-2030 전망)

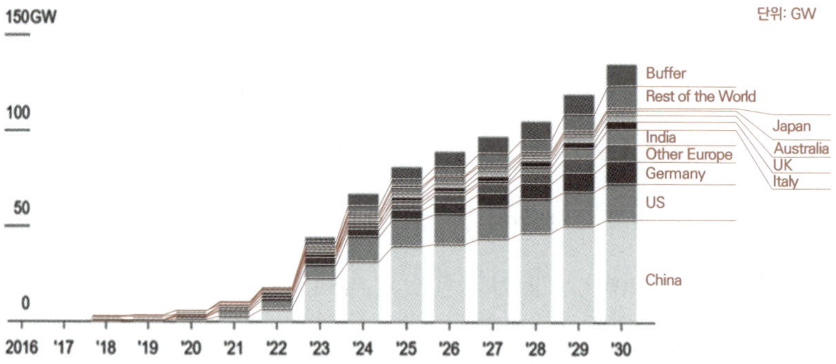

출처 : BloombergNEF, 2024

목표로 제시했다. 2023년 기준 전 세계 신규 ESS 프로젝트의 47%가 중국에서 진행되는 등 실증 주도권을 확보했다.

기술·시장 측면에서 중국 ESS의 주력은 LFP 계열 리튬이온으로, 안전성과 원가 경쟁력을 바탕으로 대규모화가 진행 중이다. 2025년 7월 가동한 신장 카슈가르 후아뎬 프로젝트는 LFP 유닛 100기로 구성된 단일형 대규모 사례다. 동시에 나트륨이온·바나듐 레독스 플로우 전지VRFB 등 비非리튬 차세대 기술에도 선제 투자해 상용화를 가속하고 있다. 대표적으로 산둥 펑라이의 다종기술 공유형 ESS는 LFP·나트륨이온·VRFB·플라이휠 등 네 가지 기술을 통합한 복합 ESS로, 각 기술의 단점을 상호 보완하는 고효율·고안전 시스템을 지향하며 AI 기반 통합 관리로 운영 최적화를 구현했다. 이외에도 각지에서 다양한 기술이 적용된 실증 프로젝트가 활발히 전개되고 있으며, 다중 기술 포트폴리오를 통해 축적된 데이터는 기술 표준화와 전국 확산 전략의 기반이 되고 있다.

부상하는 중국에 대응하는 한국의 미래 전략

중국은 중앙의 장기 비전 아래 지방정부와 국유·민간 기업이 맞물려, 저가·대량을 넘어 정책·기술·시장을 통합하는 구조적 경쟁력을 구축해 왔다. 이러한 변화의 속도와 규모에 대응하기 위해 한국도 장기적인 종합 전략이 필요하다. 이를 위해서는 무엇보다도 장기 정책의 일관성과 범정부 차원의 컨트롤타워가 요구된다. 세제나 인허가 지원을 넘어 전기요금, 부지, 초대형 실증 인프라에 대한 직접적인 재정 투입이 확대되어야 하며, 에너지 안보 로드맵과 예산을 포괄하는 국가 차원의 체계가 마련되어야 한다.

또한 한국은 중저가 대량 시장에서 중국과 정면으로 경쟁하기보다 특수 응용 중심의 차별화 전략을 추진해야 한다. 로봇, 군용 드론, 특수 모빌리티, 도심항공교통UAM, 전기 항공기, 친환경 선박 등 성능과 신뢰성이 우선되는 영역을 선점하는 것이 효과적이다. 아울러 국내에서 고위험 신기술을 실증하기 어려운 한계를 보완하기 위해 중국 내 인프라를 활용한 공동 실증과 데이터 연계 모델을 적극적으로 검토할 필요가 있다.

이와 함께 코로나 이후 약화된 중국 현지 네트워크를 복원하는 것도 시급하다. 학술적·비상업적 채널을 중심으로 네트워크를 재구축함으로써, 중국의 기술·표준·시장 동향을 신속하고 정확하게 파악할 수 있는 체계를 마련해야 한다. 종합하면, 정부는 장기적 비전 아래 실증·표준·인프라 투자를 강화하고, 산업계는 단기 수익을 넘어 선제적인 기술 포지셔닝을 확보해야 한다. 동시에 학계와 연구기관은 조기 탐지와 검증의 전진기지 역할을 담당함으로써 국가적 대응 전략을 뒷받침해야 한다.

참고문헌

- 자동차산업 인적자원개발위원회 (2025). 「중국 자동차산업 성장 및 인력 양성 현황과 시사점」. 2025년 상반기 이슈리포트.
- KOTRA (2022.03.15.). 「中, 전기차량용 배터리 회수·재활용 시장 동향」.
- SNE 리서치 (2025.02.11.). 「2024년 1~12월 글로벌 전기차용 배터리 사용량 894.4GWh, 전년 동기 대비 27.2% 성장」.
- BloombergNEF (2024.04.25.). *Global Energy Storage Market Records Biggest Jump Yet*.
- CATL (2023.12.14.). *CATL's Liyang plant recognized as Lighthouse factory by World Economic Forum*.
- CNN (2025.07.17.). *China puts new restrictions on EV battery technology in latest move to consolidate dominance*.
- International Energy Agency (IEA) (2025). *Global Critical Minerals Outlook 2025*.
- International Energy Agency (2024.04.). *Batteries and Secure Energy Transitions*.
- Information Technology and Innovation Foundation (ITIF) (2024.07.29.). *How Innovative Is China in the Electric Vehicle and Battery Industries?* (Stephen Ezell)
- Nikkei Asia (2024.02.12.). *CATL, BYD, others unite in China for solid-state battery breakthrough*.
- PV Magazine (2024.03.22.). *Sodium-ion batteries – a viable alternative to lithium?*
- Quan Li, Xiqian Yu, & Hong Li (2022). *Batteries: From China's 13th to 14th Five-Year Plan*. eTransportation, 14, 100201. DOI: 10.1016/j.etran.2022.100201
- The International Council on Clean Transportation (2021.06.). *China's New Energy Vehicle Industrial Development Plan for 2021 to 2035*.
- YiCai Global (2024.01.10.). *China Produced 97% of World's Battery Anode Materials Last Year*.

07

바이오파운드리,
생명과학과 제조의 융합 전망

정용삼 | 난징농업대학

바이오파운드리Biofoundry는 생명공학 연구와 제약 산업에서 차세대 핵심 인프라로 주목받고 있다. 이는 생물학적 시스템을 설계Design, 구축Build, 테스트Test, 학습Learn이라는 DBTL 주기를 자동화·통합화한 첨단 플랫폼으로, 합성생물학과 바이오의약품 개발의 속도를 혁신적으로 가속화할 수 있는 잠재력을 지니고 있다. 중국은 이 분야를 국가적 차원의 전략적 신흥 산업으로 육성하기 위해 다양한 정책과 투자를 통해 체계적으로 지원해 오고 있다. 본고에서는 중국 바이오파운드리 산업의 현황을 분석하고, 정부의 정책적 지원 체계, 주요 기관들의 역할을 살펴본다. 아울러 기술적·규제적·글로벌 경쟁 환경에서의 도전 과제를 진단하고, 향후 발전 전망과 의미에 대한 고찰 및 한중 간 협력 가능성에 대해 살펴보고자 한다.

중국 바이오파운드리의 부상과 산업 생태계

중국 바이오파운드리[1] 시장은 지난 5년간 연평균 20% 이상의 고성장을 기록하며 글로벌 생태계에서 빠르게 부상하고 있다. 2023년 기준 중국의 바이오의약품 CDMO 위탁개발생산 시장 규모는 이미 100억 달러를 넘어섰으며, 이 중 바이오파운드리 관련 사업이 상당 부분을 차지하는 것으로 추정된다. 이러한 급성장의 배후에는 몇 가지 핵심 동력이 작용하고 있다.

첫째, 중국 정부의 강력한 정책적·재정적 지원이다. 'Made in China 2025' 전략은 바이오의약품을 10대 핵심 분야 중 하나로 지정했으며, 국가 차원의 R&D 투자가 지속적으로 증가하고 있다. 둘째, 풍부한 인적 자원과 기술 역량의 축적이다. 중국은 해외 유학파 과학자들의 귀환과 함께 세계적 수준의 연구 인력 풀을 빠르게 확보했으며, 이들이 국내 바이오파운드리 발전의 중추적 역할을 수행하고 있다. 셋째, 거대한 내수시장과 글로벌 수요의 증가이다. 중국의 인구 고령화와 소득 수준 향상은 바이오의약품에 대한 국내 수요를 견인했고, COVID-19 팬데믹을 계기로 중국산 백신과 치료제에 대한 글로벌 관심이 크게 높아졌다.

---

1   반도체 공정에서 사용하는 '파운드리'에서 비롯된 용어로 합성생물학으로부터 얻어진 정보 및 재료들을 산업화로 이끌기 위한 기반시설로 정의할 수 있다. 생명공학을 바탕으로한 합성생물학의 낮은 재현성과 생산성 등의 한계를 극복하기 위해 인공지능(AI) 및 자동화 기술 등과의 융합으로 바이오 제조 공정의 속도와 규모, 그리고 생산 효율의 향상을 가능하게 하는 자동화 시설을 말한다.

중국 바이오파운드리 생태계는 다층적인 구조로 형성되어 있다고 볼 수 있다. 최상류에는 중국과학원CAS 소속 연구소들과 칭화대학, 베이징대학, 상하이교통대학 등 명문 대학들이 기초연구와 인재 양성을 담당하고 있다. 중류에는 Wuxi Biologics, CanSinoBio, Genscript Biotech 등 글로벌 경쟁력을 갖춘 민간 기업들이 R&D와 상업화를 주도하고 있다. 하류에는 수많은 중소·벤처 기업들이 혁신적인 기술과 아이디어로 생태계의 다양성을 확보하고 있다.

호주전략정책연구소ASPI; Australian Strategic policy Institute [2]가 2023년 기준 주요 국가중점기술 44가지 항목을 대상으로 분석한 결과에 따르면, 주요 기술 44개 중 중국은 37개 항목에서 미국에 비해 앞서나가고 있는 것으로 나타났다. 물론, 합성생물학 영역에서도 1위를 기록하였다. 이는 중국 정부 주도의 장기적인 인재 육성 및 확보에 의한 결과로 볼 수 있다.

특히, Wuxi Biologics는 세계 최대 규모의 바이오파운드리 인프라를 보유한 것으로 평가받으며, AstraZeneca, Pfizer 등 글로벌 제약사들과의 전략적 제휴를 통해 그 위상을 공고히 해 나가고 있다. 이 회사는 2025년까지 전 세계 바이오의약품 생산 능력의 30% 이상을 차지한다는 야심찬 목표를 세우고 대규모 시설 확장에 나서고 있다. 지리적으로는 상하이, 베이징, 선전, 텐진, 쑤저우 등을 중심으로 4대 바이

---

[2] 2001년 호주 정부에 의해 설립된 독립적인 싱크탱크로 호주 및 글로벌 리더들을 위한 전문적이고 시의 적절한 조언을 제공한며, 인도-태평양 지역의 전략적 정책 문제에 대한 공개 토론에서 가장 권위 있고 널리 인용된 기여 연구소 중 하나이다. 전략적, 국가 안보, 사이버, 기술 및 외국 간섭 문제에 대한 국제 토론에서 인정받고 있다.

오 비즈니스 클러스터가 형성되어 있다. 상하이 Zhangjiang Hi-Tech Park는 'China's Pharma Valley'로 불리며 세계적인 제약·바이오 기업들의 R&D 센터와 생산 기지가 밀집해 있다. 선전은 화남 지역의 핵심 허브로, 선전첨단기술연구원을 중심으로 첨단 바이오 제조 생태계가 조성되고 있다.

정부가 주도하는 바이오파운드리 전략과 지원 체계

중국 정부는 바이오파운드리를 미래 산업 주권을 확보하기 위한 핵심 영역으로 인식하고 국가 차원의 종합적인 지원 체계를 구축해 왔다. 2015년 발표한 'Made in China 2025' 전략은 고성능 의료장비, 신약개발, 첨단 바이오 제조 등을 중점 발전 분야로 규정하며 바이오파운드리 산업의 초기 토대를 마련했다.

이어서 2021년 발표된 제14차 5개년 규획(2021~2025)에서는 보다 구체적으로 '첨단 바이오 제조'를 7대 선도적인 전략적 신흥산업 중 하나로 명시했다. 해당 규획은 바이오 기초 원료의 혁신, 바이오 공정 기술의 구현, 합성생물학 기술의 산업화 적용 등을 중점 과제로 설정하고, 2025년까지 바이오 경제의 규모를 중국 GDP의 8% 이상으로 끌어올린다는 목표를 제시했다. 이를 위해 중앙정부는 관련 분야에 연간 수백억 위안 규모의 직접 투자를 실행에 옮기고 있다.

중국은 바이오파운드리 산업 육성을 위해 다양한 재정·금융·세제 지원 도구를 동원하고 있다. 국가중점연구개발계획国家重点研发计划

의 일환으로 '합성생물학', '바이오의약품 첨단 제조' 등 특정 과제에 대한 대규모 연구 보조금이 지속적으로 지원되고 있다. 또한 국가중소기업발전기금国家中小企业发展基金을 통해 유망 바이오 벤처 기업들에 대한 투자도 활발히 이루어지고 있다.

세제 측면에서는 하이테크 기업 인증을 받은 바이오파운드리 관련 기업들에게 15%의 우대 법인세율(일반 기업은 25%)을 적용하고, R&D 비용의 175%를 세금 공제해주는 등의 인센티브를 제공하고 있다. 각 지방정부도 지역별 산업 클러스터 조성을 위해 추가적인 보조금, 토지 지원, 인재 유치 보너스 등 다양한 정책을 시행하고 있다.

한편 혁신적인 기술의 빠른 상용화를 위해서는 규제 체계의 선제적 정비가 필수적이다. 중국 국가약품감독관리국NMPA는 2017년 이후 바이오의약품의 임상 승인 및 심사 과정을 대폭 간소화하고 가속화하는 규제 개혁을 지속적으로 추진해 왔다. 특히 세포·유전자 치료제 등 차세대 치료제에 대해서는 '혁신적치료약물' 지정 제도를 도입해 우수한 혁신 의약품이 조기에 시장에 출시될 수 있는 길을 열어주었다.

또한, 국가표준화관리위원회는 바이오파운드리의 핵심 기술과 생산 공정에 대한 국가 표준 체계를 구축하기 위한 작업을 진행 중이다. 이는 중국 바이오파운드리 산업의 질적 수준을 제고하고 글로벌시장에서의 신뢰성을 높이기 위한 중요한 기반이 될 전망이다.

선전첨단기술연구원과 혁신 사례

선전첨단기술연구원SIAT; Shenzhen Institute of Advanced Technology, Chinese Academy of Sciences 3은 2006년 중국과학원CAS, 선전시 정부, 홍콩중문대학이 공동으로 설립한 연구기관이다. 설립 당시부터 '산학연 일체화产学业一体化'를 핵심 모토로 삼아 기초연구와 산업 적용의 간극을 해소하는 데 중점을 두고 운영되어 왔다. SIAT는 선전이라는 중국 최대의 혁신 허브에 위치한 이점을 활용해 바이오파운드리를 포함한 첨단기술 분야에서 선도적인 역할을 수행해 오고 있다.

SIAT의 핵심 비전은 세계적인 수준의 과학 연구 센터이자 기술 혁신의 엔진이 되는 것이다. 특히 건강 과학, 의료 로보틱스, 합성생물학, 바이오 정보학 등 융합학문 분야에 집중하며, 바이오파운드리와 직접적으로 연관된 다양한 연구를 수행하고 있다.

SIAT의 바이오파운드리 관련 주요 연구 성과 및 로드맵을 살펴보면 아래 세 가지로 요약할 수 있다.

첫째, 자동화된 생물학적 시스템 설계 플랫폼 개발이다. SIAT 연구팀은 유전자 회로 설계, 합성, 검증 과정을 통합하고 자동화하는 소프트웨어 및 하드웨어 플랫폼을 구축하고 있으며, 이 플랫폼은 기존 수작업 방식에 비해 실험 속도를 수십에서 수백 배까지 향상시킬 수 있어, 새로운 바이오의약품 후보 물질의 발견과 개발 주기를 크게 단축

---

3   SIAT는 자체적인 합성생물학 연구소와 바이오메디컬 공정 개발 센터를 보유하고 있으며, 이곳에서 바이오파운드리의 핵심 요소 기술들에 대한 연구를 활발히 진행하고 있다.

시키는 데 기여할 것으로 판단된다.

둘째, 고효율 바이오 촉매 및 세포 공장 개발 연구다. SIAT는 합성생물학 기법을 이용해 의약품 중간체나 기능성 생화학물질을 고효율로 생산하는 미생물 균주를 개발하는 데 주력하고 있다. 예를 들어, 당뇨병 치료제의 핵심 원료나 항암제의 전구체 등을 기존 대비 훨씬 낮은 원가로 생산할 수 있는 기술을 보유한 것으로 알려져 있다.

셋째, 차세대 치료제 플랫폼 기술 연구다. SIAT의 의공학 연구소는 CAR-T 세포 치료제나 mRNA 백신 등 개인 맞춤형 치료제의 빠른 프로토타이핑과 소규모 생산을 가능하게 하는 모듈식 바이오파운드리 시스템을 개발 중이다. 이는 특히 COVID-19 팬데믹 기간 mRNA 백신 개발 경쟁에서 그 중요성이 부각된 분야다.

SIAT의 가장 두드러진 특징은 연구 성과의 신속한 상업화에 있다. SIAT는 자체 기술 이전 회사와 벤처 캐피털을 설립하여 유망 기술을 가진 연구팀이 스핀오프 기업을 창업할 수 있도록 포괄적으로 지원한다. 현재까지 SIAT에서 분사된 바이오 테크 기업만 20여 개가 넘으며, 이들 기업은 선전 주식시장이나 홍콩 시장에 상장하기도 했다(<표 1> 참조).

또한, SIAT는 화이자, 노바티스 등 글로벌 빅파마들과의 공동연구 프로젝트를 활발히 추진하며 자체 기술의 글로벌 검증과 확산에 주력하고 있다. 지역적으로는 선전시와 협력하여 '선전 첨단 바이오 제조 산업단지' 조성 프로젝트를 주도하며, 연구-개발-생산이 연계된 완전한 생태계 구축을 목표로 하고 있다. 향후, 선전은 바이오파운드리의 근간인 합성생물학주기DBTL가 실현 가능한 도시로 발전할 수 있음을 시사한다.

표 1 — SIAT 관련 스핀오프 기업

기업명	핵심 기술	SIAT 역할
Mindray (迈瑞医疗)	초음파 등의 의료기기	원천기술 이전 및 협력
Tinavi (天智航医疗科技股份有限公司)	정형외과 수술로봇	스핀오프 기업
MGI Tech (华大智造科技股份有限公司)	유전자 염기서열 장비	기술 협력
Chipscreen (深圳微芯生物科技股份有限公司)	항암제 등 신약개발	연구 플랫폼 및 협력

중국 바이오파운드리의 미래와 도전 과제

중국 바이오파운드리의 기술 발전은 앞으로 몇 가지 키워드를 중심으로 전개될 것으로 전망된다. 첫째, 인공지능(AI)과의 융합이다. AI를 활용한 유전자 회로 설계, 발효 공정 최적화, 실험 데이터 분석은 바이오파운드리의 효율성과 정확성을 획기적으로 높일 것이다. 중국은 이미 바이오 빅데이터와 AI 기술에서 강점을 확보하고 있어 두 영역의 결합이 큰 시너지를 낼 것으로 기대된다. 둘째, 초고속 스크리닝과 프로토타이핑이다. 마이크로플루이딕스와 로보틱스 기술이 발전함에 따라 하루 수천만 개의 변이체를 생성·검증하는 '초고속 바이오파운드리' 시대가 열릴 수 있다. 이는 특히 항체 치료제나 효소 진화 연구 분야에서 혁신적 변화를 일으킬 가능성이 크다. 셋째, 모듈화 및 분산형 생산이다. 소형화·표준화된 바이오 모듈의 등장은 대규모 중앙집중형 공장뿐 아니라 소규모 분산형 바이오파운드리의 확산을 촉진할 것이며, 지역별 맞춤형 바이오의약품 생산을 가능하게 할 것이다.

그러나 이러한 급속한 성장에도 불구하고 중국 바이오파운드리 산업은 여러 도전 과제에 직면해 있다. 핵심 장비와 소재의 해외 의존성은 공급망 리스크와 원가 부담을 초래하고 있으며, 글로벌시장 진출 과정에서는 규제와 지적재산권 장벽이 커다란 장애물로 작용한다. 또한 글로벌 경쟁이 격화되면서 Lonza와 같은 선도 기업뿐 아니라 인도·동남아 저가 공급자와의 경쟁도 심화되고 있다. 여기에 유전자편집 기술과 결합된 바이오파운드리의 발전은 윤리적·사회적 논란을 불러일으키며, 이에 대한 사회적 합의와 규제 프레임워크 마련이 시급하다.

중국 바이오파운드리 산업은 정부의 확고한 의지, 전략적 투자, SIAT와 같은 선도 기관의 혁신 노력, 그리고 민간 기업들의 도전 정신을 기반으로 단기간에 눈에 띄는 성과를 거두었다. 이제 중국은 글로벌 바이오파운드리 생태계에서 단순한 '추격자'를 넘어 주요 경쟁자이자 혁신의 선도자로 자리매김하고 있다. 그러나 진정한 글로벌 리더로 도약하기 위해서는 규모와 속도를 넘어 원천기술 혁신, 글로벌 표준 주도, 윤리적 책임이라는 세 가지 축을 강화해야 한다. 핵심 장비와 소재의 자립화를 통해 기술 주권을 확보하고, 국제 규제 및 표준 설정 과정에 적극적으로 참여하며, 기술 발전 속도에 맞춘 윤리 가이드라인과 사회적 소통을 확대하는 것이 필수적이다.

선전첨단기술연구원의 사례는 연구·개발·산업화가 유기적으로 연결된 선순환 생태계가 어떻게 구축될 수 있는지를 잘 보여준다. 이러한 모델이 전국적으로 확산되고, 동시에 앞서 언급한 과제를 극복한다면, 2030년대 중국은 글로벌 바이오파운드리 산업의 새로운 중심지로 부상할 가능성이 크다. 이는 중국의 산업 고도화를 넘어 전 인류의 건강과 지속 가능한 발전에 기여하는 중요한 산업적 성과가 될 것이다.

전망과 한국의 시사점

중국은 합성생물학을 미래 성장동력이자 국제 패권 경쟁의 핵심 수단으로 인식하고, 2010년대 초부터 정부 주도로 장기간 투자와 대규모 인프라 구축을 병행해 왔다. 미국이 여전히 혁신기업과 기초과학에서 강점을 보유하고 있으나, 중국의 빠른 속도와 대규모 투자는 글로벌 기술 패권에 위협적인 수준으로 부상하고 있다.

반면 한국은 현재 세계 5위권 수준의 기술 점유율을 유지하고 있으나, 논문·특허·인력 측면에서 중국과 상당한 격차를 보이고 있다. 따라서 한국에는 몇 가지 전략적 대응이 필요하다. 첫째, AI와 자동화를 연계한 연구 인프라를 구축해 바이오파운드리 기반을 가속화해야 한다. 둘째, 인재 양성과 국제 교류를 강화하여 중국과 미국을 포함한 협력 네트워크를 유지해야 한다. 셋째, 레드바이오(의약), 화이트바이오(산업소재) 등 특정 전략 분야에 특화하고, 특히 한국이 강점을 가진 바이오 제조 분야에서 경쟁력을 집중해야 한다. 넷째, 합성생물학을 국가전략기술로 지정하고 장기적인 투자와 일관된 정책 지원을 마련하는 것이 필수적이다.

합성생물학은 생명공학과 정보기술을 융합하여 의학, 농업, 에너지, 환경 등 전 산업의 혁신을 이끌 수 있는 차세대 핵심 기술이다. 중국은 이를 국가 전략 차원에서 집중 육성하며 미국을 추격·추월하고 있으며, 이러한 경쟁은 단순한 기술적 차원을 넘어 미래 경제와 안보 패권 경쟁의 중심 무대가 되고 있다. 한국은 이러한 변화 속에서 협력과 경쟁 전략을 병행해야 하며, 특히 한중 공동 바이오파운드리 구축은 양국 모두에 상호 이익이 될 수 있는 중요한 협력 방안이 될 것이다.

합성생물학의 발전은 단일 국가의 노력만으로는 한계가 있으며, 국제적 협력과 윤리적 표준화가 필수적이다. 따라서 한국과 중국은 상호보완적 협력을 통해 책임 있는 국제표준 규범을 정립하고, 아시아를 포함한 글로벌 바이오파운드리 생태계에서 공동의 이익을 창출할 수 있는 협력 국가로 자리매김해야 한다. 이는 글로벌 바이오경제 시대를 주도하는 중요한 토대가 될 것이다.

참고문헌

- ASPI (2023), *Who is leading the critical technology race? ASPI's Critical Technology Tracker*, 69/2023.
- Rolf D. Schmid & Xin Xiong (2021). *Biotech in China 2021, at the beginning of the 14th five-year period ("145")*. Applied Microbiology and Biotechnology, 105, 3971–3985.
- Xu Zhang, Cuihuan Zhao, Ming-Wei Shao, Yi-Ling Chen, Puyuan Liu, Guo-Qiang Chen (2022). T*he roadmap of bioeconomy in China*. Engineering Biology, 6(4), 71–81.
- Ting Zhang, Mengtian Leng, Fan Jin, Hai Yuan (2022).「合成生物研究重大科技基础设施概述(Overview on platform for synthetic biology research at Shenzhen)」. Synthetic Biology Journal, 3(1), 184–194.

08
기후위기 시대의 해법, 환경유전체 연구 전략

김은유 | Duke Kunshan University

중국은 환경유전체학envirogenomics을 기후위기 대응과 산업 혁신의 핵심 전략기술로 집중 육성하고 있다. 이는 단순한 과학기술 개발을 넘어 생태계 복원력과 산업 효율을 동시에 추구하는 새로운 국가 전략의 모델로 평가된다. 메타유전체 데이터, AI, 디지털 트윈을 통합한 DBTL설계-구축-시험-학습 체계를 통해 농업, 도시 생태계, 수자원, 산업 바이오 공정 전반에서 응용을 확대하고 있다. 또한「생물안보법」과 유전자 자원 관리 제도, 글로벌 인재 전략을 통해 데이터·표준·기술의 삼각 구도를 강화하며 국제 협력 주도권을 확보하고 있다. 이러한 흐름은 한국에도 기후 기술 혁신, 국제 표준화, 한중 협력 전략을 모색할 필요성을 제기한다.

중국의 환경유전체 전략과 부상

중국은 환경유전체학을 포함한 유전체 기반 기술을 국가전략기술의 핵심으로 육성하고 있으며, 이는 제14차 5개년 과학기술혁신계획(2021-2025)에 명확히 명시되어 있다. 유전체 기반 기술은 단순한 생명과학 연구의 도구를 넘어 기후 기술, 에너지 전환, 자원순환, 생물다양성 보전 등 다차원적 국가 전략과 결합하면서, 중국의 과학기술 혁신을 뒷받침하는 기둥으로 자리 잡고 있다. 특히 환경유전체학은 다양한 생물군집의 유전정보를 활용해 생태계 내 탄소와 질소 순환, 생물 상호작용, 환경 적응성을 시스템 수준에서 해석하고, 이를 기후위기 대응과 산업 기술화에 직접 연결하는 기술적 패러다임으로 부상하고 있다.

환경유전체학은 단순히 미생물 군집의 구성이나 종의 존재 여부를 밝히는 것에 머무르지 않는다. 기능 유전자의 발굴과 네트워크 해석을 통해 생태계의 기능을 예측하고, 환경 스트레스가 생물군집에 미치는 영향을 정량화하며, 오염된 환경의 회복력을 측정하는 도구로 사용된다. 고염, 가뭄, 고온, 오존, 중금속과 같은 복합적 환경 스트레스는 인간 사회 전반에 직결되는 위험 요인이며, 이를 제어할 수 있는 유전적 기반의 해법은 농업 생산성 확보, 도시 생태계 유지, 수자원 관리, 산업 공정 안정성 등에서 절대적인 가치를 가진다. 중국은 메타유전체[1]

---

1 그리스어 접두사 meta-(넘어선, 포괄적인)와 genome(유전체)의 합성어로, 특정 환경에 존재하는 미생물 군집 전체의 유전 정보를 총체적으로 지칭한다. 배양 가능한 개별 균주에 한정하지 않고, 토양, 해양, 인체 등 다양한 환경 시료에서 추출한 DNA를 직접 분석하여 미생물의 다양성, 상호작용, 기능적 잠재력을 규명하는 연구 접근법을 의미한다.

와 환경유전체 데이터를 표현형 정보와 환경 센서 데이터와 통합해 다양한 핵심 조절 유전자의 기능을 지도화한다. 이 과정에서 단순히 유전자 후보군을 제시하는 데서 그치지 않고, 다중 스트레스 조건에서의 상호작용과 우선순위를 규명하며, 이를 동시에 최적화할 수 있는 설계 변수로 전환하는 전략을 취하고 있다.

기술 혁신과 응용 분야 확산은 중국의 강점

중국의 강점은 이러한 핵심 유전자를 실험실 연구의 차원을 넘어 산업적 가치로 빠르게 전환하는 능력에 있다. 유전자가위CRISPR/Cas[2]와 같은 차세대 정밀 교정 기술은 핵심 유전자 검증과 개량을 가속화하고 있다. 연구기관과 바이오파운드리Biofoundry[3]는 DBTLDesign-Build-Test-Learn 사이클을 자동화하여 설계, 제작, 시험, 학습을 반복하고 있으며, AI 기반 분석과 멀티오믹스multi-omics[4] 데이터를 활용해 표적을

---

[2] 세균과 고세균의 면역 체계에서 유래한 유전체 편집 기술로, 안내 RNA(guide RNA)가 특정 DNA 염기서열을 인식하면 Cas 단백질이 해당 부위를 절단하여 원하는 유전자 서열을 제거·삽입·교정할 수 있게 한다. 기존 유전자 조작 기법에 비해 간단하고 정밀하며 효율성이 높아, 농업·의학·생명공학 등 다양한 분야에서 핵심 도구로 활용되고 있다.

[3] 합성생물학과 시스템생물학 연구를 위해 구축된 자동화된 고처리량(high-throughput) 플랫폼을 뜻한다. DNA 합성, 유전자 조립, 세포 변형, 발현 검증, 데이터 분석까지의 전 과정을 로봇 공정과 정보기술로 통합하여, 생물학적 부품과 시스템을 신속하고 표준화된 방식으로 설계·제작·검증할 수 있게 한다. 반도체 파운드리(foundry) 개념을 생명공학에 적용한 것으로, 유전체 교정, 대사공학, 신약 개발, 바이오소재 생산 등 다양한 분야에서 활용된다.

[4] 유전체학(genomics), 전사체학(transcriptomics), 단백질체학(proteomics), 대사체학(metabolomics) 등 다양한 오믹스(omics) 데이터를 통합적으로 분석하는 접근법을 의미한다. 서로 다른 생물학적 층위에서 수집된 정보를 융합함으로써, 단일 데이터로는 파악하기 어려운 유전자-단백질-대사-표현형 간 상호작용을 시스템 차원에서 해석할 수 있다. 멀티오믹스는 질병 연구, 작물 개량, 환경 적응 메커니즘 규명 등 복합 생명 현상의 이해와 응용에 핵심적으로 활용된다.

설계하고, 대량 합성과 멀티플렉스 편집 기술로 제작하며, 환경 시뮬레이터와 고속 이미지 분석, 전기생리계측을 통해 시험을 수행한다. 그 결과는 다시 학습 데이터로 환류되어 설계 과정에 반영된다. 이러한 체계는 과거 수년에 걸쳐야 가능했던 검증 과정을 수개월 단위로 단축시키고 있으며, 작물과 도시 수목, 공장 미생물, 환경 센서 생물체 등 다양한 제품군으로 번역되며 산업적 활용이 가능한 스트레스 내성 포트폴리오로 확장되고 있다.

응용 분야는 매우 다양하며, 환경유전체학과 정밀유전자교정 기술이 결합되면서 그 파급력은 점점 더 넓어지고 있다. 식량과 에너지 안보 차원에서는 작물과 사료 품종의 생산성을 유지하면서도 투입 자원을 줄이는 방향으로 연구가 집중된다. 가뭄과 염분, 고온 내성 유전자를 조합하여 물과 비료의 사용량을 줄이고도 안정적인 수확을 달성할 수 있는 품종이 설계되고 있으며, 이는 기후위기 속에서도 식량 체계의 회복력을 보장하는 중요한 전략으로 자리 잡고 있다. 단순히 내성 유전자를 도입하는 차원을 넘어, 광합성 효율과 대사 경로, 수분 이용 효율까지 함께 고려한 복합적 품종 설계가 이루어지고 있다. 예컨대, 바이오연료 작물에는 C4 및 CAM 광합성 경로를 강화하여 탄소 고정 속도와 수분 이용 효율을 동시에 높이는 전략이 추진되는데, 이는 향후 기후변화로 인한 물 부족 상황에서도 안정적으로 바이오매스를 확보할 수 있는 기반을 제공한다. 더 나아가 이러한 품종은 단순한 생산성 증대를 넘어, 에너지 자원으로 전환 가능한 탄소 집약형 생물자원 확보라는 국가적 전략 목표와 직결된다.

도시 녹지와 산림 복원 분야에서도 환경유전체학의 응용은 빠르게 확장되고 있다. 고온, 오존, 건조와 같은 복합적 스트레스에 강한 도시 수목과 초지 식물을 유전체 수준에서 교정하면, 단순히 녹지를 유지하는 차원을 넘어 탄소 흡수 능력을 높이고 도시 열섬 현상을 완화하는 효과까지 기대할 수 있다. 최근 연구들은 중국 주요 도시에서 도시 수목이 탄소 흡수와 열섬 완화, 냉방 에너지 절감에 기여한다는 사실을 실증적으로 보여주고 있다. 예컨대, 중국 70개 도시를 대상으로 한 분석에서는 여름철 기온이 높을수록 도시 나무의 냉각 효율이 더욱 두드러지게 나타났으며, 하얼빈을 대상으로 한 연구에서는 도시 수목이 냉방 수요 절감과 대기 질 개선에 기여할 수 있음을 보고하였다. 이러한 결과는 향후 내성 유전자를 적용한 교정 식물의 도입이 도시 환경 개선과 에너지 효율 향상에 기여할 수 있는 가능성을 시사한다. 특히 여름철 냉방 수요를 줄이는 효과는 도시 에너지 효율을 높이는 핵심 요소로 부각되고 있다. 이처럼 도시 차원에서 환경유전체 기반 식물 자원을 적극 활용하려는 흐름은, 기후 충격이 심화되는 시대에 생태적 안전망을 강화하는 전략으로 점차 자리 잡고 있다.

수자원과 해안 환경 관리에서도 환경유전체학과 유전자교정 기술의 결합은 중요한 응용 가능성을 지닌다. 예컨대, 해안습지 식물 Suaeda salsa의 식재 복원이 토양 유기탄소를 증가시키고 중금속 농도를 낮추며 세균군의 다양성을 회복시킨 사례가 보고된 바 있고, 조성 습지 내 미생물군이 질소와 인 제거를 통해 수질 정화와 생태계 안정성 확보에 기여한다는 연구도 축적되고 있다. 또한 중국 연안과 하구 지역에서는 영양염 과잉으로 인한 부영양화와 적조 발생을 평가·관리하기 위한 분석 연구가 진행되며, 오염 저감과 수질 회복의 필요성이 부각되고 있다. 이러한 결과들은 내성 유전자가 환경 적응과 오염 정화에서 핵심적 역할을 하고 있음을 보여주며, 향후 CRISPR와 같은 정밀 교정 기술을 활용해 이러한 기능성 유전자를 강화한 식물·미생물을 설계한다면 복원력과 정화 능력을 동시에 최적화할 수 있을 것이다. 이는 단순한 오염 저감 기술을 넘어, 장기적인 수자원 보전과 기후 충격 완화, 더 나아가 생물다양성 보전과 지역 사회의 생활 안정성 확보에 기여하는 종합적 접근으로 발전할 수 있다.

산업과 에너지 바이오프로세스 부문 역시 환경유전체학의 응용에서 중요한 영역이다. 고열, 산성·알칼리, 용매 등 극한 환경 조건에서도 안정적으로 작동할 수 있도록 막 지질 조성, 샤페론 단백질, 수송 펌프와 같은 조절 유전자를 교정함으로써 발효와 합성생물 공정의 수율을 유지한다. 동시에 에너지와 물 사용량을 줄이는 효과도 달성하고 있다. 예컨대, 화학 공정에서 사용되는 미생물 균주를 내열성과 내용매성 측면에서 개선하면 생산 효율은 향상되고 운영 비용은 절감된다. 이는 단순히 산업적 안정성 확보를 넘어, 탄소중립과 자원 절약이라는 중국의 국가적 과제와도 직결된다. 더 나아가 이러한 내성 균주는 바이오연료 생산, 고분자 소재 합성, 환경 정화용 효소 생산 등 다양한 산업 분야에서 응용될 수 있다. 결국 이러한 응용 사례들은 환경유전체학이 더 이상 기초과학 연구에 머무르지 않고, 국가 전략 차원에서 직접적인 사회·경제적 효과를 창출하는 핵심 기술임을 보여주며, 기후위기 대응과 지속가능한 발전의 핵심 도구로 자리 잡고 있음을 증명한다(<표 1> 참조).

표 1 —환경유전체학 응용 분야별 핵심 유전자와 산업적 파급 효과

응용 분야	주요 스트레스	핵심 조절 유전자군	편집 전략	운영 연계	성과 지표
농업·사료 작물	가뭄, 염분, 고온	전사인자(DREB), 이온 운반체(NHX), HSPs	CRISPR, 베이스 에디팅, 프로모터 조정	디지털 트윈 기반 관개·시비 최적화	물·비료 절감, 수확량 유지·향상
바이오연료 작물	고온, 수분 부족	CAM/C4 경로 효소, ROS 해독 효소	멀티플렉스 편집, 대사 경로 강화	운영 알고리즘과 연동된 생산 관리	탄소 고정↑, 수분 이용 효율↑, 바이오매스↑
도시 녹지·산림 복원	고온, 오존, 건조	삼투 조절 유전자, 항산화 효소, 전사인자	프라임 에디팅, CRISPR	도시 기상·환경 데이터 연계 운영	탄소 흡수↑, 열섬 완화, 냉방 수요 절감
수자원·해안 관리	염분, 중금속	이온 채널/펌프, 금속 킬레이터, 스트레스 조절자	CRISPR, 합성 경로 삽입	수질 모니터링 +AI 운영	수질 정화율↑, 생물다양성 회복, 탄소 저장↑
산업·에너지 공정	고열, 산성·알칼리, 용매	샤페론, 막 지질 조성 유전자, 수송 펌프	다중 편집, 합성생물 회로 최적화	실시간 공정 모니터링과 연계	발효 수율↑, 에너지·물 사용↓, 안정성↑

디지털 트윈과 AI로 확장되는 산업 전략

중국은 환경유전체의 연구 성과를 단순히 학술적 축적에 머무르지 않고, 데이터와 디지털 트윈Digital Twin[5], 그리고 현장 실증으로 긴밀

---

5   실제 물리적 시스템이나 환경을 가상 공간에 그대로 모사하여, 센서 데이터·모델링·시뮬레이션을 기반으로 실시간 상호작용과 성능 최적화를 가능하게 하는 기술을 의미한다. 원래는 제조업과 도시 관리 분야에서 발전했으며, 실제 자산의 상태를 모니터링하고 미래 시나리오를 예측하는 데 활용된다. 최근에는 농업, 에너지, 생태계 관리 등 생명과학 분야로 확장되어, 유전체·환경·운영 데이터를 통합해 가상의 복제 모델을 만들고, 이를 통해 환경 조건별 유전자 조합의 최적화, 작물 관리, 수자원 운영 등 다양한 응용이 가능하다.

하게 연결하여 통합된 산업 플랫폼으로 발전시키고 있다. 이는 연구와 응용, 그리고 산업화가 각각 분리된 단계가 아니라, 하나의 순환 구조 안에서 상호 보완적으로 작동하는 생태계를 의미한다. 유전체 데이터와 환경 변수, 운영 데이터가 결합된 디지털 트윈은 특정 지역과 계절, 토양 조건에서 어떤 유전자 조합이 최적화될 수 있는지를 사전에 시뮬레이션한다. 예컨대, 가뭄이 잦은 서부 지역에서는 수분 이용 효율이 극대화된 조합이, 염분이 높은 연해 지역에서는 이온 운반체와 삼투 조절 유전자가 강화된 조합이 제안되는 식이다. 이를 통해 현장에 투입하기 전 이미 다양한 시나리오별 최적 설계를 준비할 수 있다.

현장에서는 저전력 엣지 AI 센서 네트워크가 생리적 지표, 대사 플럭스, 환경 신호를 실시간으로 수집한다. 개폐기공 반응, 잎 온도, 전기 생리 신호, 토양 수분 및 이온 농도와 같은 다양한 데이터가 초 단위로 수집·분석되며, 중앙 분석 플랫폼으로 전송된다. 중앙 플랫폼은 이를 바탕으로 추천 알고리즘을 지속적으로 업데이트하며, 관개와 시비량, 수확 시점 같은 관리 처방까지 조정한다. 이러한 과정은 과거 사람이 직접 경험에 의존하던 농업 및 환경 관리 방식을, 데이터 기반의 정밀하고 자동화된 운영 체계로 전환시키고 있다(<그림 1> 참조).

궁극적으로 이러한 체계는 설계형 생물과 운영 알고리즘이 결합하면서, 탄소와 물, 에너지 비용을 동시에 절감하는 구조를 완성한다. 이는 단순히 실험실에서 얻은 개별 연구 성과를 현장에 적용하는 수준을 넘어선다. 데이터와 운영, 그리고 유전자 설계가 하나의 통합 플랫폼 안에서 상시적으로 연결되는 구조가 마련되면서, 연구와 실증, 그

그림 1 — 디지털 트윈과 엣지 AI 운영 도입 전/후 핵심 성과 지표(KPI) 변화

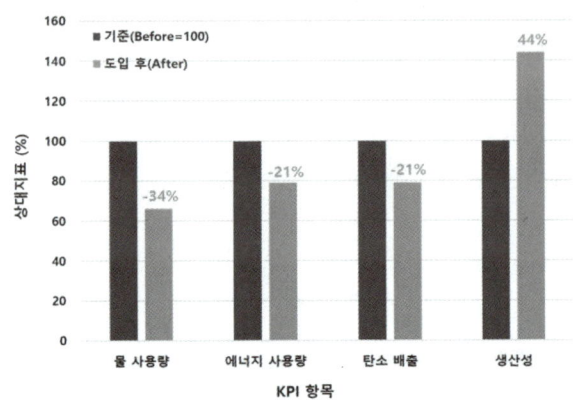

리고 산업화가 순환적으로 맞물리는 새로운 산업 생태계가 탄생하고 있는 것이다. 이러한 플랫폼은 농업 생산 현장에서 가뭄·염해지 대응 품종을 최적화하는 데 적용될 수 있을 뿐 아니라, 오염된 토양 복원이나 도시 탄소 관리, 대규모 산업 발효 공정의 효율 향상까지 폭넓게 확장될 수 있다. 결국 이는 중국이 국가 전략 차원에서 추진하는 '디지털-바이오 융합 경제'의 핵심 축으로 자리매김하며, 글로벌 기후 대응과 산업 경쟁력 강화를 동시에 달성하려는 포괄적 비전을 보여준다.

중국의 전략은 이처럼 과학기술적 혁신에만 의존하지 않고, 제도적 기반과 정책적 지원을 통해 더욱 강화되고 있다. 자국 내 생물자원과 유전체 데이터를 보호하기 위해 「생물안보법」[6]과 「유전자 자원 관

---

6   2020년에 제정된 법률로, 생물안보 위험 관리, 인간·동식물 유전자 자원 보호, 병원체 연구 통제 등을 포함하며, 유전자 자원의 무단 해외 반출을 금지한다.

리 조례」를 제정·시행[7]하여, 무단 반출을 금지하고 국제 공동연구에도 정부 주도의 허가 절차를 필수화했다. 동시에 참조 지놈과 표준화된 시험 프로토콜, Genome Warehouse[GWH][8]와 같은 대규모 유전체 데이터베이스를 빠르게 축적하며, 글로벌 연구에서 '표준 제시자'로서의 위치를 점하고 있다. 이러한 데이터·표준·기술의 삼각 구도를 통해 중국은 국제 협력의 주도권을 자국에 유리하게 끌어들이고 있으며, 이는 과학기술 패권 경쟁에서 강력한 무기가 되고 있다.

또한 글로벌 인재 유치를 위한 제도적 장치 역시 중요한 축이다. 중국은 K 비자 제도[9]를 통해 해외 연구자들이 장기간 체류하면서 안정적으로 연구를 수행할 수 있도록 지원한다. 이 제도는 단순히 일시적인 교류에 그치지 않고, 해외 인재가 중국 내 연구기관과 클러스터에 장기적으로 정착하여 성과를 창출하는 구조를 만들고 있다. 선전, 상하이, 하이난과 같은 주요 바이오 클러스터는 이러한 인재 전략의 중심지로, 유전체 분석 장비, 합성생물학 바이오파운드리, 자동화 실험실 등 첨단 인프라를 갖추고 있어 해외 연구자가 현장 프로젝트에 즉

---

[7] 2019년 발효된 인간 유전자자원 관리 규정으로, 인간 유전자 자원의 수집, 보존, 연구 활용, 국외 제공을 엄격히 관리하며, 국제 공동연구 시 사전 승인과 윤리 심사를 의무화한다. 2023년에 유전자 자원 이용 시 절차, 위험 평가, 허가 기준 등을 구체화하여 규제의 실효성을 강화하는 시행 세칙이 마련되었다.

[8] 중국 국가 유전체 정보센터(NGDC)가 운영하는 국가 차원의 대규모 유전체 데이터베이스로, 표준화된 게놈 서열, 메타데이터, 품질 관리 프로토콜을 저장·공유한다.

[9] 중국이 2022년부터 도입한 고급 인재 유치용 장기 체류 비자 제도다. 과학기술, 교육, 보건, 문화 등 국가전략산업에 필요한 외국인 전문가와 연구자를 대상으로 하며, 최대 5~10년 유효 기간과 다회 입국을 허용한다. 신청자는 중국 내 대학, 연구소, 기업 등의 초청을 받아야 하며, 신속 심사·발급 절차와 가족 동반 혜택을 제공한다. 이 제도의 목적은 해외 고급 인재가 중국에 장기적으로 체류하면서 연구·산업 프로젝트에 안정적으로 참여하도록 지원하는 데 있다.

시 참여할 수 있다. 결과적으로 중국은 연구 성과와 정책, 그리고 인재 전략을 삼위일체로 결합하여 환경유전체 기반 기술을 국가 과학기술 혁신의 대표적 성과이자 국제 경쟁력의 핵심으로 발전시키고 있는 것이다.

반면 한국은 정밀육종과 유전체 교정의 기초과학 역량, 스마트팜, 수처리, 바이오프로세스 분야의 응용 현장을 보유하고 있음에도 불구하고, 대규모 다중 환경 실증과 DBTL 자동화, 규제 샌드박스Regulatory Sandbox10 같은 전주기적 속도에서는 여전히 부족하다. 한국이 시급히 추진해야 할 과제는 환경 스트레스 유전자 우선순위 로드맵을 수립하고, 대학과 출연연, 기업이 공동으로 활용할 수 있는 편집·검증 파이프라인을 마련하는 것이다. 또한 표시와 생태 영향 평가를 동시에 수행할 수 있는 신속 심사 트랙을 도입하고, 염해지, 가뭄 지역, 도시 열섬 등 다양한 문제 현장에서 디지털 트윈 기반 실증을 확대하는 노력이 필요하다. 이를 통해 물과 에너지, 탄소 비용을 절감할 수 있는 설계형 품종과 균주를 국제적으로 수출 가능한 표준 패키지로 발전시키는 것이 현실적 목표가 될 수 있다.

나아가 중국은 뉴로모픽 컴퓨팅과 메모리 내 연산과 같은 저전력

----

10 신기술·신산업 분야에서 기존 규제가 적용되면 사업화나 현장 실증이 어려운 점을 고려해 일정 기간 동안 제한된 범위에서 규제를 유예하거나 완화하여 시험과 검증을 허용하는 제도다. 원래 금융 혁신(FinTech) 분야에서 시작되었으나 현재는 바이오, 에너지, 환경 등으로 확대되고 있다. 환경유전체학과 바이오기술의 맥락에서는 유전체 교정 식물이나 미생물의 현장 적용(예: 가뭄·염해지 대응 품종, 오염 정화용 미생물)의 안전성, 생태 영향, 표시 제도 등을 실제 환경에서 제한적으로 검증할 수 있는 제도로 기능할 수 있다. 이를 통해 연구자와 기업은 새로운 기술을 조기에 시험하고, 정부는 그 결과를 토대로 규제 개선과 국제 표준화 논의에 반영할 수 있다.

엣지 AI 기술Low-power Edge AI[11]을 활용해 현장의 생물과 환경 신호를 실시간으로 해석하는 단계로 나아가고 있다. 스파이크 기반 이벤트 구동 센서spike-based event-driven sensor와 프로세싱 시스템은 개폐기공의 움직임, 잎 온도의 변화, 전기생리 신호, 대사 바이오마커와 같은 다양한 생체 신호를 즉각적으로 포착하고 분석한다. 분석된 정보는 곧바로 유전자 발현의 조정이나 합성 회로의 작동으로 연결되어, 환경 변화에 따른 신속한 대응이 가능해진다. 이 과정에서 유전체 교정된 생물체와 두뇌형 반도체가 결합하면서, 저탄소·저수분·저전력의 현장 최적화 플랫폼이 완성된다. 이는 단순한 연구 혁신을 넘어, 실험실 단계에서 설계된 생물학적 기능이 현장 운영과 동기화되는 새로운 사이버-바이오 루프Cyber-Bio Loop를 창출하는 것이다. 이러한 루프는 현장 환경의 데이터를 실시간으로 반영하여 생물체의 기능을 조절하고, 동시에 그 결과를 다시 데이터로 환류해 설계 모델을 고도화하는 선순환 구조를 형성한다. 결과적으로 중국은 환경유전체학, 합성생물학, 그리고 차세대 AI 하드웨어를 유기적으로 통합함으로써 기후위기 대응과 산업 최적화를 동시에 추구하는 독자적인 기술 패러다임을 구축해가고 있다.

궁극적으로 중국의 '설계형 생물' 전략은 단순한 연구 프로젝트의 나열이 아니라, 국가 차원의 유전자 로드맵, DBTL 인프라, 디지털 트

----

11 클라우드 서버가 아닌 데이터가 생성되는 현장(엣지, edge)에서 직접 인공지능 연산을 수행하는 기술로, 전력 소모와 데이터 전송 지연(latency)을 최소화하는 데 중점을 둔다. 센서, IoT 기기, 드론, 농업·환경 모니터링 장치 등에 탑재되어 실시간 분석과 의사결정을 가능하게 하며, 배터리 기반이나 제한된 전력 환경에서도 안정적으로 작동하도록 최적화된다. 특히 환경유전체학 맥락에서는 생체 신호, 환경 데이터(개폐기공 반응, 토양 수분, 대사 바이오마커 등)를 현장에서 즉시 분석해 유전자 발현 조정이나 관리 처방과 연동할 수 있는 핵심 기술로 주목받는다.

원, 규제 샌드박스, 그리고 표준 패키지 수출이라는 다층적 실행 구조로 정교하게 뒷받침된다. 유전자 로드맵은 우선순위 유전자를 국가 차원에서 지정해 연구 역량을 집중하게 하고, DBTL 인프라는 자동화된 실험 시스템을 통해 빠른 설계-제작-시험-학습 사이클을 구현한다. 디지털 트윈은 현장의 데이터와 가상 시뮬레이션을 결합해 다양한 시나리오를 미리 검증하도록 하며, 규제 샌드박스는 새로운 교정 생물의 표시와 안전성 평가를 신속하게 수행할 수 있는 제도적 장치를 제공한다. 마지막으로 표준 패키지 수출은 유전자 조합, 운영 레시피, 검정 보고서, 교육 모듈을 하나로 묶어 국제 시장에 내놓음으로써 기술적 우위를 산업적 이익으로 전환한다. 이는 결국 기술 주권과 산업 패권을 동시에 확보하려는 중국의 장기적 전략이며, 글로벌 기후 기술 경쟁의 최전선에서 새로운 질서를 주도하려는 야심을 보여준다.

한국의 대응과 협력 시사점

중국 환경유전체의 혁신과 성장에 대해 한국은 협력과 표준화를 주도할 수 있는 기회로 인식할 필요가 있다. 기후위기와 생물다양성 감소라는 글로벌 과제는 어느 한 나라의 노력만으로 해결하기 어려운 만큼, 한국은 환경 스트레스 유전자 발굴에서 에너지와 산업 응용으로 이어지는 연구 흐름을 전략적으로 설계하고 이를 통해 독자적 경쟁력을 강화해야 한다. 구체적으로는 자국 내 우선순위 유전자를 체계적으로 정리한 로드맵을 마련하고, DBTL 자동화 플랫폼과 디지털 트윈 실증망을 확충하여 연구-산업 연계를 가속화하는 것이 중요하다.

이 과정에서 한국은 축적된 기초연구 역량과 정밀 분석 기술, 그리고 현장 적용 경험을 바탕으로 새로운 규범과 기술 표준을 주도적으로 이끌어가는 핵심 리더로 자리매김할 수 있다. 특히 강점을 가진 정밀육종, 스마트팜, 수처리, 바이오프로세스 분야에서는 독자적 모델을 제시하며 국제적 기준 형성에 기여할 수 있다. 동시에 대규모 실증이나 데이터 인프라와 같이 아직 보완이 필요한 영역은 국제 협력과 파트너십을 통해 강화함으로써, 오히려 더 넓은 연대와 영향력을 확보할 수 있다. 이러한 전략, 즉 강점은 선도하고 취약한 부분은 협력으로 연결하는 접근을 통해 한국은 기후 기술과 환경유전체 융합 분야에서 국제적 리더십을 강화할 수 있을 것이다.

참고문헌

- Han, D. et al. (2025). *Cooling effects and energy-saving potential of urban trees in Harbin, China*. Sustainable Cities and Society, 112, 105056. https://doi.org/10.1016/j.scs.2024.105056
- He, C. et al. (2022). *A case study of the restoration in the Beidaihe coastal wetland*. Frontiers in Microbiology.
- Luo, Y. et al. (2022). *Comprehensive assessment of eutrophication status in Xiamen Bay*. International Journal of Environmental Research and Public Health.
- Wang, J. et al. (2022). *A review on microorganisms in constructed wetlands for wastewater treatment in China*. PMC.
- Yang, L., Ge, J., Cao, Y., Liu, Y., Luo, X., Wang, S., & Guo, W. (2024). *Enhanced cooling efficiency of urban trees on hotter summer days in 70 cities of China*. Advances in Atmospheric Sciences, 41, 2259–2275. https://doi.org/10.1007/s00376-024-3269-9

09
고에너지물리학,
중국의 도전과 위상

김성수 | 전자과기대학

고에너지물리학은 우주의 근본 원리와 입자의 상호작용을 탐구하는 학문으로, '양자물리학의 최첨단'이라 불린다. CERN의 LHC와 같은 대형 가속기를 통해 새로운 입자를 발견하고, 표준모형 검증과 암흑물질·암흑에너지 탐구 같은 근본적 질문에 도전한다. 국가 간 연구 협력과 경쟁 또한 중요한 요소로, 중국은 CEPC, JUNO 같은 대규모 실험 시설과 천인계획·만인계획 등 인재 정책을 통해 빠르게 성장 중이며, 한국은 장기 로드맵과 안정적 인재 정책을 기반으로 지속 가능성을 모색하고 있다.

본고에서는 고에너지물리학의 기본 개념을 소개하고, 중국과 한국의 연구 동향 및 미래 전망을 비교 분석하며, 중국의 인재 정책 효과와 그 함의를 고찰한다. 이를 통해 고에너지물리학 등의 기초과학 연구가 단기적 성과를 넘어 인류의 지속적 발전을 위한 핵심 투자임을 강조한다.

고에너지물리학 소개와 첨단기술과의 융합

최근 '양자'라는 말이 회자되곤 한다. 기술적인 측면에서 보자면 양자컴퓨터, 양자암호, 양자센서 등이 좋은 예이다. 이러한 양자기술은 현대 물리학의 근간인 양자역학Quantum Mechanics으로부터 출발한다. 양자란 어떤 물리량이 가질 수 있는 가장 작은 단위를 의미한다. 예를 들어, 빛의 양자 혹은 광자photon란 빛이 연속적으로 흐르는 것이 아니라 광자라는 아주 작은 에너지 단위들로 이루어져 있다는 의미이다.

작은 스케일과 관련된 물리학 연구는 대부분 양자적 특성을 다루지만, 태생적으로 '양자'인 물리학 분야가 있다. 고에너지물리학High Energy Physics이 바로 그러하다. '고에너지'와 '물리학' 각각은 익숙한데, 이 둘을 합친 고에너지물리학은 생소할 수도 있다. 고에너지물리학은 말 그대로 높은 에너지(힘) 영역의 물리학이다. 에너지가 높을수록 작은 영역의 범주를 알 수 있다. 즉, 아주 작은 세계(원자, 소립자)를 탐구하고 입자들의 상호작용을 이해하기 위해서는 높은 에너지가 필요하다. 이는 마치 호두의 내부를 보려면 호두를 깨야 하고, 그러기 위해서는 망치 혹은 둔탁한 무엇인가로 내려치는 힘(높은 에너지)이 필요한 것과 같은 이치라 이해할 수 있다. 다시 말하자면, '고에너지'라는 말은 아주 높은 에너지를 이용하여 작은 입자들이 충돌하거나 반응하는 상황을 만들어내는 것을 뜻한다. 그렇게 해야만 우리가 평소에 볼 수 없는 아주 작은 세계를 들여다볼 수 있기 때문이다. 이렇듯, 고에너지물리학은 원자, 소립자를 연구하는 학문이고, 그래서 입자물리학이라고 불리기도 한다. 물론, 이런 작은 세계를 지배하는 물리학이 양자역학이다. 이런 이유로 고에너지물리학은 양자물리학의 최첨단이라 불려도 과언이 아닐 것이다.

고에너지물리학은 구체적으로 어떤 연구를 할까? 고에너지물리학은 물질을 구성하는 기본 입자와 그 상호작용을 연구하는 물리학의 분야로, 다음의 네 가지 하위 분야를 가진다. 고에너지-이론High Energy Physics-Theory, 고에너지-현상론High Energy Physics-Phenomenology, 고에너지-실험High Energy Physics-Experiment과 고에너지-격자High Energy Physics-Lattice다.

고에너지-이론은 우주와 자연을 이루는 가장 작은 입자들이 어떻게 서로 영향을 주는지에 대한 자연의 기본 법칙을 수학적으로 설명하는 분야다. 고에너지-현상론은 물질을 이루고 있는 입자들, 예를 들어 전자, 쿼크, 중성미자 등이 어떻게 움직이고 서로 영향을 주는지를 연구하고 실제 실험 데이터와 이론을 연결하는 분야다. 고에너지-실험은 입자 가속기와 검출기를 이용해 기본 입자와 그 상호작용을 실제로 관측하고 측정한다. 마지막으로 고에너지-격자는 강한 상호작용을 기술하는 양자색역학QCD을 컴퓨터 시뮬레이션을 통해 수치적으로 연구하는 분야다.

스위스 제네바 근방, 프랑스와의 경계에는 유럽입자물리연구소 CERN가 있고 이곳에 LHC라는 대형 강입자 가속기Large Hadron Collider가 있다. 주로 양성자와 이온을 고속으로 충돌시켜 기본 입자와 힘의 상호작용을 연구하는 가속기이다. LHC와 관련하여 고에너지의 네 분야가 어떻게 다른지 알아보자.

고에너지-이론은 자연의 기본 법칙을 기술하는 이론을 개발하고 확장한다. 예를 들어 표준모형Standard model, 초대칭Supersymmetry, 끈이론String theory 등이 있다. 고에너지-현상론은 LHC에서 생산될 입자의 생성 확률, 분포, 붕괴 방식 등을 계산하여 실험 물리학자들에게 어떤 현상을 찾아야 하는지 알려준다. 또한, 특정 이론에서 예측한 새로운 입자의 충돌 특성과 탐지 방법을 연구한다. 고에너지-실험은 LHC의 각 검출기ATLAS, CMS 등에서 실제 충돌 데이터를 수집 및 처리하고, 새로운 입자 발견, 표준모형 검증, 새로운 물리 현상 탐사 등을 수행한다. 마지막으로 고에너지-격자의 경우는 다음과 같은 연구를 수행한다. LHC에서 관측되는 강입자Hardron —예를 들어 양성자, 중간자— 현상은 강한 상호작용에 의해 결정되므로, 격자 QCD 결과를 바탕으로 실험 데이터를 해석하거나 새로운 예측을 지원할 수 있다.

세계 최대, 최고의 에너지를 가진 가속기 LHC를 통해 고에너지 물리를 분류하였으나, 가속기 자체의 기술적인 면도 탁월하다. LHC는 최첨단기술의 집약체이다. 지하 150m 아래에 위치하고 둘레에 길이만 대략 27km반지름 4.3km인 대형 가속기이다. 서울역을 중심으로 LHC 같은 큰 원형 터널을 만든다고 하자. 그럴 경우, LHC의 둘레는 성신여대입구역, 왕십리역, 옥수역을 지나, 한남역, 여의도역, 마포구청역을 거쳐 합정역을 지나가는 큰 원형을 이룬다. 이것으로 그 크기가 어느 정도일지 가늠이 될 것이다. LHC는 크기만 거대한 것인 아니라 최고 수준의 첨단과학기술이 융합되어 있어, 다양한 분야의 변화와 혁신을 주도하기도 한다. LHC는 강한 자기장을 이용하여 입자들을 빛의 속도의 99.9% 이상 가속시킨다. 원형 터널을 따라 고강도의 자기장을 사용해 양성자를 가속하고 궤도에 유지시키기 위해서 초전도 자석이 사용되고, 그 상태를 유지하기 위하여 액체 헬륨으로 영하 271.3°C로 냉각을 유지하는 극저온 기술이 사용된다. 이를 통해 우주 공간(영하 279.45°C)보다 낮은 온도로 에너지 효율을 극대화한다. 또한, 입자들의 빔을 더 좁고 집중적으로 충돌시키기 위해 나노미터10억분의 1미터 오차 수준에서 제어되는 빔 포커싱 및 초전도 크랩 캐비티 기술이 집약된다. 뿐만 아니라, LHC는 4대 주요 검출기ATLAS, CMS, ALICE, LHCb로 충돌 생성 입자를 포착하는데 이들 모두 세계 최대의 검출기이다. ATLAS는 46m×25m 크기, 7,000톤 무게의 거대 검출기로 입자 궤적을 정밀 추적하고, CMS는 21m×15m 크기, 14,000톤 무게로 솔레노이드 자석4T을 이용하여 입자 궤적을 추적한다. LHC는 초당 수십 페타바이트10^{15} bytes의 데이터를 생성하며, CERN 제어 센터에서 실시간 모니터링된다. 이런 거대한 데이터 중 유의미한 사건을 필터링하기 위해 트리거 필터링, 분산 컴퓨팅, ML 기반 분석 등으로 데이터 처리 효율을 높인다. 이렇듯 LHC는 초전도 자석, 극저온 진공, 수백만 센서, 초고속 데이터 처리, 자동화·지능형 시스템 등 물리, 기계, 전자, IT, 재료공학의 세계 최고 수준 첨단기술이 총결집된 거대 프로젝트다. 이 기술들은 기초과학뿐 아니라 의료, 산업, IT인공지능, 고속네트워크, 재료 분야로도 파급 효과가 매우 크다고 할 수 있다. 이런 첨단 기술뿐만 아니라 우리가 매일 사용하고 있는 월드와이드웹World Wide

Web도 사실은 고에너지물리학 연구로부터 기인한다 말할 수 있다. LHC 가속기가 위치한 CERN에 있는 전 세계의 수많은 과학자들은 고에너지물리 실험 데이터를 공유하고 협업해야 했다. 당시 컴퓨터나 네트워크 시스템이 제 각각이라 정보 접근과 공유가 매우 비효율적이었고, 1989년 Tim Berners-Lee는 연구자들이 네트워크로 쉽게 정보를 연결·공유할 시스템을 고민했고, 그 산물이 www이다.

한국과 중국의 고에너지물리학 연구 현황과 발전 전략

현대 고에너지물리학 및 입자물리학 연구는 그 규모가 거대화되고 복잡해진다. 따라서, 한국과 중국의 고에너지물리학에 대하여 논하거나 보고하는 것은 필자의 역량을 넘어서는 일이다. 다만, 한국의 경우 고에너지물리학 발전을 위한 장기적인 비전과 체계적인 계획을 담은 로드맵인 <한국 입자 및 장 물리학 분야 2020~2030 장기전략 백서>가 공개되어 있다. 이를 바탕으로 현재 어디에 있고 어디로 가는지를 요약·정리하는 것도 의미가 있을 것이다.

지난 30여 년의 고에너지물리학은 괄목할 만한 발전을 이루었다. 표준모형Standard model 이론에서 예측된 기본 입자들의 실험적으로 검증해 왔다. 특히, LHC에서 힉스 입자Higgs particle를 발견한 것은 표준모형의 완성을 확인한 결정적 실험적 증거라 말할 수 있다. 입자들의 질량 기원에 대한 설명을 확정 지었을 뿐만 아니라, 새로운 물리학의 문을 여는 출발점이기도 하다. 백서는 고에너지물리학의 근원적인 미

해결 질문을 상기하며 미래를 전망한다. 표준모형의 성공에도 불구하고, 현재 우주를 구성하는 물질과 에너지를 합치면 우리가 알고 있는 물질은 극히 일부5%에 불과하다. 나머지 우주를 구성하는 암흑물질 Dark matter, 27%와 암흑에너지Dark Energy, 68%는 아직 설명할 수 없다. 이런 암흑 물질 및 에너지의 물리적 실체에 대한 연구는 고에너지물리학과 천문학에서 가장 중요한 질문이다. 이외에도 '왜 기본 입자들은 세 개의 다른 세대 구조로 반복되는가?', '우리 우주는 왜 반물질이 거의 없이 물질로만 이루어져 있는가?' 이러한 질문들은 현재의 표준모형 이론 체계로는 설명할 수 없는 근본적인 난제들이다.

통합 이론을 향한 탐색에 여러 난제들이 산적해 있다. 양자역학은 미시적인 입자 세계의 질서를 부여하고, 상대성 이론은 중력과 시공간의 성질을 다루며, 행성·별·우주와 같은 거시 규모에서의 물리 법칙을 설명한다. 이 두 이론은 현대 물리학을 떠받치는 두 개의 찬란한 기둥이자 우리가 세계의 본질을 이해하는 창이다. 각각의 탁월한 성공에도 불구하고 이 둘을 통합해 중력까지 양자역학적으로 설명하는 일은 여전히 어려운 문제다. 많은 물리학자들은 모든 힘과 물질을 통합적으로 기술할 수 있는 궁극 이론의 유력한 후보로 초끈이론Superstring theory 및 M이론을 주목하고 있다. 이 새로운 이론적 틀을 이해하고 검증하는 것은 자연의 가장 근본적인 작동 원리를 밝히는 중요한 일이다. 이러한 거대한 질문들에 답하기 위해, 한국 입자 및 장 물리학계는 향후 10년간 6대 전략 연구 최전선—에너지 프론티어, 맛깔구조 프론티어, 중성미자 프론티어, 암흑물질 프론티어, 입자이론 프론티어, 장론 및 끈이론 프론티어—에 역량을 집중하는 계획을 세우고 있다.

중국 고에너지 현황과 미래 계획은 한국과 크게 다르지 않으나, 중국과 한국의 고에너지물리학의 연구자의 수가 대략 2.5배임을 고려해본다면 분야 면에서 한국에 비해 다양한 분야에서 연구하고 있다. 또한 국가적 투자와 인재 육성을 통해 이 분야에서 급성장했다. 아울러 젊은 학자들의 비율이 점점 늘어나고 있어, 시간이 갈수록 학계의 리더십이 증가할 것으로 예상된다.

또한 한국과 다르게 대형 실험 시설을 건설하고 있어, 국제 협력과 첨단과학기술 발전에 큰 기여를 하고 있다. 대표적인 예가 JUNO_{Jiangmen Underground Neutrino Observatory}와 CEPC_{Circular Electron Positron Collider}다. JUNO는 광둥성 강먼시에 건설 중인 대형 지하 중성미자 관측소이다. 2019년 착공했으며 현재 거의 완공 단계에 와있다. 지하 약 700m 깊이에 위치하고 있으며 약 20,000톤 규모의 액체 석유계 광센서 검출기를 통해 중성미자를 검출할 계획을 가지고 있다. 이를 통해 중성미자 질량 계층 구조 규명(중성미자 종류 간 질량 순서 결정), 태양 중성미자, 지구 내부 중성미자, 초신성 중성미자 연구, 그리고 중성미자 진동 현상 이해 및 표준 모델 테스트 실험 등 중성미자 물리에 관한 중요한 실험을 수행할 예정이다. CEPC_{Circular Electron Positron Collider, 중국전자양성자충돌기}는 중국이 계획 중인 원형 전자-양전자 충돌기이며, 힉스 입자를 대량으로 생산하고 정밀하게 연구하기 위해 특별히 설계된 세계 최초의 힉스 공장이다. 아직 설계 단계이기는 하나, 원형 가속기 터널의 둘레는 약 100킬로미터_{반지름 약 16km}로 설계되어 크기 면에서 LHC의 규모를 능가한다. CEPC는 힉스 보손 연구에 특화된 정밀 측정용 가속기로서 LHC로부터 발견된 힉스 입자의 성질을 심도 있게 탐구하는 데 중요한 역할을 담당할 예정이다. 반면, LHC는 더 높은 에너지에서 다양한 신물리 현상을 탐색하는 데 중점을 둘 예정으로 두 가속기는 서로 보완적으로 고에너지물리학 발전을 위해 상호 보완적이며 매우 중요한 연구 장비로 평가받고 있다.

인사人事가 만사萬事 :
중국과 한국의 인재 유치 및 지원 정책 비교

과학 발전에 있어 인재를 영입하고 인재를 지원하는 것은 중요하다. 중국은 한국에 비해 좀 더 체계적으로 인재를 육성 및 지원하고 또한 그들에게 정책 지원의 역할도 부여한다. 최근 신문과 뉴스와 같은 대중매체에 언급된 천인계획이 중국의 인재 정책의 한 가지 예다.

지난 30여 년 동안, 천인계획 혹은 이와 유사한 인재 정책 아래 해외에서 공부하고 연구하던 수천 명의 중국 연구자들이 중국으로 많이 돌아왔다. 그들은 상당한 연구비 지원과 혜택을 받은 경우가 많으며, 전반적으로 중국의 연구 환경에 긍정적인 영향을 주었고, 또한 글로벌 경쟁력 향상에도 기여해 왔다고 과학자들은 평한다. 천인계획으로 돌아온 연구원들에 관한 연구들을 보면 인재 정책에 대하여 다소 엇갈리는 평가를 내놓기도 한다. 2020년의 연구에 따르면 해외에서 돌아온 연구자들이 현지 연구자들보다 더 많이 인용되는 논문을 집필했으며, 활발한 국제 협력 관계도 유지하고 있는 것으로 평한다. 반면, 보다 최근에 실시된 약 300명의 중국 귀국 연구자에 대한 연구는, 귀국 후 5년 동안 이들의 논문 한 편당 평균 인용수가 감소했고 국제 공동연구자 수와 국제 인용 횟수 역시 시간이 지남에 따라 줄었다고 분석한다. 이런 상이한 분석에도 불구하고 천인 학자들의 학계에서의 위상과 역할은 상당하다. 정부 통계에 따르면, 많은 돌아온 '천인' 학자들이 대학에서 중요한 직책을 맡고 있으며(국가 프로젝트 책임자와 국가급 대학 총장의 70% 이상), 일부는 중국 정부를 대상으로 과학 정책 자문을 하기도 했다.

국제 정세 변화와 국제적 관심과 심사를 받고 인재의 풀도 확대되면서 정책의 초점도 '인재유치'에서 '자주적 양성과 유치의 병행'의 체계적인 인재 정책으로 전환되어 그 명칭도 변해 왔다. 초창기 해외고급인재유치계획海外高层次人才引进计划에서 세분화되어 전임으로 귀국하여 일하는 학자 및 전문가 유치를 위한 혁신인재장기항목创新人才长期项目과 40세 미만의 우수 청년 학자를 유치하는 청년항목青年项目, 외국인 전문가 항목外专项目, 창업 또는 혁신 분야 특화된 혁신/창업 천인创业人才项目 등으로 다양화되었고, 2018년 이후에는 '국가고급인재특별지원계획国家高层次人才特殊支持计划, National High-level Talents Special Support Program' 또는 약칭 '만인계획万人计划, Ten Thousand Talents Program,国家特支计划'으로 업그레이드되었다.

이외에도 다양한 인재 유치/지원 프로그램이 있다. 국가자연과학기금NSFC 주관으로 38세 이하 우수 젊은 연구자에게 지원하는 과학기금 유청优青, 국내외 45세 이하 최고급 연구자에게 지원하는 과학기금 걸청杰青 등이 있으며, 청년천인과 같은 위상을 가지고 중국과학원CAS 산하 연구기관으로의 젊고 우수한 인재 영입 목적 설립된 백인百人도 있다. 특히 교육부에서 운영하는 대학 중심 인재 지원/유치 프로젝트인 장강长江 계획은 정교수급 학자를 대상으로 학문적 성취가 높고 국내 외 동료들에게 공인된 중요한 연구 성과와 리더십을 가진 인재를 유치한다. 마지막으로 이런 인재 계획을 밟아온 학자는 중국 과학기술계 최고 영예의 칭호인 원사院士, Academician에 지원할 수 있는데 이는 중국과학원CAS 또는 중국공정원CAE에서 선정한다. '원사'는 한국의 '최고 과학자' 혹은 '한국과학기술한림원KAST 정회원'에 해당될 수 있으나 한국의 위상과는 다르다. 원사는 평생 종신직이며, 국가 정책 자문과 과학계 리더 역할을 한다. 명예와 더불어 권력도 가지게 되어 원사를 배출한 분야는 큰 힘과 지원받게 된다.

우리나라 정부도 1970년대부터 국가 경쟁력 강화 및 글로벌 네트워크 확대를 위해 우수한 동포 및 외국인 과학자 등 해외 인재의 유치를 위한 다양한 정책을 추진하였다. 바로 Brain Pool(1994), BK21(1999), Study Korea Project(2004), WCU(2008), WCI(2009), Study Korea 2020(2012) 등의 정책들이다. 성과 면에서는 전문 인력의 국내 유입이 증가하고 해외 기관과의 교류가 확대되기는 했지만, 이런 정책들이 일회성이고 지속 가능하지 않아 우리의 인재 정책은 장기적·지속적 경쟁력 강화에 있어서는 한계를 드러냈다고 과학기술정보통신부는 평한다. 최근 정부는 우리 연구 경쟁력을 유지·강화하기 위해 해외인재 유치를 위한 노력을 하고 있다. 유치 기관과 지원 기관이 머리를 맞대고 논의하고 있으며, 2025년 기준, 과학기술 인재 육성 및 지원을 위해 9조 2825억 원을 투입한다.

기초과학의 가치와 미래 시사

중국은 공격적 유치로 글로벌 리더십에 초점을 맞추었다면, 한국은 균형적 지원으로 지속 가능성을 강조해 왔다. 중국은 대규모 인재 유입으로 빠른 성장을 이루지만, 지정학적 제재(예: 미국)가 도전 과제일 것이다. 한국은 유출 방지에 초점을 맞춰 안정적 성장을 추구하나, 중국만큼의 글로벌 매력이 부족한 면이 있다. 인재 양성과 장기적인 기초연구 투자는 앞으로 한국이 결코 놓쳐서는 안될 과제다. 한 가지 덧붙이자면 인재 계획은 대부분 젊은 학자 및 연구자에게 집중되는 경향이 있는데, 중국의 원사에 해당하는 한국의 최고과학자들의 정년 이후 계획도 간과하지 말아야 한다. Abraham Flexner[1]는 1939년 쓴 그의 에세이 ≪쓸모없는 지식의 쓸모Usefulness of useless knowledge≫에서 즉각적으로 유용해 보이지 않는 기초연구, 순수학문이 장기적으로 인류와 사회에 가장 유용하며 가장 혁신적이고 실질적으로 유용한 응용들을 오래도록 창출하며, 순수한 지적 호기심과 자유로운 탐구가 문명의 발전과 인류 진보 이끈다고 지적한다. 또한 사회와 정부는 이런

1　아인슈타인을 독일에서 미국 프린스턴 고등과학원(Institute for Advanced Study)으로 오도록 도운 사람이기도 하다.

호기심에 기반한 '쓸모없는' 학문을 지속적으로 지원해야 한다고 피력한다. 고에너지물리학은 어쩌면 연구비 투자와 결과를 볼 때 쓸모없는 지식 중의 하나일 수 있다. 당장에 돈이 되지 않는 학문이기도 하고, 수많은 호기심과 연구들 중에서 인류의 미래에 어떤 부분이 도움이 될지는 바로 알기도 어려우니, 어떤 부분에 투자해야 할지도 알기 힘들다. 하지만 한 가지 확실한 것은 고에너지물리학은 인류의 근본적인 질문—우리는 어디에서 왔으며, 이 우주가 어떻게 구성되어 있는가—에 답을 찾으려는 도전의 최전선에 서 있다는 것이다. 이러한 탐구는 단순히 호기심을 충족시키는 활동을 넘어 새로운 기술과 패러다임의 탄생을 촉진해 왔으며, 오랜 시간 동안 정보통신, 의료, 에너지 등 전혀 예상하지 못했던 분야에 혁신적 변화를 가져왔다.

오늘 우리가 고에너지물리학과 같은 기초과학에 투자하는 것은 내일의 번영과 인류 진보를 위한 씨앗을 심는 일이다. 단기적인 성과만을 좇아 위험을 회피한다면, 우리는 우리 사회가 미래에도 성장하고 새로운 혁신을 주도할 기회를 스스로 차단하는 셈이다. 인류의 장기적 발전과 미래 세대를 위한 최고의 투자처는 바로 무한한 호기심에 기반한 순수학문의 지속적인 지원임을 깊이 새겼으면 한다.

참고문헌

- Cao, C., Baas, J., Wagner, C. S. & Jonkers, K. (2020). *Science and Public Policy*, 47, 172–183.
- Nature (2025). *644*, 18–19.
- Zhang, Y., Lawson, C. & Ding, L. (2025). *Industry and Innovation*. https://doi.org/10.1080/13662716.2025.2499535
- https://en.wikipedia.org/wiki/World_Wide_Web
- https://home.cern/science/accelerators/large-hadron-collider
- https://indico.cern.ch/event/1318674/attachments/2754249/4795244/한국입자및장물리학분야2020_2030장기전략v2.pdf
- https://www.ias.edu/sites/default/files/library/UsefulnessHarpers.pdf
- https://www.korea.kr/news/policyNewsView.do?newsId=148942438
- https://www.msit.go.kr/bbs/view.do?sCode=user&nttSeqNo=1213359&bbsSeqNo=94&mId=113&mPid=238

10
신소재 혁신,
기술 강국을 떠받치는 전략 자원

김장용 | 시안교통리버풀대학

신소재는 반도체, 배터리, 항공우주, 재생에너지 등 첨단 산업의 근간으로, 21세기 국가 기술 경쟁력과 안보를 좌우하는 핵심 자원이다. 중국은 「중국제조 2025」와 「중국표준 2035」에서 신소재를 전략 산업으로 규정하고, 자립화와 공급망 확보를 목표로 대규모 투자와 인프라를 집중하고 있다. 경량합금, 메타물질, 탄소나노섬유, 희토류는 중국이 전략적으로 육성하는 대표 분야로, 산업·환경·군사 안보까지 긴밀히 연계된다. 이는 한국에도 기술 자립, 소재 혁신, 국제 표준 선도 전략의 필요성을 시사한다.

신소재의 전략적 가치와 글로벌 경쟁 구도

'중국제조 2025'와 '중국표준 2035'의 8대 신흥 전략 산업에서 미래 산업의 핵심 분야 중 하나로 선정하고 있는 신소재는 모든 과학기술 경쟁력의 원천이자 한 국가의 첨단과학기술 발전과 산업 경쟁력 강화에 절대적인 영향력을 미치는 필수적인 요소로 여겨진다. 특히 리튬 배터리, 초전도체, 나노소재, 희토류 소재 같은 신소재는 전기차, 재생 에너지, 차세대 정보기술 산업의 기반이 되며, 세계 최대 전기차 시장이자 태양광·풍력 발전 강국으로 부상하고 있는 중국의 입장에서 신소재 확보는 미래 산업 경쟁력을 좌우한다. 최근 발생하고 있는 미국과 중국의 기술 패권 경쟁 속에서, 첨단 소재의 수입 의존도를 낮추고 자급화하는 것이 국가별 시급한 과제가 되었으며, 특히 반도체용 소재, 항공용 복합재료 등은 서방국가들의 수출 규제 대상이 많아, 국가 안보 차원에서도 신소재 국산화는 매우 중요하다. 또한 신소재는 탄소중립 목표(2060년) 달성에도 핵심적인 요소로 주목받고 있다. 예를 들면 경량화 소재 개발은 교통 부문 에너지 효율을 향상시키고, 고성능 배터리 소재 개발은 신재생에너지 저장능력을 강화하고, 친환경 생분해성 소재 개발은 플라스틱 물질을 대체할 수 있기 때문에 신소재는 단순한 기술 문제가 아니라 환경 정책과 직결된 전략 분야가 되어 가고 있다.

중국의 기술 역량 제고를 위한 전략과 정책적 노력

중국은 중국제조 2025에서 이미 혁신주도创新驱动 원칙을 강조하면서 기초 소재 및 핵심 소재의 자립성 확보를 강조하였으며, 14차 5개년 원자재 산업 발전 계획 "十四五" 原材料工业发展规划에서도 신소재를 미래 산업 및 전략성 신흥 산업의 핵심 분야 중 하나로 명시하면서 국가산업발전을 위한 전략적 위치를 강화하고 있다. 주요 신소재 개발 프로젝트新材料创新发展工程에서는 주로 항공경합금, 고온합금, 초고순도 금속 및 화합물, 고성능 특수강, 가수분해 생체재료, 광학용 감광제 포토레지스트, 타겟소재, 특수 코팅재료, 연마액, 산업용 가스, 생체모방 합성 고무, 인공 결정체, 고성능 기능 유리, 첨단 세라믹, 특수 분리박막, 희토류, 기능성 촉매, 광소자, 수소 저장재료 등의 핵심 제품군 기술 혁신과 산업화에 초점을 맞추고 있으며, 하이엔드 폴리올레핀, 희귀 금속, 분말 야금, 첨단 유리, 첨단 세라믹 등을 공급할 수 있는 신소재데이터센터新材料数据中心, 신소재시험평가플랫폼지역센터新材料测试评价平台区域中心, 제조업혁신센터制造业创新中心 건설 등을 통해 공공 서비스 플랫폼 및 인프라를 구축하는 데 주력하고 있다.

결국 중국의 신소재 정책은 소재 분야의 기술 자립, 산업 구조 고급화, 환경 지속 가능성 확보를 목표로 함과 동시에 일부 핵심 소재나 특수 기능 소재에서의 해외 기술에 대한 의존도를 낮추고 산업화 및 제품화 과정에서의 비용을 최적화하며, 중앙과 지방정부의 집중적인 투자를 통해 새로운 소재 확보의 리스크를 줄이면서 국내 및 국제 표준을 완성하고 그에 필요한 인증 체계까지 갖추고자 하는 국가적 열망이 보이고 있다. 이에 다양한 신소재들 중에서 중국에서 최근 자원의 개발과 확보에 대해 매우 전략적인 접근을 취하고 있는 대표적인 소재 중 경량합금, 메타물질, 고성능 탄소섬유, 희토류 분야에 대한 주요 정책 방향 및 성과들을 간략하게 정리해 본다.

중국이 주력하는 4대 신소재와 전망

경량합금

경량합금은 일반적으로 밀도가 낮고, 강도는 높으면서도 무게가 가벼운 특성을 가진 금속 물질을 말하는데 대표적인 예로 알루미늄 합금과 마그네슘 합금이 있으며, 이들은 각각 뛰어난 내식성과 내구성, 그리고 상대적으로 낮은 밀도를 가지고 있어서, 무게와 강도가 중요한 분야, 즉 항공, 국방, 자동차, 우주 산업, 전기 및 에너지 저장 등 분야에서 수요가 증가하면서 기술 개발, 품질 향상, 공급망 안정 등에 대한 정책적 지원이 강화되고 있다. 특히 지방정부 차원에서 경량합금 소재 산업 클러스터产业集群의 '고품질 발전高质量发展' 계획을 마련하고 있는데 충칭시는 경합금 재료 산업 클러스터 고품질 발전 행동 계획轻合金材料产业集群高质量发展行动计划 2023~2027을 수립해, 2027년까지 경량합금 산업의 생산액, 기술 수준, 공급 안정성 등을 크게 끌어올리려는 목표를 제시하고 있다. 또한 상하이, 심천 등 주요 도시들도 신소재 산업에 대한 중점 프로젝트안에 경량합금 소재를 포함시키고 있다.

경량합금 소재의 원료가 되는 전략 광물인 알루미늄, 마그네슘, 티타늄 등의 탐사, 개발, 정제 및 생산량 확보가 중요한 정책적 과제로 여겨지고 있으며, 중앙정부 차원에서도 전략 자원 개발 이용加快战略资源开发利用 등의 정책을 통해 주요 광물 탐사, 생산 확대, 가공 및 고순도 처리과정의 비중을 높이려는 노력이 있다. 또한 경량합금의 제련, 합금 설계, 성형 가공, 접합 및 표면 처리, 고온·내식성 등 분야에서 기술 난제 해결을 추진하면서 자국 내 기술 자립을 위한 연구개발 투자를 강화하고 제품의 안정성과 적합성 확보를 위해 제조공정에 대한 표준 및 품질관리 시스템 완비를 강조하고 있다.

대표적인 예로 알루미늄 및 마그네슘 합금 등의 경량소재 사용은 자동차의 연비 및 에너지 효율성 개선을 극대화하는 효과가 있고, 제조 과정의 에너지 소비 저감, 환경 영향 최소화를 기대할 수 있기 때문에 정부 차원에서 장려하고 있으며, 국가 또는 지방정부의 인프라, 공공 프로젝트, 국방·항공 등의 분야에서도 경량합금 소재의 사용을 촉진하거나 우선 채택하는 조치도 취하고 있다. 예컨대 신소재강국전략연구新材料强国战略研究 보고서에서는 국가의 적극적인 구매와 프로젝트 시범 적용 우선권 부여에 대한 언급을 하고 있으며, 보조금, 세제 혜택, 인프라 지원, 토지·전력 등을 지원하고, 기업 기술 혁신 프로젝트 및 플랫폼 건설에 대한 자금 지원 등 정책적 인센티브 제공을 강조하고 있다.

2023~2024년 유색금속 산업 관련 정책에서는 알루미늄, 니켈, 리튬 등과 함께 경량합금의 '핵심 원자재 확보 및 정제 기술 고도화'가

더욱 강조되고 있으며, 일부 원자재 수출 통제 및 수급 안정을 위한 규제가 강화되고 전략 광물, 희유금속 등에 대해 수출 라이선스 제도 도입 또는 제한 조치가 나타나고 있다. 이에 따라 지방정부들의 정책적 목표가 구체적으로 진행되면서 통제 가능한 상태로 되어가는데, 예를 들어 충칭시의 경우 2027년까지 생산액 연평균 6~8% 성장을 목표로 하고 있고, 장안 자동차长安汽车, Geely吉利, 하이메이커海马汽车, COMAC, AVIC, Baosteel 등 충칭시에서 활동하는 주요 기업들에 대한 지원 방안 및 자립 수준 등을 명시하고 있다.

메타물질

메타물질은 자연계에 존재하지 않거나 얻기 어려운 파동전자기파, 음파, 빛 등의 특성을 인위적으로 설계한 물질 구조를 통해 조절할 수 있는 신소재 혹은 신기능 물질이다. 메타물질은 고성능 안테나, 전자파 차단, 초고감도 센서, 광학·음향 조작 등 다양한 제품으로 응용이 가능하며, 특히 투명성隐身을 보유하고 있어 군사스텔스 기능, 전자 전쟁, 항공우주, 통신, 에너지, 의료·광학 분야 등에 걸쳐 국가 경쟁력 및 기술 자립성 확보와 직결된다.

중국제조 2025 계획에서도 전략적 신흥산업 정책에 포함되었던 메타물질은 단순한 신소재가 아닌 기술 선도형 소재frontier materials라는 범주에 두고, 과학기술부MOST, 공업및정보화부MIIT, 국가발전개혁위원회NDRC, 지방정부 등 여러 부처가 메타물질 관련 기술 연구 및 산업화를 조율하고 지원하고 있다. 신소재국가연구프로그램新材料重大专项

에서도 광둥성과 산둥성을 메타물질 특별 클러스터로 지정하여 산업화 지원 정책을 추진하고 있으며, 광계기술光启技术 같은 특정 기업들에게 메타물질 기술의 실용화, 산업화, 대량 생산, 응용기술 개발뿐만 아니라 기능 구조 일체화function-structure integration, 미세 가공micro-/nano-scale precision, 대형 규모 설계scale design 등의 기술적 난제 해결을 선도할 수 있도록 투자가 이뤄지고 있다. 최근 메타물질 관련 특허 출원 수가 증가하는 추세만 보아도 중국 정부의 강력한 의지가 엿보인다. 하지만 아직까지는 실험실 수준에서의 결과는 많으나 대량생산화, 고정밀도, 공정수율 향상, 비용 경쟁력 확보 등 산업화하는 데 많은 어려움을 겪고 있고, 메타물질의 구성 요소가 되는 특수금속, 나노소재, 복합재료, 나노광학물질 등의 원자재 확보가 부족한 상황이다.

최근의 주요 연구 성과를 보면 중국 북방공업대학, 천진대학 및 홍콩폴리텍대학 연구팀이 협력하여 초광대역 음향 메타물질의 역설계inverse design 및 응용을 다룬 연구가 '2024년 중국 메타물질 기술 혁신 10대 진보' 중 하나로 선정되었으며, 중국과학원CAS의 현대물리연구소 및 충칭대학 연구자들이 지름이 약 34 nm인 매우 작으면서도 높은 압축 강도 및 에너지 흡수 특성을 보이는 quasi-BCC 구조의 금속 나노결정을 제작하게 됨으로써 특히 구리 및 금 나노결정에서 기존의 나노결정보다 더 높은 에너지 흡수량을 보여주었는데, 밀도는 벌크 금속의 절반 이하인데도 항복 강도yield strength가 벌크보다 높은 현상을 규명하였다. 특히 비스무트Bismuth, 주석Tin, 납Lead, 인듐Indium, 갈륨Gallium 등 다양한 단원자층2D 금속을 사람 머리카락 직경의 약

1/200,000 두께로 제작하게 되어 2D 재료의 카테고리에 금속을 포함시키는 중요한 진전을 보여주었으며, 편광polarization 조절을 위한 초박막 물질을 이용하여 gradient-index 메타표면을 개발한 푸단대학의 Lei Zhou 교수는 메타표면 분야에서 선구적인 연구를 계속해 오고 있다

메타물질 부분에서 중국은 단순한 이론 연구를 넘어 산업적 응용 가능한 기술로의 이전에도 상당한 진전을 보이고 있는데 특히 광학, 초고주파 소자, 적외선, 음향제어, 에너지 흡수, 생리학 및 의료장비 등 다양한 분야에서 메타물질이 재료 경량화, 내구성 향상 및 물질의 특성 변화를 완화하는 새로운 기술 혁신을 이끌고 있다.

탄소나노섬유

탄소나노섬유는 고강도, 경량, 전도성 등의 특성을 지니고 있어, 항공우주, 전자기기, 에너지 저장 및 전기차 배터리 등 다양한 산업 분야에서 활용될 수 있다. 탄소나노섬유는 14차 5개년 원자재 산업 발전 계획에서 중요한 전략적 소재 기술 중 하나로, 향후 경제 성장을 위한 중요한 산업으로 자리매김하고 있으며, 이를 통해 첨단 재료 개발, 항공우주, 전자산업 및 에너지 산업을 발전시키고자 하는 목표를 가지고 있다. 중국 정부는 탄소나노섬유 개발을 위한 연구소와 기업 간 협력을 촉진하기 위해 막대한 R&D 자금을 지원하고 있는데, 국가과학기술진흥계획, 중장기과학기술발전계획 등의 정책을 통해 다양한 연구기관과 대학에서 탄소나노섬유 기술 개발을 위한 연구를 적극적으

로 추진하고 있다. 특히, 중소기업과 협력하는 방식으로 혁신적인 기술 개발을 촉진하려는 경향이 보이는데 특히 탄소나노섬유 개발과 생산을 위한 산업 클러스터가 만들어지고 있다. 광둥, 저장, 장쑤 등의 지역에 연구개발과 생산시설을 집중시키고 있는데 이러한 지역들은 탄소나노섬유의 생산과 활용에 있어 중요한 거점으로 발전하고 있다. 또한 기술 표준화를 통해 생산 효율성을 높이고, 국제 경쟁력을 확보하기 위한 중요한 요소이며, 정부는 산업 육성을 위해 관련 규제를 완화하고 탄소나노섬유의 생산과 상용화 가능성을 높이는 기술을 정책적으로 지원하고 있다.

탄소나노섬유는 전기차 배터리, 에너지 저장 시스템, 수소 연료 전지 등 에너지 효율성 및 환경 친화적인 기술에 활용될 수 있는 잠재력을 가지고 있으며, 고강도, 경량 특성을 지니고 있어 항공우주 분야에서 중요한 역할을 하고 있다. 특히 중국 정부는 항공우주 산업에서 탄소나노섬유의 급격한 수요 증가를 예상하고 있으며, 전기차 산업의 급성장과 함께 차량 소재 및 배터리 산업에서 탄소나노섬유를 적극 활용하려는 노력을 기울이고 있다

최근 주요 연구 성과를 살펴보면 중국과학원의 연구팀은 탄소나노섬유 네트워크CNF network가 균일하게 덮여 있는 탄소 마이크로채널carbon micro-channels 수직 배열 구조CTC, spatially hierarchical carbon 설계를 통해, 매우 높은 전력용량 및 전류밀도 조건에서도 안정적인 리튬 침전Li plating 및 사이클 수명을 확보하는 결과를 보여주었다. 예를 들어 전력용량 30mAh/cm², 전류밀도 10mA/cm² 조건에서 1080회

이상 사이클이 가능하며, 이러한 구조에서 잔여 전류 없이 안정적으로 작동하여 안전성을 확보하게 되었다.

쑤저우나노연구소苏州纳米所; Suzhou Institute of Nano-Tech and Nano-Bionics는 탄소나노섬유의 연속 제조 및 고성능화 연구碳纳米管纤维的连续制备及高性能化에서도 기존의 소규모 연구 단계를 넘어, 대형 반응기(예: 16ℓ 반응기)에서 탄소 나노섬유 수화젤hydrogel 및 에어로젤aerogel 등의 3차원 망상 구조3D network material를 제조하여 높은 비표면적, 다공성, 경량, 그리고 우수한 압축 복원성을 보여주었다. 또한 수화젤/에어로젤 형태의 탄소 나노섬유 망sponge-like 3D network 재료가 오염 물 흡착, 환경 오염 정화 등의 응용 가능성을 보여주었다. 또한 칭화대학 웨이페이魏飞 교수 팀은 천급千吨级 탄소 나노섬유 생산 체계를 구축하고, 탄소나노섬유를 리튬 이온 전지의 양극(혹은 음극)의 도전 첨가제 conductive additive로 사용하여 충·방전 속도, 에너지 밀도, 수명이 개선되는 실제적 효과를 입증하였으며, 유연한 탄소 섬유 기판 위에 수직 CNT 배열을 성장시켜서 더 높은 비표면적, 다공성·전기전도성을 증가시킨 복합 전극 재료를 개발하였다.

결국 중국 정부는 탄소나노섬유의 기술 개발을 국가 전략으로 삼고, 이에 대한 적극적인 투자와 정책적 지원을 통해 산업적 활용을 촉진하고 있으며, 일대일로 전략을 통해 글로벌 공급망에서의 입지를 강화하고 이를 바탕으로 글로벌시장에서 경쟁력을 갖추려는 목표를 가지고 있다. 이는 탄소나노섬유 개발을 통해 중국이 글로벌 첨단기술 경쟁에서 우위를 점하려는 목적에 매우 부합하며, 향후 대량 생산을 위한 기술적 도전에 성공할 때 다양한 산업 분야에서 큰 잠재력을 발휘할 수 있을 것으로 예상된다.

희토류 稀土元素

희토류는 전 세계적으로 최첨단기술 산업에서 필요로 하는 중요한 원자재로서 스마트폰, 전기차 배터리, 풍력 발전, 군사 장비 등에 필수적으로 사용되며, 전 세계 가장 많은 희토류 광물 보유국이자 생산국인 중국은 이를 통해 국제적으로 강력한 경제적, 정치적 영향력을 행사하고 있다. 중국 정부는 희토류 자원의 개발과 확보에 대해 매우 전략적인 접근을 취하고 있으며, 이를 통해 국가의 경제력, 군사력, 그리고 기술 발전을 강화하고자 하고 있다. 이미 중국은 자국 내 희토류 자원의 대규모 채굴과 가공을 통해 세계 희토류 시장에서 지배적인 위치를 차지하고 있으며, 정부는 희토류 자원을 국가의 중요한 자원으로 관리하고 자원의 개발과 유통 및 가격결정까지 철저히 통제하고 있다. 관련 기업들이 상호 연계된 형태로 협력하면서 자원의 효율적인 채굴, 정제, 가공 및 제품화가 이루어지고 있다. 이를 통해 희토류 자원의 가공과 관련된 기술 혁신을 촉진하는 정책을 통해 중국 내에서 고부가가치 제품의 생산을 확대하고 있는데, 특히 고순도 희토류 화합물의 생산 및 응용에 대한 기술 개발에 중점을 두고 있다.

중국의 희토류 자원은 주로 내몽골과 광시, 간쑤성 등에서 채굴되고, 자원의 품질과 양에서 우위를 점하고 있으며, 이를 통해 중국은 세계 희토류 시장에서 주요 공급자 역할을 하면서 이에 대한 수출을 전

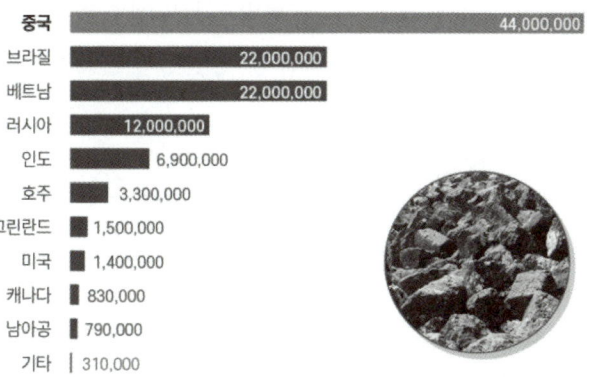

그림 1 — 희토류 국가별 매장량

략적으로 조절하고 있다. 희토류의 공급량을 조절하여 국제 시장에서의 가격 변동을 통제하고, 특정 국가에 대해 경제적 압박을 가하는 수단으로 활용하고 있다. 특히 중국 정부는 2000년대 초반부터 희토류의 수출을 제한하는 수출 쿼터제를 시행해 왔으며, 이는 자국의 희토류 자원보호와 더불어 국제적으로 기술 경쟁력을 가장 먼저 확보하려는 의도가 포함되어 있을 뿐만 아니라, 희토류의 수출에 대해 높은 세금을 부과하여 자원의 해외 유출을 막고 이를 통해 내수 산업의 경쟁력을 유지하려는 정책을 취하고 있다.

예를 들어 홍콩경제일보에 따르면 2025년 7월 중국의 희토류 자석 수출은 전월 대비 75% 정도 급증하였고 관련 통계를 인용할 때 7월 희토류 자석 수출량이 5,577톤독일: 1116톤, 미국: 619톤으로 최근 6개월 만에 최고치를 기록했으며, 지난 6월 미중 통상합의 후 중국의 주요 전략 광물 공급이 수출 통제 이전 수준으로 빠르게 회복하고 있다. 이는 지난 4월 미국의 대중 무역압박에 대응하여 일부 희토류 품목을 수출제한 품목에 포함시켜 글로벌 공급망에도 타격을 주었던 정책과는 대비되는 상황이기도 하다. 희토류 자석은 전기자동차 모터, 풍력 발전기, 스마트폰 등 첨단산업 제품의 핵심소재로서 글로벌 공급망의 안정성을 좌우하는 전략 자원으로 평가받고 있는데, 중국은 세계 희토류 자석 생산량 가운데 90%를 차지하고 있어 희토류 자원의 통제를 통해 글로벌 경쟁력을 유지하고 있다.

또한 중국 정부는 아프리카, 중앙아시아, 남미 등지에서 희토류 자원 개발 프로젝트를 추진하여 다양한 지역에서 희토류 자원을 확보하려는 노력을 기울이고 있고, 희토류 채굴 과정에서 발생할 수 있는 환경 오염을 방지하기 위해 엄격한 환경 규제를 시행하고 있으며, 이를 준수하지 않는 기업에 대해서는 제재를 가하기도 한다. 이를 통해 희토류 자원의 효율적인 채굴과 정제를 위한 친환경 기술 개발을 촉진하고, 자원의 가치를 극대화하면서도 환경에 미치는 영향을 최소화하려는 노력을 기울이고 있다.

희토류는 군사 산업에서도 중요한 역할을 하고 있는데, 현대적인 군사 장비, 특히 고성능 무기 시스템과 전자 기기에 희토류가 필수적으로 사용되기 때문에 중국 정부는 군사력 강화에도 희토류 자원을 적극 활용하고 있다. 군사장비의 현대화를 위해 희토류 자원을 적극적으로 활용하고 이를 통해 군사적 자립을 추구함은 물론이고, 희토류 자원의 확보를 국가안보와 밀접하게 연계시켜 국제적인 갈등 상황에서도 자원 공급에 대한 주도권을 유지하려고 하고 있으며, 주요 희토류 수입국들과 장기 계약을 체결하여 안정적인 자원 공급망을 구축하고 동시에 자국의 산업 발전을 도모하기 위한 희토류 자원의 안정적 확보를 목표로 하고 있다.

최근 주요 연구 기술 개발 활동을 살펴보면 광물에서 희토류를 추출할 때 기회수율recovery rate을 존 방식보다 획기적으로 높인 전기장electric field을 기반으로 하는 방법을 개발하여 실제 회수율을 약 95%, 채굴/추출 시간은 기존 대비 70% 단축, 전력 소모는 60% 절약되었으며, 암모니아 배출도 기존 대비 95% 감소되었다. 이러한 기술은 높은 에너지 사용, 화학약품 배출, 오염폐기물 배출 등 환경적 부담 요소를 줄이고 지속가능한 기술로 발전하는 데 큰 기여를 하게 된다.

중국은 희토류 정제 및 분리separation/refining 부문에서 압도적인 글로벌시장 점유율을 가지는데 기술적으로 가성비가 높고, 대량생산의 장점을 잘 활용하여 전 세계 희토류 정제 용량의 90% 이상을 중국이 차지하고 있다. 희토류 산업 내 기업 통합을 통해 중국 내 주요 희토류 광산 및 가공 회사들을 늘려 산업 규모를 키우고, 시장 조절 및 공급 통제 가능성을 강화하고 있으며, 광산 채굴, 제련, 분리 허가 및 쿼터 제도를 통해 생산량을 통제하고 있다. 더불어 환경 규제 강화를 통해 채굴과 정제 과정에서 발생하는 유해 화학물질 배출, 폐기물, 오염물질 등에 대한 규제 및 저감 기술 개발이 중요하게 다뤄지면서 환경 규제의 강화가 중희토류원소HREE; Heavy Rare Earth Element의 공급에 영향을 주기도 한다.

중국은 또한 학문적 연구 및 응용 연구 확대를 통해 새로운 추출 및 분리 방법, 희토류 사용 응용기술 등을 개발하며, 희토류 화합물과 같은 기초 물리 및 화학 연구도 활발하여, 자기특성, 스핀상태, 양자물리 분야에서도 다양한 결과들이 나오고 있다. 특히 최근 중국에서 희토류 관련 특허 출원이 매우 증가하고 있음은 많은 점을 시사해 주고 있다.

결론적으로 중국 정부는 희토류 자원의 개발과 관리에서 매우 전략적이고 체계적인 접근을 취하고 있다. 광석 채굴량에서도 전 세계 큰 비중을 차지하고 있는데 광석→정제→희토류 화합물 또는 자성소재 등으로 전개되는 수직적으로 통합된 공급망을 갖추고 있으며, 중국 희토류 그룹China Rare Earth Group 등의 대형 국영기업 중심으로 산업을 통합하고, 시장과 수출 통제를 포함한 전략적 접근을 취하고 있다. 또한 정부가 광물자원국가전략National Mineral Resources Plan 등을 통해 희토류 자원의 채굴·개발·환경보호 등에 대한 장기 계획을 수립해 놓았고, 주요 생산지인 내몽골, 강서, 후난, 광시, 복건, 사천 등지에 에너지 자원 기지를 지정함으로써 이들 기지가 전체 생산량의 상당 부분을 담당하도록 지원을 하고 있다. 이는 경제적 이익을 넘어서 기술적 자립과 군사적 경쟁력 강화를 목표로 하는 국가의 중요한 전략 중 하나이며, 이러한 정책적 노력은 급변하는 국제적 정치와 경제 상황에 따라 강력한 힘을 가질 수 있는 원동력이 될 뿐만 아니라 앞으로도 중국 경제력을 좌우하는 매우 중요한 핵심 자원이자 과학기술 분야에서도 중추적인 역할을 할 것으로 보인다.

참고문헌

- "十四五"原材料工业发展规划. https://www.gov.cn/zhengce/2021-12/29/content_5665165.htm
- "十四五"原材料工业发展规划. jjxxw.cq.gov.cn)
- 中华人民共和国国民经济和社会发展第十四个五年规划和2035年远景目标纲要. https://www.gov.cn/xinwen/2021-03/13/content_5592681.htm?
- https://arxiv.org/abs/1809.03025?utm_source
- https://info.phys.tsinghua.edu.cn
- https://jjxxw.cq.gov.cn/zwgk_213/zcjd/zcwd/zcwdbt/202401/
- https://scitechdaily.com/ultra-high-energy-absorption-breakthrough-chinese-researchers-unveil-game-changing-nanolattice-metamaterials/?utm_source=chatgpt.com
- https://www.cas.cn/syky/202202/t20220214_4825100.shtml?utm_source=chatgpt.com
- https://www.gov.cn/gongbao/2023/issue_10806/202311/content_6913831.html?utm_source
- https://www.hfnl.ustc.edu.cn
- https://www.oxfordenergy.org/wpcms/wp-content/uploads/2023/06/CE7-Chinas-rare-earths-dominance-and-policy-responses.pdf?utm_source
- https://www.polyu.edu.hk/me/news-and-events/news/2025/05-18-mes-collaborative-work-among-2024-chinas-top-ten-advances-in-metamaterials/?utm_source=chatgpt.com
- https://www.scmp.com/news/china/science/article/3294183/chinas-new-technology-achieves-unprecedented-rare-earth-production-speed?utm_source
- https://www.stcn.com/article/detail/1834351.html?utm_source

11
우주 산업의 부상과 국제 질서 재편

정다훈 | 서강대학교 사회과학연구소

중국 우주 산업은 발사체와 위성 기술을 넘어, 주파수·궤도·데이터 표준과 같은 보이지 않는 규칙과 네트워크 설계 경쟁에서 주도권을 추구하고 있다. 톈궁天宮 우주정거장과 베이더우北斗 위성항법시스템 GNSS, 저궤도LEO 위성군은 중국의 기술·시장·규범을 연결하는 핵심 축이다. 국유기업, 민간기업, 지방정부가 각각 장기 계획, 비용 절감, 인프라 확충을 맡아 표준-인프라-데이터-서비스가 결합된 생태계를 만들고 있으며, 이를 통해 국제 우주질서에서 '규범 제정자'로 부상하려 하고 있다. 이러한 구조적 변화는 한국에도 우주 산업의 전략적 위치와 협력·대응 방안을 재설계할 필요성을 제기한다.

우주 네트워크의 작동 원리 : 신호와 규칙의 영토

우주의 영토는 땅이 아니라 신호와 규칙이다. 우주에서 주파수와 궤도 슬롯은 보이지 않는 국경이 되고, 데이터 형식과 상호운용 절차는 통행증이 된다. 국제전기통신연합ITU은 궤도·주파수 조정으로 좌표와 시간표를 먼저 그려 놓고, 우주교통관리STM와 충돌회피 절차가 통행로와 운용규칙을 마련한다. 위성-지상 간 데이터 규격과 메타데이터 스키마가 맞물릴 때만 단말기·부품·소프트웨어가 오가고, 이 합의가 사실상의 지도이자 언어가 된다. 발사대의 화염은 출발 신호일 뿐이다. 서비스와 시장은 위성군-지상국-프로토콜이 결합된 네트워크의 설계에서 열린다. 그래서 경쟁의 무게 중심은 단순히 무기 성능에만 있지 않다. 기술과 속도뿐 아니라 표준·규제·인프라·공급망·운영 규칙을 하나의 생태계로 기획·구축·지배하는 능력이 승부를 가른다. 먼저 세운 표지판이 경로를 배치하고, 먼저 정한 언어가 거래와 협력을 흡수한다. 우주 산업은 하드웨어의 힘이 설계의 문장으로 번역되고, 그 문장이 산업과 안보의 동선을 재배치할 때 가장 큰 힘을 갖는다.

이 도면 위에서 중국은 상설 유인 모듈형 저궤도 우주정거장 톈궁을 실험과 인력의 거점으로 삼고, 전 지구 위성항법시스템-베이더우를 좌표계와 단말 생태계의 핵으로 두며, 저궤도 위성군을 지상 5G와의 통합을 지향하는 네트워크 통로로 배치한다. 우주 산업 관련 국유기업은 장기 계획·핵심 체계·안전 표준을 주도하고, 민간기업은 발사·제조·데이터 서비스의 비용과 주기를 낮추며 속도를 올리고, 지방정부는 발사장·시험설비·조달·클러스터로 운용 인프라를 배치한다. 이렇게 발사-위성-데이터가 하나의 운영체제로 묶이면서 중국의 우주 산업은 특정 지역과 분야에서 표준 제안·인프라 수출·데이터 협력을 세트로 확대한다.

이 변화는 한국의 계산법을 바꾼다. 선택은 단순한 편 가르기가 아니라, 규칙·표준·네트워크의 제안·수용·설계까지 포괄하는 문제로 확장된다. 동맹의 신뢰를 유지하면서 인접 대국의 시장·기술 접점을 관리하는 이중 과제가 여기서 발생한다. 본고는 이러한 전제 위에서 국제 우주질서의 기술·시장·규범 3중 경합 속에서 전개되는 중국 우주 산업의 전략을 읽는다. 지난 10년간 중국의 구조 전환이 어떻게 진행됐는지, 그 성과가 어떻게 네트워크 권력으로 연결되는지, 그리고 그 구조가 한국에 어떤 제약과 기회를 동시에 만드는지를 차례로 살핀다. 이 관점에서 우주 경쟁은 사건의 연표가 아니라 '설계의 도면'으로 이해되어야 하며, 한국의 해법은 '추격'이 아니라 '초안 제시 능력'에 있다.

중국 우주 산업의 전략적 구도

우주 산업이 가진 '신호와 규칙'의 문법은 중국에서 정책→인프라→시장의 순서로 구체화된다. 2014년 이전까지 중국 우주 산업은 중국항천과학기술그룹CASC, 中国航天科技集团과 중국항천과공그룹CASIC,

中国航天科工集团이 사실상 전면을 장악한 폐쇄적 국가 주도 체제였다. 민간의 진입로는 좁았고, 관료적 경직성과 국방 편향이 구조를 묶어 두었다. 전환점은 2014년이다. 국무원 '문서 60'关于创新重点领域投融资机制鼓励社会投资的指导意见, 国发〔2014〕60号이 통신·원격탐사 위성, 발사체, 위성데이터 응용을 민간에 열어 주고, 군사·기술 자산의 이전·공유를 제도화한다. 이어 「제14차 5개년 규획」国民经济和社会发展第十四个五年规划和2035年远景目标纲要이 위성인터넷과 '지상-우주 통합'天地一体을 국가 목표로 제시하면서, 중앙은 규칙과 표준, 지방은 부지와 설비, 민간은 기술과 자본을 맡는 분업이 굴러가기 시작한다.

이 분업은 곧 거점의 촘촘한 배치로 이어진다. 베이징시는 「베이징시 상업우주 혁신발전 가속화 행동계획(2024-2028년)」北京市加快商业航天创新发展行动方案(2024-2028年)으로 창업-시험-조달을 잇는 전주기 패키지를 설계하고, 시안시는 국가민용항천산업기지国家民用航天产业基地, 우한시는 국가항천산업기지国家航天产业基地를 조성한다. 하이난 원창시는 국제상업발사센터国际商业航天发射中心와 해상발사 인프라로 발사 수용력을 분산한다. 중앙의 규범·표준, 지방의 인프라·보조, 민간의 기술·자본이 맞물리며 '발사-위성-데이터'가 운영체제처럼 결합할 기반이 구축된다.

가치사슬별 정책도 동시에 정렬된다. 우주 산업의 가치사슬은 발사체·위성 개발 단계인 업스트림, 발사 서비스 및 위성 조립·제작 단계인 미드스트림, 그리고 데이터 활용·응용 서비스 단계인 다운스트림으로 구분된다. 업스트림에서는 국유 연구기관의 성과와 인력이 민간으로 분사되며 중국로켓유한회사中国火箭有限公司, 엑스페이스ExPace, 장광위성기술长光卫星技术이 등장한다. 미드스트림에서는 국유 기술이 상용·경량 발사체로 전환되고, 아이스페이스星际荣耀, i-Space, 블루애로우항천蓝箭航天, LandSpace 등이 메탄 추진·재사용을 시험해 발사 단가와 주기를 낮춘다. 다운스트림에서는 장광위성의 '지린-1'吉林一号이 고해상도 영상을 구독·API·클라우드 모델로 상업화하고, 자원3호资源三号, ZY-3 데이터 유상 제공과 브릭스 원격감지 위성 협력金砖遥感卫星星座 참여가 응용 생태를 키운다.

네트워크 측면의 확장도 빠르다. 베이더우北斗, BDS-3는 글로벌 서비스를 기반으로 단말·칩셋·지도·물류로 이어지는 생태계를 만들고, 상하이 G60 과학혁신회랑의 '천범千帆' 저궤도 프로젝트와 국가 위성인터넷 '궈왕国网' 구상이 전략적으로 맞물린다. 저궤도 위성군 계획은 국제전기통신연합ITU 선제 등록을 통해 주파수·궤도 슬롯을 확보하고, 5G-위성 통합 시범은 지상-우주 연동 표준을 앞당긴다. 군민융합军民融合은 상업·안보 수요를 왕복시키며, 조달·시험·운용이 반복될수록 학습 속도는 더 빨라진다.

이처럼 지난 10년간 중국 우주 산업은 규칙이 설비를 창출하고, 설비가 시장을 형성하며, 시장의 운용 데이터가 다시 규칙 개정에 반영되는 순환 구조가 본격적으로 작동한 시기라고 평가할 수 있다. '문서 60'과 제14차 5개년 규획의 지침에 따라 발사장과 지역 산업기지가 조성되었으며, 국유·민간·지방 주체가 그 위에서 발사·제조·데이터 서비스를 제공하였다. 베이더우·가오펀·궈왕과 같은 네트워크는 트래픽을 축적하고, 이 과정에서 발생한 운용 지표가 차기 인허가·조달·표준 개정에 반영되었다. 이러한 '정책→인프라→시장→네트워크→정책'의 피드백 메커니즘이 제도화됨에 따라 중국 우주 산업의 성과 평가 기준도 변화하였다. 즉, 단순히 '발사 횟수'가 아니라 발사의 빈도·비용 효율성·상호운용성 수준이 핵심 지표로 자리 잡았다. 이에 따라 단말 접속 비용, 재사용 회전율과 가동률, 위성-지상 간 상호운용 시간, 표준 채택률 및 상호 인증 범위, ITU 주파수·궤도 슬롯의 확보 및 활용 등이 중요한 성과 지표로 활용된다. 이러한 기반 위에서 중국은 기술(하드웨어)-시장(서비스)-규범(운영 규칙)을 패키지 형태로 제시할 수 있으며, 이는 곧 대외 영향력으로 전환된다. 다음 단락에서는 이 결합이 만들어 낸 구체적 성과와 남은 제약을 살핀다.

국유·민간·지방정부의 삼중 구조

정책-인프라-행위자 결합의 성과는 첫째, 발사체와 발사 인프라 영역에서 뚜렷하게 나타났다. 창정-5호长征五号는 저궤도 대형 탑재 능력을 확보함으로써 우주정거장 모듈 교체, 대규모 위성군 배치, 심우주 임무 수행을 위한 중량급 플랫폼을 제공하였다. 민간 부문에서는 톈빙커지天兵科技와 블루애로우항천蓝箭航天, LandSpace이 액체·메탄 추진 및 재사용 기술을 시험하여 발사 비용 절감과 주기 단축을 경쟁적으로 추진하였다. 또한 하이난 원창시에 국제상업발사센터가 가동되면서 발사 역량은 특정 기지에 집중되지 않고 분산·상시 운용 체제로 전환되었다. 이러한 변화는 중국의 발사 역량이 단순한 발사 횟수의 증가를 넘어, 비용 효율성과 운용 유연성을 기준으로 평가되는 단계로 이행했음을 보여준다.

둘째, 위성군 구축 및 서비스 확장에서 성과로 나타났다. 베이더우는 글로벌 PNT서비스를 상용화하며 단말기, 칩셋, 지도, 물류로 이어지는 좌표 기반 생태계를 형성하였다. 고분해능 지구관측체계CHEOS의 '가오펀高分'은 다중 센서와 다중 궤도를 활용한 지속 감시 능력을 제공하였고, 장광위성의 '지린-1吉林一号'은 영상 데이터를 구독, API, 클라우드 형태로 상업화하여 데이터 응용 모델을 정착시켰다. 또한 국가 위성인터넷 '궈왕' 구상은 국제전기통신연합ITU 등록을 통해 대규모 저궤도 주파수·궤도 슬롯을 확보하였으며, 지상 5G와의 연동 시험을 통해 하늘-지상 통합을 위한 표준 개발을 진전시켰다. 이는 단순한 위성 수량의 확대가 아니라, 서비스 패키지의 다양성과 접속 비용 절감이 성과 평가의 핵심 기준이 되고 있음을 보여준다.

셋째, 심우주 탐사와 우주 외교 영역에서도 성과가 확인된다. 창어-4/5/6호嫦娥四/五/六号는 달 뒷면 착륙, 시료 채취, 귀환 임무까지 달성하며 임무 난도를 단계적으로 제고하였다. 이 과정에서 프랑스CNES, 스웨덴SSC, 이탈리아INAF, 파키스탄ICUBE-Q 등과의 공동 탑재 협력은 과학 임무를 외교적 자산으로 전환하는 사례가 되었다. 톈궁 우주정거장은 국제 실험 수용을 통해 개도국의 참여 기회를 확대하였으며, 러시아와의 국제월면연구역ILRS, 国际月球科研站 구상은 인프라·자원·운용을 결합한 공동 프로젝트의 방향을 제시하고 있다. 이와 같이 중국의 성과는 개별 과학·산업·규범 활동이 분리되어 작동하는 것이 아니라, 상호 연계된 패키지 형태로 전개된다는 점에서 특징적이다.

중국 우주 산업의 발전은 동시에 여러 제약과 위험 요인을 내포하고 있다. 첫째, 운용 효율성의 한계이다. 발사 역량과 발사 빈도는 확대되었으나 재사용 기술의 신뢰성·회전율, 발사-조립-시험 단계에서의 고빈도 반복 학습 체계는 아직 성숙 단계에 이르지 못했다. 둘째, 표준화의 비용이다. 궤도·주파수 선점, 데이터 규격, 지상-우주 절차를 자국 중심의 생태계에 맞추는 전략은 초기에는 진입 장벽을 낮추는 효과가 있으나 장기적으로는 상호운용성 부족으로 인한 마찰과 락인lock-in 비용을 증대시킬 수 있다. 셋째, 국제 환경의 분화이다. 아르테미스 합의 진영이 투명성, 사전 통보, 데이터 공개와 같은 규칙 중심rule-based 접근을 확대하는 반면, 중국은 톈궁, ILRS, 지상국 접속, 공동 탑재 기회를 묶은 프로젝트 중심project-based 패키지를 제시한다. 두 접근은 참여 문턱과 운영 철학에서 차이를 보이므로 제3국은 어느 규칙 체계와 네트워크에 참여할지 선택을 강요받게 되며 중복 가입의 가능성은 제한적이다. 넷째, 공급망 변수이다. 수출 통제와 부품 대체 전략은 자립을 촉진하지만 동시에 고성능 부품·소재의 확보에서 높은 대체 비용과 일정한 기술 리스크를 내재화한다.

이와 같이 지난 10년간 중국은 발사-위성-탐사-외교를 하나의 운영체제로 통합하여 기술·시장·규범을 동시에 전개하였다. 그 강점은 접속 비용을 낮추는 네트워크 설계와 패키지형 협력에 있으며, 제약은 재사용·회전율 등 운용 효율의 한계, 상호운용성 부족에 따른 비용, 국제 질서 분화가 야기하는 선택 압력에서 발생한다. 이 두 축이 교차하는 지점에는 미해결 과제가 남아 있으며, 이를 해결하기 위해서는 인터페이스 표준, SSA/STM^{우주상황인식/우주교통관리} 데이터 중계, 5G-NTN 연동 규격, 지구관측^{EO} 데이터 상호 검증 등과 같은 연결 설계 linkage design가 요구된다. 이러한 영역은 한국이 제안자이자 설계자로 참여할 수 있는 전략적 공간으로 간주될 수 있다. 다음 단락에서는 한국이 어떤 규범과 표준을 제안·수용하며, 어떠한 네트워크를 직접 설계할 수 있을지를 구체적으로 검토한다.

시사점과 한국의 전략

중국은 발사-위성-탐사-외교를 하나의 운영체제로 통합하여 기술·시장·규범을 동시에 전개하고 있다. 그러나 여전히 상호운용성, 인터페이스, 중립적 중계와 같은 영역에는 공백이 존재한다. 한국이 직면한 과제는 단순한 수용국을 넘어 이러한 공백을 설계 차원에서 메우는 주체적 행위자로 전환하는 것이다. 이를 위해 다음의 세 가지 방향을 고려할 수 있다.

첫째, 자주적 역량은 하드웨어 사양보다 운용 아키텍처의 정교화에서 출발해야 한다. 발사-조립-시험-운영 과정을 신속히 순환시키는 반복 학습 체계를 고도화하고, 재사용 기술·지상국 자동화·임무 운영 소프트웨어를 결합한 국가 공통 스택을 마련할 필요가 있다. 또한 소형 군집위성을 활용해 재난 대응, 농업, 해양 등 수요가 명확한 분야에서 데이터–응용–조달을 일괄적으로 연결하는 패키지 모델을 구축해야 한다. 위성항법 보강KASS, 우주상황인식SSA, 우주교통관리STM는 상시 운영형 서비스로 전환하고, 핵심 부품·소재는 전면 국산화보다는 대체 가능한 설계와 다중 공급선 확보를 통해 위험을 분산하는 전략이 보다 현실적이다.

둘째, 협력 포트폴리오는 '앵커'와 '완충'의 이중 구조를 갖추어야 한다. 미국과는 유인 탐사, SSA/STM, 심우주 탐사와 같은 고난도 영역에서 공동 설계를 추진하여 신뢰를 축적한다. 유럽ESA·일본JAXA·캐나다CSA와는 부품 상호 인증, 데이터 연동, 공동 페이로드를 통해 상호운용성의 모범 사례를 확립한다. 동남아·중동·아프리카에는 지구관측·재난 대응·농업 응용을 결합한 저비용 공동 운영 패키지를 제안하여 제한적인 내수시장을 보완한다. 중국과는 정치적 민감도가 낮은 영역—전파 간섭 완화, 주파수 조정, 우주환경 정보 교환, 재난·기후 목적의 비군사적 지구관측 데이터 상호 검증—에서 실무 협력을 선별적으로 운영함으로써 산업 학습과 위험 관리의 균형을 도모할 수 있다.

셋째, 규범과 표준에서의 주도권은 단순한 참여가 아니라 초안 제시 능력에서 비롯된다. ① SSA/STM 분야에서는 결합 경보 데이터 형식, 임곗값, 통지 절차를 기술 사양과 운영 프로토콜로 통합한 제안을 마련해야 한다. ② 저궤도 위성과 5세대 이동통신·비지상 네트워크 연동5G/Non-Terrestrial Network, NTN에서는 시험 규격과 단말 상호 검증 절차를 선도적으로 제시하여 통신-우주 인터페이스 기준을 선점할 필요가 있다. ③ 우주잔해 저감과 임무 종료EOL 분야에서는 설계 의무 요건, 데이터 인도 형식, 검증 절차를 포괄한 집행 가능한 표준안을 마련해야 한다. 이를 위해 정부-산업-학계가 상설 '우주규범전략본부'를 구성하여 다자 회의에 제출할 초안과 협상 매뉴얼을 지속적으로 갱신할 필요가 있다.

이 세 축을 뒷받침하기 위해서는 거버넌스와 조달 체계 역시 개편이 필요하다. 미션 지향적 공공 조달과 프리커머셜 발주, 민간 위성·데이터 바우처 제도를 통해 안정적 내수 수요를 조성하고, 국가 우주 데이터 클라우드에는 암호화·접근제어·감사 로그를 기본 규격으로 포함시켜 데이터 거버넌스의 기준을 확립해야 한다. 이를 통해 국제 데이터 공유와 거래 규범 협상에서 협상력을 확보할 수 있다. 궁극적으로 한국의 전략은 동맹의 신뢰와 전략적 자율성을 동시에 확보하는 방향에서 모색되어야 한다. 이를 위해 한국형 공통 스택, 다변화된 협력 구조, 규범 초안 제시 능력을 결합하여 국제 설계 과정에 능동적으로 참여하는 국가로 자리매김해야 한다. 그러한 전환이 이루어질 때, 미중 경쟁의 제약 속에서도 한국의 선택지는 줄어들지 않고 오히려 한국이 제안한 규칙과 인터페이스를 통해 새로운 선택지가 창출될 수 있다.

제3부

디지털 제국의 부상

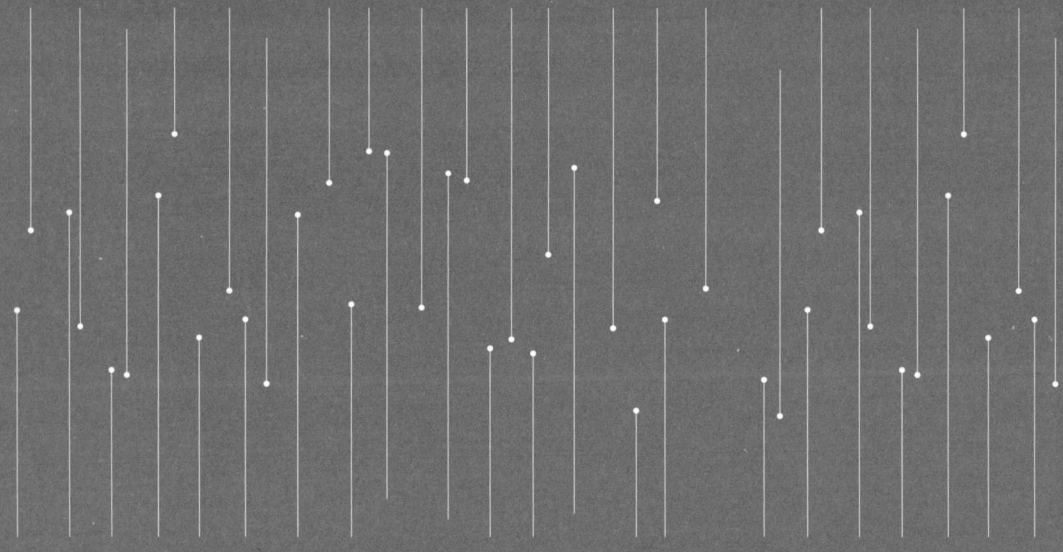

중국 기술 혁신의 최전선

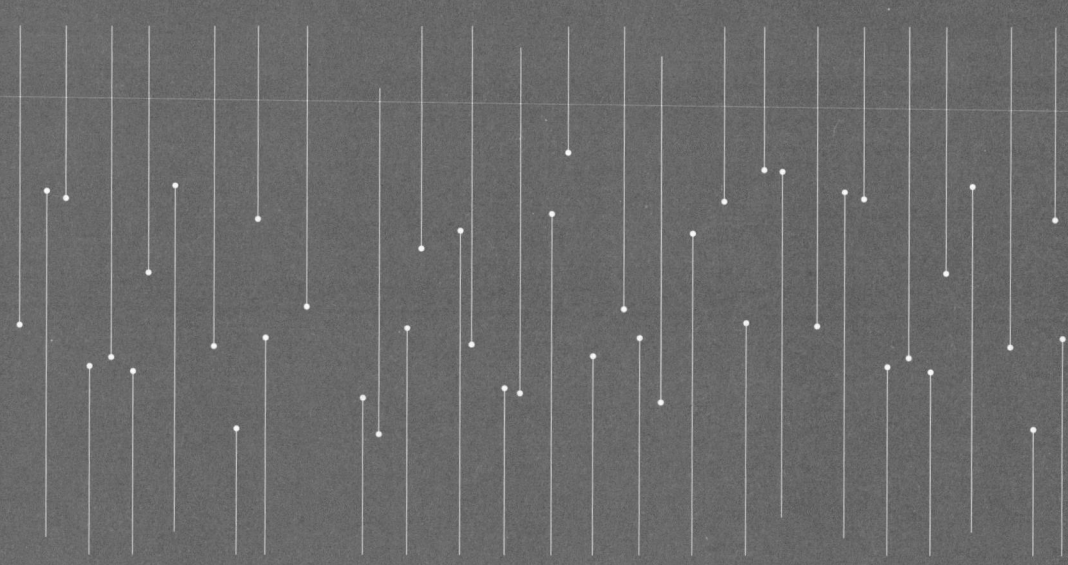

- 12 반도체 굴기의 현재와 대응 전략
- 13 두뇌를 향하는 AI 반도체의 진화
- 14 AI 응용 산업의 폭발적 성장과 전략
- 15 휴머노이드 로봇, 중국의 Next Big Thing
- 16 디지털 공급망 혁신과 기술 주권의 재구성
- 17 플랫폼의 글로벌화, 중국식 디지털 확장의 논리

12
반도체 굴기의 현재와 대응 전략

오종혁 | 대외경제정책연구원

중국은 2000년 이후 반도체를 국가 전략 산업으로 규정하고, R&D와 제조시설 투자를 확대하는 산업 육성 정책을 추진해 왔다. 이를 통해 기술 자립과 산업기반 확충을 추진했으나, 핵심 장비와 재료 분야의 높은 대외 의존도로 인해 근본적인 자립에는 한계가 있었다. 한편 미중 전략 경쟁이 심화되면서 반도체 공급망 안보가 국가 차원의 핵심 이슈로 부상하였다. 이에 중국은 국가 자본이 주도하는 대규모 투자를 통해 반도체 산업 자립에 박차를 가하고 있다. 그 결과 미국의 제재 기준을 넘어서는 7nm 노드 반도체 제조에 성공하고, 화웨이가 대규모 AI 워크로드 처리가 가능한 '클라우드 매트릭스Cloud Matrix 384' 시스템을 공개하는 등 기술적 성과를 과시했다. 향후에도 중국 정부는 반도체 제조 장비 국산화 비중 확대와 중점 기업 중심의 산업 생태계 재편을 통해 경쟁력 강화를 지속적으로 추진할 것으로 전망된다. 이러한 구조 변화 속에서 한국은 반도체 분야에서 중국과의 상호보완적 협력 방향을 모색하는 동시에, 차세대 기술 경쟁력 확보와 산업 경쟁력 유지를 위한 전략적 대응 방안 마련이 필요하다.

중국 반도체 산업의 부상

중국은 2000년대에 들어서면서 반도체 산업의 전략적 중요성을 인식하고, 국가 차원의 체계적 지원을 본격화하고 있다. 이 시기 중국 정부는 반도체 제조 기업에 대한 세제 혜택을 부여하고 기술 R&D 투자를 확대했으나, 반도체 공정의 복잡성과 방대한 특허 장벽, 그리고 산업 간 긴밀한 연계가 요구되는 산업적 특성으로 인해 국산화 진전 속도는 매우 더뎠다. 특히 이 시기 SMIC, HuaHong, CXMT, YMTC 등 중국 주요 반도체 기업이 설립되었지만, 기초 기술과 핵심 장비, 전문 인력의 부족으로 선진국과의 기술 격차 해소는 요원했다.

이후 중국 정부는 2006년 발표한 「국가 중장기 과학기술 발전 계획」에서 13대 전략 육성 기술에 반도체 제조 기술을 선정하였으며, 정책 추진 방식도 국책 기관 중심에서 민관협동 체제로 전환됐다. 그 결과 Naura, AMEC, ACMR 등은 수년간 재정적 지원을 받으며 반도체 제조공정에 필요한 증착, 식각 장비 기술을 개발하는 등 제조 기술 수준이 크게 향상되는 성과를 거두었다.

한편 중국은 2013년 제조업 내 ICT 산업 비중 상승으로 반도체 수입액이 석유 수입액을 넘어서면서 높은 대외 의존도에 대한 국가적 위기의식이 고조되었다. 이에 2014년 「국가 집적회로 산업 발전 추진 강요」를 통해 반도체를 전략 산업으로 격상하고 이를 지원하기 위한 반도체 산업투자기금을 설립하였다. 2015년 「제조2025」에서는 2030년까지 반도체 국산화율 70% 달성이라는 야심찬 목표를 설정했으나, 이는 오히려 미중 패권 경쟁을 촉발시키는 계기가 되어 국산화 전략의 재조정을 불가피하게 만들었다. 이후 무역 불균형으로 시작된 미중 갈등이 기술 경쟁으로 변화하면서 중국은 반도체 자립을 위한 투자를 더욱 강화했으며, 2019년 반도체 산업투자기금 2기를 설립하기도 했다.

중국 정부는 2021년 발표한 「14차 5개년 규획」에서 반도체를 국가안보 및 발전의 핵심영역으로 규정하고, EDA, 재료, 첨단 메모리 등

표 1 ─ 2000년 이후 중국 반도체 산업 발전 과정

	2006년 이전	2006~14년	2014년~현재
목표	국가 차원의 반도체 기술 개발 로드맵 수립	반도체 기반 기술 개발 본격화	국가 전략 추진, 반도체 핵심 분야 국산화를 통한 공급망 완비 추진
주요 정책	[2000] 소프트웨어 산업 및 집적회로 산업 발전 장려 정책	[2006] 국가 과학기술 중요 프로젝트(01, 02) 추진 [2008] '02' 프로젝트 민간 개방 [2014] 국가 집적회로 산업 발전 추진 개요, 반도체 투자기금 1기 조성	[2015] 중국제조 2025 [2018] 커촹반(科创板, Star Market) 개설 [2019] 반도체 투자기금 2기 조성 [2021] 14.5 규획 [2024] 반도체 투자기금 3기 조성
주요 성과	[2000] SMIC 설립 [2001] Naura 설립 [2004] AMEC, Hisilicon 설립	[2009] Naura, PVD 개발 [2006~17] SMEE 90nm 노광장비 개발 [2011~15] ACMR, 웨이퍼 세정 장비 개발	[2015] SMIC 28nm 노드 웨이퍼 양산 [2014~19] Naura 14nm급 식각, ALD, PVD 장비 개발 [2020] YMTC 128단 QLC 낸드 개발 [2023] SMIC 7nm 노드 웨이퍼 양산; 화웨이 AI 칩 Ascend 910B 발표; CXMT 모바일용 LPDDR5 생산 [2025] 화웨이 AI 칩 Ascend 910C 및 클라우드 매트릭스 384 발표

자료 : 오종혁. 2024. 「중국 제3기 반도체 투자기금의 특징 및 시사점」. KIEP 세계경제포커스. Vol. 7 No. 27, 각종 자료 참고.

을 산업 발전의 주요 병목지점으로 규정하여 기술 자립을 위한 투자를 강화했다. 한편 미국은 2022년부터 광범위한 수출 통제 조치를 실시하고 대중 반도체 규제를 강화하고 있다. 그럼에도 불구하고 중국은 2023년 7nm 노드 반도체 제조에 성공하고, 2024년 사상 최대 규모의 반도체 산업투자기금 3기를 설립하였으며, 2025년에는 수출 통제선에 있는 엔비디아 H20과 대등한 성능의 AI 반도체를 잇달아 발표하는 등 오히려 자립 속도를 높이는 중이다.

반도체 자립을 위한 정책적 제도적 지원 확대

반도체 산업은 선발 우위가 뚜렷한 특성을 갖고 있다. 이는 기술 및 경험 축적, 공급망 구축, 네트워크 형성 등이 핵심 경쟁력으로 작용하는 산업이기 때문이다. 또한 반도체 산업은 규모의 경제의 이점을 누리기 위해 대규모 자본이 소요되는 산업이다. 특히 반도체 공정이 고도화될수록 팹 건설에 들어가는 비용이 급증하는데, 예를 들어 28nm 노드 팹 건설에 약 8억 달러가 소요되며 7nm 노드 팹 건설에는 약 23억 달러로 비용이 급증한다. 대규모 초기 투자비용으로 인해 후발업체가 추격하기 매우 어려운 산업 구조를 형성하고 있다.

그리하여 중국은 대규모 선행 투자비용이 소요되는 팹 건설에 국가적 지원을 지속적으로 이어나가고 있다. 반도체 제조 기술과 노하우 축적을 위해서는 로컬 파운드리 육성이 필수적이라고 판단했기 때문이다. 이에 중국은 재정부 주도로 2014년에 반도체 산업투자기금을 설립하였다. 반도체 산업투자기금은 정부 및 국유기업 등이 출자한 자본을 바탕으로 모태펀드를 구성한 뒤 이를 재간접 펀드 형태로 운영한다. 1기 펀드는 1,387억 위안 규모로 조성되었으며, 주로 제조 능력 확대를 위한 투자에 중점을 두었다. 이어 2019년 설립된 2기 펀드는 2,041억 위안으로 자본 규모를 확충하였으며, 생산능력 확대와 소재, 부품, 장비 국산화에 집중 투자하였다.

 2024년에 조성된 3기 펀드는 약 3,440억 위안 규모로, 핵심 기술 부품 개발 투자 확대와 국제 선진 기술과의 연계 강화에 초점을 맞추고 있다. 3기 펀드는 앞선 1, 2기와 마찬가지로 사회자본의 반도체 투자를 촉진하여 반도체 산업 투자에 대규모 자금이 유입되도록 유도할 예정이다. 그리고 3기 펀드부터 인내자본의 역할을 강화하고자 국유은행을 대거 참여시키고 중장기 R&D에 대한 지원을 확대하고 있다.

표 2 ─ 중국의 국가 반도체 산업투자기금 현황

	1기	2기	3기
조성시기	2014년	2019년	2024년
자본규모 (억 위안)	1,387	2,041	3,440
총투자 규모	5,145	8,166	15,000
주요 주주	재정부, 국가개발금융, 상하이궈성그룹, 베이징이좡투자, 중국옌차오 외 국유기업 등	재정부, 국가개발금융, 상하이궈성그룹, 베이징이좡투자, 중국옌차오 외 지방정부 투자지주 등	재정부, 국가개발금융, 상하이궈성그룹, 베이징이좡투자, 중국옌차오 외 국유은행 등
투자 분야	파운드리(67%), 설계, 후공정 등	파운드리(75%), EDA, 장비, 재료 등	AI 반도체, 메모리, 장비, 재료, EDA 등

자료 : 오종혁. 2024.

이를 통해 과학기술에 대한 금융 지원을 확대하여 기술 개발 난이도가 높은 장비, 재료 등의 기술 자립을 강화하려는 전략을 구사하고 있다.

그 밖에도 중국 정부는 자본시장을 통해 반도체 기업의 자금 조달을 유리하게 제도를 개선하고 있다. 2018년 이후 중국은 국가 발전에 필요한 산업 지원을 강화하고자 자본시장 개혁을 추진 중이다.

자본시장 개혁의 핵심 목표는 과학기술 혁신 지원과 '자본-기술-산업'의 선순환 촉진이며, 이를 위해 다단계 자본시장 시스템을 전면 개선하여 혁신기업의 자금 조달 환경을 조성하고자 한다.

2018년 상하이 증권거래소에 설립된 커촹반科创板, 과학기술혁신판은 현재 중국의 대표적인 혁신기업 자금 조달 채널로 자리 잡았다.

커촹반은 기업 상장 조건을 기존의 허가제 방식에서 주식 발행 등록제로 완화하여 혁신기업들의 자본시장 접근성을 크게 개선했다. 그 결과 2025년 8월까지 커촹반을 통해 반도체, 바이오의약, 신에너지 등 핵심 분야의 589개 기업이 성공적으로 자금 조달을 완료했다.

그리고 중국 국가발전개혁위원회는 반도체 기업에 대한 세제 혜택을 부여하고 있다. 매년도 조건을 조정하고 있으나 부합하는 기업에 대해 기업소득세와 수입관세 감면 등의 혜택을 부여하고 있다. 중국은 반도체 R&D에 대해 세금을 무려 220%까지 공제하고 있다.

중국 반도체의 혁신 생태계

R&D

중국은 2022년 반도체 매출의 7.6%를 R&D에 투자했는데, 이는 미국19.5%의 약 39% 수준에 불과하며 유럽, 일본, 대만, 한국 등 주요국 대비 가장 낮은 것으로 나타난다. 다만 국가 단위에서 반도체 R&D에 관한 별도의 통계수치를 공개하지 않는다는 점에서 직간접적 규모는 상당할 것으로 추정된다. 실제로 2024년 SMIC 54억 4,700만 위안, Naura 36억 6,900만 위안, Wingtech 29억 5,800만 위안, Hygon Information 29억 1,000만 위안, 캠브리콘 12억 위안 등 주요 기업들의 대규모 R&D 투자가 이를 뒷받침한다.

특허

중국의 반도체 분야 PCT 특허 등록 건수는 2010년 122건에서 2020년 3,474건으로 약 30배 증가했다. 중국은 2024년 특허 출원이 전년 대비 42% 증가한 4만 6,591건을 기록했으며, 그중 화웨이가 6,494건의 특허를 출원한 것으로 나타났다. 또한 ASPI2023에 따르면 첨단 반도체 설계 및 제조 관련 상위 20개 연구기관(논문 발표, 피인용 횟수 기준) 중 중국과학원 4위, 시안전자과기대학 9위, 저장대학, 칭화대학, 상하이교통대학, 홍콩과기대학이 선정되는 등 중국의 연구역량도 크게 향상되고 있다.

산학연 협력

중국은 각 지역별로 제조업 혁신 센터를 구축하고 산학연 협력 기술 개발을 추진 중이다. 2025년 1월 기준 중국 내 제조업 혁신 센터는 33개가 있으며, 그 중 반도체는 상하이, 우시, 충칭 등 3곳이 운영 중이다. 2018년 설립된 상하이 ICRD는 반도체 기술 국가 R&D 플랫폼을 구축하였고, 2020년 설립된 우시 NCAP는 시스템 패키징을 중심으로, 2021년 설립된 충칭 CUMEC에서는 주로 반도체 특수공정, 차세대 공정 기술 등을 개발 중에 있다.

한편 중국은 반도체 산업에서 고급인재의 해외 의존도가 높고, 인력 수요와 공급 간 구조적 불일치 문제를 겪고 있다. 이러한 문제를 해결하기 위해 중국 정부는 산학연계 강화, 기술 인력 양성을 위한 반도체 전공 확대, 기업 인수합병 등 다각도의 전략을 추진하고 있다.

중국의 반도체 산업 육성이 본격화되면서 가장 시급한 과제로 대두된 것은 반도체 공정 노하우 등 암묵적 지식의 습득이었다. 이론적 지식과 달리 현장 경험을 통해서만 체득할 수 있는 이러한 암묵적 지식을 확보하기 위해, 중국은 기술 트렌드와 핵심 공정에 대한 이해도가 높은 고급 기술 인력을 해외에서 적극적으로 영입하는 사례가 급격히 증가하였다. 이들 해외 전문가들은 단순히 기술적 지식을 전수하는 것을 넘어서 반도체 제조 공정에서 축적된 경험과 노하우를 중국 내 인력에게 체계적으로 전달하는 핵심 역할을 담당하고 있다.

동시에 중국은 자국 내 인력 양성 체계를 근본적으로 개편하고 있다. 중국 내 28개의 반도체 전공 대학원을 통해 인력을 양성 중이다.

기존의 이론 중심 교육에서 벗어나 실무 인력 양성 중심의 교육방식으로 전환하는 것이 그 핵심이다. 이러한 교육 패러다임의 변화는 대학과 기업 간의 긴밀한 협력을 통해 구현되고 있으며, 학생들이 현장에서 직접 경험할 수 있는 실습 기회를 대폭 확대하고 있다. 또한 반도체 관련 전공 학과를 신설하거나 기존 학과의 정원을 늘려 양적 확대와 질적 개선을 동시에 추구하고 있다.

반도체 부문별 발전현황

파운드리

중국 정부의 적극적 지원하에 중국의 반도체 제조 능력capacity은 빠르게 향상되고 있다. BCG, SIA2024에 따르면 2012년 이후 10년간 중국의 반도체 제조 능력은 연평균 365% 증가한 것으로 나타났다. 같은 기간 중국의 파운드리 기술 수준도 크게 향상되었다. 대표적으로 SMIC는 반도체 산업투자기금과 상하이시 정부의 지원을 바탕으로 상하이에 첨단공정 팹SN1, SN2, SN3을 건설했다. 2023년 화웨이는 SMIC의 상하이 SN2 라인의 7nm 노드 공정으로 제조한 AI 반도체 및 스마트폰을 공개하였다. 다만 SMIC가 제조한 7nm 칩은 심자외선DUV ArFi 노광장비를 활용해 다중 패터닝을 반복하는 방식으로 생산되어, 양산 수율은 높지 않은 편이다. 그럼에도 SMIC는 미국의 제재 조치에 대응하기 위해 중국 장비 제조기업과도 협업을 강화하며 기술 자립 노력을 가속화하고 있다. 향후 SMIC는 2026년부터 상하이 SN3

에서 5nm 노드 공정을 적용한 칩을 생산할 계획이며, 베이징, 선전 등에 소재한 팹에도 투자를 확대할 예정이다.

설계

중국 팹리스의 역량은 미국에 이어 세계 선도 수준으로 평가된다. 엔비디아 젠슨 황 CEO도 과거 여러 차례 언론 인터뷰에서 중국의 반도체 설계 역량을 높게 평가한 바 있다. 대표적인 기업으로는 화웨이, 캠브리콘, Enflame, MetaX, 바이두 등이 있으며, 고성능 AI 반도체 설계 경쟁력을 보유하고 있다. 대표적으로 화웨이는 2018년 AI 하드웨어 아키텍처인 '다빈치Da Vinci'를 공개한 이후, AI 반도체 '어센드Ascend' 시리즈를 공개했고, 이후 제품군을 지속적으로 고도화하고 있다. 미국 제재로 인해 'Ascend 910'을 TSMC를 통해 양산하지 못했지만 2023년 SMIC를 통해 제조된 'Ascend 910B'를 선보였으며, 2025년에는 910C를 공개했다. 화웨이는 2028년까지 매년 개선된 Ascend 모델을 공개할 예정이며, 아키텍처 혁신 등을 통해 연산 성능을 지속적으로 향상시킬 계획이다.

캠브리콘은 자사의 AI 반도체 'MLU590'이 엔비디아 'A100' 대비 약 80% 수준의 성능을 구현했다고 밝혔으며, 향후 바이두, 바이트댄스 등과의 협업을 통해 성능 개선을 이어 나갈 예정이다. 바이렌Biren은 AI 반도체 'BR100'을 광 기반 GPU 연결 슈퍼노드 구조를 통해 성능을 향상시키고 있으며, Enflame, MetaX도 엔비디아의 'H20' 성능을 상회하는 AI 반도체를 선보였고, 초대형 AI 클러스터에서 이미 검증을 마쳤다. 한편 바이두는 2011년부터 AI 반도체 프로젝트 'Kunlun'을 추진해 왔으며, 지속적인 성능 개선을 이루고 있다.

EDA

중국 EDA 시장은 Cadence, Synopsys, Siemens 등 3대 해외 기업이 시장의 약 80%를 점유하고 있다. 중국에서는 Empyrean이 대표적인 EDA 기업으로, 전공정front-end과 후공정back-end 일부 기술을 확보하고 있으나 아직 글로벌 선도기업과의 기술 격차는 큰 편이다. 화웨이는 최근 14nm 이상 칩 설계를 위한 EDA를 개발했으나, 아직 FinFET, GAAFET 설계 및 검증은 불가능한 상황이다.

메모리

중국의 CXMT는 2016년에 설립된 디램 제조기업이다. CXMT는 기가디바이스Giga Device와 허페이산업투자기금이 공동으로 설립한 기업으로 매년 빠르게 기술력을 향상시켜왔다. CXMT는 독일 키몬다로부터 상당한 특허 공유를 받았고, 대만과 한국의 엔지니어를 대거 채용하여 R&D를 강화해 왔다. 알려진 바에 따르면 CXMT는 DDR5와 LPDDR5X 메모리의 양산 능력을 확보했지만, 장비 수급 문제로 차세대 공정 전환은 지연되고 있다. CXMT는 반도체 산업투자기금의 투자를 받아 고대역폭 메모리HBM 제조시설을 구축하고, 2026년부터 HBM3 양산에 돌입할 예정이다.

낸드플래시 제조업체 YMTC는 2016년 칭화유니그룹, 반도체 산업투자기금 등이 출자하여 설립되었다. YMTC는 중국과학원과 공동으로 개발한 3D 낸드플래시 적층 기술 '엑스테킹Xtacking'을 빠르게 고도화하면서 선두기업을 추격해 왔다. YMTC는 2024년 전 세계 반도체 회사 중 매출 증가율145% 1위를 기록하는 등 고성장을 지속하고 있다. 한편 YMTC는 중국 내 수급이 어려운 HBM 자립을 위해 CXMT와 협업을 추진 중이다.

장비

중국은 2024년 기준 세계 최대 반도체 제조장비 시장으로 부상했다. 하지만 미국, 일본 장비에 대한 의존도가 높고, 로컬 장비의 사용 비중은 낮은 편이다. 이는 반도체 장비가 소수의 외국 기업에 의해 주도되고 있고, 신규 장비가 기존 장비를 대체하기 위해서는 엄격한 검증 절차가 필요하기 때문이다. 그리하여 그동안 로컬 파운드리 업체도 자국산 장비 도입을 서두르지 않았다.

하지만 미국의 제재 강화는 중국산 제조장비의 발전을 촉발시키는 계기가 되었다. 중국 로컬 파운드리 업체들이 반도체 공급망 안정화 차원에서 국산화 투자를 확대하고 있으며, 이에 따라 중국산 장비의 국산화율도 매년 빠르게 상승하고 있다. 다만 장비개발에 요구되는 기술 수준이 다양하기 때문에, 장비 유형에 따라 국산화율에는 차이가 큰 편이다. 중국은 주요 장비 기업으로는 Naura를 비롯하여 AMEC, ACMR 등이 있으며, 노광장비는 SMEE 외에도 SiCarrier 등 신생 업체들이 국산화를 추진하고 있다.

재료

중국의 반도체 재료 시장 규모는 대만에 이어 세계 2위이다. 중국은 반도체 재료의 대외 의존도가 높은 편이며, 고부가 영역의 국산화율은 낮다. 웨이퍼 분야의 NSIG^{National Silicon Industry Group}는 12인치 웨이퍼 국산화율이 아직 한 자릿수에 불과하다. 포토레지스트^{PR} 분야에서도 중국 로컬 기업들은 불화크립톤^{KrF} 기반 공정에서 일부 시장 점유율을 확보했으나, 불화아르곤^{ArF} 영역에서는 여전히 국산화율이 낮다. 한편 특수가스 영역에서는 Yake keji, Huate Gas 등이 국내외적으로 기술력을 인정받고 있다. 그 밖에 습식 화학재료 분야의 국산화율은 약 40% 내외로 추정되며, CMP 소재의 국산화율은 30% 내외로 추정된다.

화합물 반도체

한편 반도체 산업에서 첨단 반도체의 설계 및 제조 역량뿐만 아니라 레거시 반도체 제조 역량도 중요한 경쟁 요소로 작용하고 있다. 예를 들어 전기차, 재생에너지 등 신산업 분야에서는 주로 화합물 반도체가 활용되기 때문이다. 특히 탄화규소^{SiC, 실리콘 카바이드}와 질화갈륨^{GaN, 갈륨 나이트라이드} 등을 이용하는 화합물 반도체는 중국이 강점을 보이고 있다. 화합물 반도체는 고온, 고압에서 낮은 전력 손실로 동작하는 특성을 가지고 있어 글로벌 전기자동차 전환에 따라 중요성이 높아지고 있다.

중국 정부는 「14·5규획」에서 화합물 반도체 발전을 강조하며 관

표 3 — 반도체 분야별 주요 중국 기업

	기술 노드	주요기업	특징
파운드리	7nm~	SMIC, HuaHong	- 국가적 지원 통해 반도체 제조 능력 향상 - 노광장비 제약으로 인해 성능 개선 및 양산 수율 개선 한계
설계	세계 선두 수준	화웨이, 캠브리콘, Enflame, MetaX, 바이두 등	- AI 인프라 미국 의존도 축소 및 자립 추진
EDA	14nm 이상 성숙 공정	Empyrean, 화웨이	- FinFET, GAAFET 설계 및 검증 불가
메모리	16nm~	CXMT, YMTC	- 단기간 내 고성장, HBM 국산화 추진
장비	14nm 이하(식각, 세정, PR 리무버)	Naura, AMEC, ACMR, SMEE 등	- 전 공정별로 대표기업 육성, 노광장비 자체 개발 노력
재료	분야별로 상이	NSIG, Yake, Rechem, Jingrui 등	- 저부가 영역 중심

자료 : 본문 내용 정리, 오종혁(2025), 김혁중, 오종혁, 권혁주(2023) 등 참고.

련 투자를 지속적으로 확대하고 있다. 또한 선전, 난징, 쑤저우 등 지역에 화합물 반도체 기술 혁신 센터를 설립하여 R&D 생태계 기반을 강화하고 있다. 일부 분석에서는 중국이 5~10년 내 화합물 반도체 분야에서 주도적 위치를 확보할 가능성이 높은 것으로 전망하고 있다. 현재 중국은 SiC 베어웨이퍼 수율은 아직 50% 수준에 머물러 있지만, Tankeblue, SICC, SemiSiC 등이 기술력을 지속적으로 축적하고 있다. GaN 분야에서는 산안광전, CR MICRO 등이 성과를 창출하고 있으며, 기술력은 아직 부족하지만 공급망 안정화에 기여하고 있다.

중장기 전망과 한국의 대응 전략

미국의 대중국 수출 통제 조치는 해마다 강화되는 추세를 보이고 있으며, 이는 중국의 첨단 반도체 발전 속도를 지연시키는 효과를 가져왔다. 그러나 역설적으로 이러한 제재는 중국 정부의 기술 자립 의지를 더욱 강화시키는 계기가 되었으며, 국가 차원의 전폭적인 지원 속에서 반도체 국산화 속도가 오히려 가속화되는 결과를 가져왔다.

아울러 중국은 첨단 반도체 확보를 위해 우회적 조달 방식을 병행하는 동시에, 첨단 패키징 기술을 활용해 칩 성능을 보완·향상하려는 노력을 지속하고 있다. 2025년 7월 화웨이는 대규모 AI 워크로드를 처리할 수 있는 'Cloud Matrix 384'를 공개하며, 미국의 제재 기준을 넘어서는 기술적 성취를 과시하였다. 이는 단순히 제재를 회피하는 수준을 넘어, 자립 역량을 확보하고 있음을 보여주는 것으로 평가된다.

향후 중국은 「15차 5개년 규획(2026~2030년)」 기간에도 반도체 자립을 위한 투자를 지속할 것으로 전망된다. 특히 반도체 제조 장비의 국산화 비중 확대에 주력할 것으로 보이며, 이는 단순한 외산 장비 대체를 넘어 제조 공정에 대한 노하우 축적 효과로 이어질 것으로 예상된다.

이러한 경험의 누적은 다시 장비 국산화를 촉진하여, 향후 파운드리 증설 과정에서 중국산 장비의 채택을 가속화하는 선순환 구조를 형성할 것으로 보인다.

파운드리와 메모리 등 일부 분야에서는 중점기업을 중심으로 산업 생태계가 재편될 것으로 예상된다. 실제로 CXMT와 YMTC 등은 메모리 반도체 분야에서 한국을 빠르게 추격하고 있으며, 중국의 제조 능력은 매년 빠르게 확대되고 있다. 이에 따라 향후 반도체 시장에서 기술 경쟁은 물론 가격 경쟁까지 한층 심화될 가능성이 크다.

한편, 미중 갈등은 중국 내 한국 반도체 기업의 경영 환경에 부정적인 영향을 미치고 있다. 미국은 중국 내 한국 기업의 VEU(Validated End-User) 지위를 철회해 첨단 공정 전환을 어렵게 만들었고, 이에 따라 기업의 중장기 사업 전망의 불확실성이 높아졌다. 동시에 중국 정부는 자립 역량 강화를 위한 정책과 '국산 우선 구매' 원칙을 강화하며 외산 기술과 제품에 대한 의존도를 줄이고 있다. 특히 AI와 자동차 분야를 중심으로 자국산 칩의 사용 비중을 빠르게 확대하고 있다. 실제로 모건스탠리에 따르면 중국 내 AI 칩의 자국산 비중은 2024년 34%에서 2027년 82%까지 늘어날 것으로 전망된다.

한중 간 반도체 산업 경쟁력을 비교하면, 메모리 반도체를 제외한 대부분의 분야에서 격차가 크지 않아 협력 가능성 역시 제한적인 것으로 평가된다. 그럼에도 불구하고 파운드리나 신성장 산업 영역에서의 상호보완적 협력 가능성은 일부 존재한다.

아울러 반도체 공급망 안정성 확보 차원에서 중국과의 일정 수준 협력 필요성도 여전히 존재한다. 결국 한국은 차세대 메모리 개발과 첨단 파운드리 공정 경쟁력 유지를 위해 초격차 전략을 지속적으로 추진해야 하며, 이는 개별 기업 차원을 넘어 산업 경쟁력 유지를 위한 범국가적 지원이 뒷받침되어야 한다.

참고문헌

- 김혁중·오종혁·권혁주 (2023). 「미국의 대중 반도체 수출통제 확대의 경제적 영향과 대응방안」. KIEP 연구보고서 23-20.
- 문지영·나수엽·박민숙·오종혁·김홍원·문익준 (2024). 「신발전구도에 따른 중국의 금융발전 전략과 시사점」. KIEP 연구보고서 24-16.
- 백서인·자오야리 (2024). 「중국 첨단 반도체 혁신 역량 분석 연구: 고대역 메모리(HBM)와 3세대 반도체를 중심으로」. KIEP 연구자료 24-04.
- 연합뉴스 (2025.7.30). 「'AI 굴기' 중국, '美와 장기전 각오' 자체 생태계 구축 총력」. https://www.yna.co.kr/view/AKR20250730130300009
- 오종혁 (2023). 「중국의 반도체 국산화 추진 현황과 시사점」. KIEP 세계경제 포커스 23-20.
- 오종혁 (2024). 「중국 제3기 반도체 투자기금의 특징 및 시사점」. KIEP 세계경제 포커스 24-27.
- 오종혁 (2025). 「세계인공지능대회(WAIC 2025)를 통해 본 중국 AI 발전 현황 및 시사점」. KIEP 세계경제 포커스 25-36.
- 이승신·최원석·문지영·나수엽·오종혁 (2023). 「미중 기술경쟁 시대 중국의 강소기업 육성 전략과 시사점」. KIEP 연구보고서 23-32.
- ASPI (2023). *ASPI's Critical Technology Tracker*.
- ITIF (2024). *How Innovative Is China in Semiconductors?*
- SIA (2024.9.12). *2024 State of the U.S. Semiconductor Industry*.
- SIA (2025.1.14). *Winning the Chip Race: American Semiconductor Innovation and Competitiveness under the Trump Administration & the 119th Congress*.
- StarMarket 홈페이지. *Market Data Overview*. star.sse.com.cn/en/marketdata/overview
- Tom's Hardware (2024.10.24). *China semiconductor patent applications skyrocket amid US export restrictions — country sees a 42% increase in patent filings*.
- Trendforce (2025.5.6). *[News] Chinese Chipmakers Ramp Up R&D Spending in 2024 — SMIC Tops the List with RMB 5.45B*.

13
두뇌를 향하는 AI 반도체의 진화

백은혜 | 칭화대학

중국은 미국의 GPU 수출 통제를 계기로 기존 GPU 추격 경쟁을 넘어 AI 반도체 패러다임 전환 전략을 본격화하고 있다. CIM(메모리-연산 통합)과 뉴로모픽 반도체는 인간 뇌의 뉴런과 시냅스 작동 원리를 모방해 만든 차세대 반도체로, 기존 GPU보다 훨씬 낮은 전력으로 대규모 계산을 수행하는 것을 목표로 한다. 중국은 이러한 새로운 아키텍처 혁신을 통해 GPU 병목을 우회하고, 뇌과학과 반도체, AI를 국가 프로젝트 차원에서 결합하여 차세대 지능 인프라의 설계권을 선점하려 한다. 이는 단순한 칩 성능 경쟁을 넘어 AI 구현 방식 자체를 새롭게 주도하려는 움직임으로, 한국도 메모리 강국에서 지능 강국으로의 전략 전환과 국제 협력, 기초연구 투자가 요구된다.

미국의 대중 GPU 제재와 중국의 전략 전환

2025년 8월, 중국 항저우의 저장대학 연구팀은 'Darwin Monkey 다윈 원숭이'라는 뉴로모픽 슈퍼컴퓨터를 공개했다. 마카크macaque 원숭이의 두뇌 수준에 해당하는 약 2억 개 뉴런 연결을 모사했고, 단일 칩이 아닌 960개 칩을 연결하여 두뇌급의 지능 시뮬레이터를 세계 최초로 구현했다. 중국이 뉴로모픽 기술에서 세계적 진전을 이루고 있음을 보여주는 의미 있는 사례이다.

이러한 기술의 진전 뒤에는 미중 기술 패권 경쟁의 한복판에서 AI 반도체 패러다임 전환을 시도하는 중국의 전략적 결단이 있다. 미국의 GPU 수출 규제로 시작된 위기 속에서, 중국은 미국의 기술을 따라잡는 데 그치지 않고 아예 새로운 게임의 판을 짜고 있는 것이다.

2022년부터 미국은 엔비디아의 GPU 등 첨단 AI 칩의 대중국 수출을 엄격히 제한하기 시작했다. AI 모델 훈련과 추론의 핵심 동력원인 최첨단 GPU 공급이 막히자, 한때 AI 굴기를 꿈꾸던 중국 기업들은 비상이 걸렸다. 하지만 이 기술 봉쇄는 역설적으로 중국 반도체 전략의 대전환을 촉발했다. 중국 정부와 기업들은 더 이상 기존 폰 노이만 구조의 GPU 성능을 뒤쫓는 데 머무르지 않고, 아키텍처 자체를 새로 설계하는 방향, 즉 기존 게임의 규칙을 바꾸겠다는 전략을 세우고 있다. 이러한 움직임은 두 갈래로 전개되고 있다:

하나의 축은 화웨이, 알리바바, 바이두 같은 빅테크와 Biren, Cambricon 등의 스타트업들로, 자국산 AI 칩 개발에 뛰어들고 있다.

화웨이는 Ascend 시리즈를 출시하였고, 알리바바나 바이두도 각자 클라우드 서비스에 최적화된 AI 칩을 제작하고 있다. Cambricon은 자체 GPU를 출시해 2024년 처음으로 흑자를 기록했고, Biren 또한 GPU 양산에 진입하였다. 중국의 투자자들도 미 제재로 인한 '엔비디아 공백'이 자국 칩 생태계를 키울 호기라 보고 이들 기업에 베팅하고 있다.

다른 한편에서는 학계를 중심으로 하는 더욱 근본적인 전략 전환이 진행 중이다. '아예 GPU라는 발상 자체를 넘어서자.' 즉, 새로운 연산 구조로 AI 반도체의 미래 주도권을 잡으려는 시도다. 중국 과학기술부와 국가자연과학기금위원회NSFC는 2021년 이후 다수의 연구 과제를 통해 '폰 노이만의 한계를 극복하는 차세대 AI 칩'을 지원하기 시작했다. 특히 '저장-연산 일체'라는 뜻의 '촌산일체存算一体'라는 키워드가 반복 등장하며, 메모리와 연산의 통합을 국가 지원 연구의 핵심 방향으로 내세웠다. 다시 말해 메모리 칩 자체가 계산을 수행하거나, 아예 인간 두뇌 신경망처럼 작동하는 칩으로 접근법을 바꾸자는 것이다. 이러한 기술 패러다임 전환을 통해, 미국이 만들어 낸 GPU 중심 질서를 우회하여 새로운 질서의 설계자가 되겠다는 중국의 포부를 읽을 수 있다.

이러한 전략적 전환의 배경에는 기존 GPU 아키텍처의 한계에 대한 문제 의식이 자리하고 있다. GPU는 연산과 메모리가 분리된 폰 노이만 구조 때문에 메모리 병목 문제를 피할 수 없다. GPT-3 등의 거대한 AI 모델을 돌릴수록 속도와 전력 소모의 한계가 뚜렷해진다.

이러한 한계를 극복하기 위해 컴퓨트-인-메모리CIM와 뉴로모픽 컴퓨팅이 주목받게 되었다. CIM은 데이터를 메모리에서 꺼내 오지 않고 메모리 내부에서 곧장 연산을 수행하여 불필요한 데이터 이동을 줄이고 에너지 효율과 지연 시간을 크게 개선한다. 한편 뉴로모픽 칩은 두뇌의 뉴런, 시냅스의 구조를 모방하여 병렬, 이벤트 기반 처리를 구현하며, 뇌처럼 에너지 효율적인 정보처리를 목표로 한다. 실제로 인간 뇌는 약 20W 정도의 전력으로도 추상적 사고와 인지 기능을 해내는데, 이는 기존 AI 하드웨어와 비교하면 꿈의 수치다. 특히, 뉴로모픽 컴퓨팅에 주로 사용되는 스파이크 신경망SNN은 필요한 순간에만 신호를 주고받아 에너지를 거의 쓰지 않으며, 선택적인 계산을 가능하게 한다. 이렇듯 중국은 기술 패권 경쟁의 무게추를 지능 아키텍처 설계로 이동시켜, 궁극적으로 새로운 표준과 생태계를 자신들이 주도하겠다는 계산이다. 중국 AI 전문가들은 '지능 구현의 패러다임을 우리가 설계해야 한다', '지능은 알고리즘에서 칩 구조로, 다시 생태계로 확장된다'라는 주장을 펴며, 칩 성능 경쟁을 넘어서 지능 구현 방식 자체의 주도권을 잡아야 함을 강조한다. 이들은 엔비디아식 접근과 다른 길을 가고 있음을 분명히 하면서, AI 인프라의 설계권을 놓고 서구와 경쟁하는 그림을 그리고 있다.

CIM - 메모리와 연산이 하나 될 때

CIM 기술은 최근 몇 년 사이 중국의 과감한 투자를 바탕으로 크게 두각을 나타내고 있으며, 특히 RRAMResistive RAM 등이 연관 소자로서 주목받고 있다. RRAM은 저항이 가변적인 멤리스터 소자로, 저전력, 비휘발성 특성 덕분에 메모리와 연산을 동시에 수행하며 뉴런의 가소성plasticity을 구현할 소자로 각광받는다. 2025년 베이징대학 연구팀은 '메모리 정렬' 칩을 발표해 신경망 추론 속도와 에너지 효율을 개선했고, 2023년 칭화대학 연구팀은 멤리스터와 CMOS를 통합한 엣지 CIM 칩을 제시하여 Science에 발표했다.

최근 수년간 중국은 전 분야 과학 논문 생산에서 1위를 유지하고 상위 저널 기여도 또한 증가하는 흐름을 보이고 있다. 이에 따라 CIM 관련 연구 논문과 특허 활동 역시 빠르게 확대되고 있는 것으로 관찰된다. 특히 AI용 메모리 특허에서는 RRAM이 가장 활발한 기술 축으로 평가된다. 다만, 세계적으로 RRAM의 메모리로서의 성능에 대해서는 평가가 엇갈리고 있으며, 이에 따라 RRAM 외에도 FeFET, PCM, MRAM 등 다양한 소자들이 CIM 후보군으로 함께 연구되고 있다.

중국의 스타트업들도 CIM 상용화에 속속 나서고 있다. 베이징의 즈춘테크Zhichun Tech, 知存科技는 2017년 창업 이래 오직 CIM 칩 개발에 집중해 왔으며, 세계 최초의 상용 CIM 칩을 내놓았다. 2020년 선보인 칩은 NOR 플래시 메모리 기반 연산-저장 일체형 음성 인식 AI 칩으로, 웨어러블 기기 등 저전력 AIoT 분야에서 활용되기 시작했다. 이어 나온 2세대 칩은 낮은 전력에서 높은 추론 성능을 구현해 차세대 IoT 기기, AR 글래스, 보청기 등으로 확산되었다. 이 칩은 출시 1년 만에 출하량 100만 개를 돌파했다. 불과 몇 년 전만 해도 실험실 연구 주제였던 CIM이 중국에서는 이미 초기 상용화 단계에 들어선 셈이다.

이처럼 중국이 CIM 연구에 박차를 가하는 데에는 산업적 현실 고려도 깔려 있다. 첨단 GPU는 최첨단 미세공정에 좌우되지만, CIM 칩은 상대적으로 성숙한 28nm 공정 등에서도 설계를 통해 높은 성능을 낼 수 있다. 중국은 현재 7nm 이하 첨단 공정에서 어려움을 겪고 있으나, CIM 분야에서는 아키텍처 혁신으로 소재·공정 한계를 우회할 가능성이 있다.

메모리 강국인 한국에서도 삼성전자는 2021년 세계 최초로 고대역폭 메모리HBM에 AI 연산 코어를 결합한 HBM-PIM 기술을 선보였다. 그만큼 데이터 이동을 줄이는 새로운 구조는 AI 시대 메모리 업계 전체의 화두가 되고 있다. 중국의 CIM 드라이브는 이러한 흐름을 국가 차원에서 체계적으로 밀어붙인 경우라 볼 수 있다. 그리고 지금까지의 성과는 분명 적지 않다. 논문과 특허, 그리고 초기 상용 칩까지, 중국은 메모리에서 계산하는 법을 빠르게 터득해 가며 AI 칩 설계의 룰을 다시 쓰려는 모습이다.

뉴로모픽 칩과 중국 뇌과학 계획

중국의 또 다른 승부처는 바로 뇌를 본뜬 반도체, 뉴로모픽 칩 분야로, 이미 2010년대 후반부터 이 영역에서 야심찬 연구 결과를 선보이기 시작했다.

2019년, 칭화대학 연구팀은 세계 최초로 폰 노이만 방식 AI 연산과 스파이크 신경망 연산을 한 칩에서 모두 처리할 수 있는 하이브리드 뉴로모픽 프로세서 '톈지Tianjic 칩'을 발표해 큰 주목을 받았다.

Nature지 커버 논문으로 소개된 이 칩은 28nm 공정으로 개발되었으며, 4만 개의 인공 뉴런과 1천만 개의 시냅스를 집적해 소형 칩 하나로 자율 주행 자전거를 구동해 보이는 데 성공했다. 특히 주목할 점은 동일한 작업을 GPU로 할 때보다 처리량과 에너지 효율이 우수하여, 뉴로모픽 아키텍처가 잠재적으로 AI 가속의 새로운 지평을 열 수 있음을 보여준다.

이후로도 중국 학계와 기업은 다양한 뉴로모픽 칩을 선보이고 있다. 중국과학원 자동화연구소의 연구팀은 2024년 '스펙Speck'이라는 저전력 뉴로모픽 칩을 개발했다. 이 칩은 동적 시각 센서와 뉴로모픽 프로세서를 하나로 통합한 시스템으로, 외부 자극이 없을 때는 거의 에너지를 쓰지 않다가 필요할 때만 계산을 수행하는 '동적 계산' 개념을 구현했다.

서두에서 이야기한 '다윈 원숭이' 또한 2023년 저장대학과 중국과학원 연구진이 개발한 Darwin 3라는 뉴로모픽 칩을 슈퍼컴퓨터로 확장해낸 결과이다. 연구팀은 '다윈 원숭이' 위에 중국의 대형언어모델 LLM 딥시크DeepSeek 일부를 구동하는 데도 성공하여, 뉴로모픽 시스템이 LLM도 처리할 수 있다는 가능성을 보여주었다. 놀라운 것은 이 정도 규모 시스템이 기존 슈퍼컴퓨터 대비 소비 전력이 현격히 낮다는 점으로, 인간 뇌에 가까워질수록 에너지 효율 측면에서 우위를 보이기 시작한 것이다.

중국에서 뉴로모픽 컴퓨팅은 호기심이나 공상과학이 아니다. 이들은 뉴로모픽 칩을 국가안보와 연결된 전략기술로 간주하고 있다. 실제로 이 기술은 로봇, 드론, 소형 엣지 기기처럼 환경과 실시간으로 교류해야 하는 동적 시스템에서 진가를 발휘하기에, 곤충 크기의 소형 로봇부터 전술 드론까지 개발에 속도를 내고 있는 중국군 또한 뉴로모픽 기술에 주목하고 있다.

화웨이 등 기업도 '인지 컴퓨팅' 전략하에 폰 노이만식+뇌모사식뉴로모픽 투 트랙 접근을 표방하고 있다. 화웨이는 통신, 클라우드 역량과 결합한 AI 생태계 Huawei REN 프로젝트에서 뇌모사 AI를 한 축으로 삼고, 차세대 사업 모델에 대비하겠다고 밝히기도 했다. 다시 말해 산·학·군 모두에서 뉴로모픽에 주목하며, 중국판 '브레인 칩'을 미래 기술 주권의 열쇠로 보고 있는 것이다.

중국의 뉴로모픽 연구팀 소속을 들여다보면 흥미로운 특징이 드러난다. 그들은 집적회로나 전자전기공학 같은 전통적인 칩 연구 분야에만 머물지 않는다. 연구자들의 소속에는 종종 '두뇌 지능 연구소' 같은 이름이 나란히 병기되어 있다. 반도체와 뇌과학이 한 울타리 안에서 제도적으로 긴밀히 묶여 있는 셈이다. 이러한 배경에는 중국 정부의 장기적인 과학기술 구상이 자리한다. 대표적인 것이 2016년 기획이 시작되어 2021년부터 본격화된 '중국 뇌과학 계획China Brain Project, 中國腦计划' 이다. 이 프로젝트의 목표 중 하나가 기초 뇌과학을 바탕으로 한 신경모사 인공지능 기술 개발이다. 뇌 연구의 성과를 AI와 반도체 기술로 연결하겠다는 국가 전략이다. 이 프로젝트에는 뇌질환 진단이나 기초 신경과학 같은 주제들 외에도, 두뇌 모사 컴퓨팅과 신경형 인공지능이 핵심 축으로 포함되어 있다. 2025년 동일 프로젝트에서는 신경과학자,

뇌모사 칩 연구자, 뇌-컴퓨터-인터페이스BCI 연구자를 한 팀으로 묶어 공동 프로젝트를 지원하고 있다. 이를 뒷받침하기 위해 여러 학제 간 연구소가 신경과학 지식을 칩 아키텍처 연구로 연결하고 있다.

또한 '신세대 인공지능' 중대 프로젝트를 통해 중국은 대학, 연구기관, 기업에 거액의 연구개발 자금을 지원하고 있다. 이는 '중국 뇌과학 계획'과 동일한 프로젝트는 아니지만, 둘 모두 '과학기술 혁신 2030 - 중대 프로젝트'의 일부로, 아래와 같은 '일체양익一体两翼'[1] 구도를 형성하여, '인간 두뇌의 비밀 탐구'와 '기계 지능 창조'를 상호 보완적이고 상호 촉진적인 두 축으로 배치해 두었다.

일체(一体)	양익(两翼)	
범용 인공지능(AGI) 실현 지능의 본질적 이해	뇌과학 생물학적 지능 탐구	AI칩·지능계산 하드웨어 기반 구축

하드웨어 기반 구축

이러한 기획 외에도, 중국 과학기술부는 '국가 집적회로 산업 투자 기금(대기금)'을 2014년부터 조성하여 반도체 집적 회로 산업에 투입하고 있다(<그림 1> 참조). 2024년 약 3,440억 위안약 65조원 규모로 조성된 이 기금은 정부와 6대 국유 은행 등이 공동 출자하는 구조로, 주로 반도체 장비, 재료, 첨단 공정, EDA 및 IP, 고급 메모리 칩 등에

---

1 중국이 과학기술 전략을 짤 때 주로 사용하는 구도로 하나의 몸(일체)은 핵심 목표를, 두 개의 날개(양익)는 목표 달성을 위해 균형 있게 추진하는 두 개의 축을 의미한다.

투자된다. 직접적으로 AI칩을 명시해 지원하지는 않지만, AI 칩이 집적회로 설계의 핵심 분야라는 점에서, 산업 전반의 발전 환경을 크게 뒷받침한다.

이러한 정부-학계-산업 연합 전략은 중국에 구조적 강점을 제공한다. 미국, 유럽, 한국에서도 뉴로모픽 연구가 진행되고 있으나, 중국처럼 국가 프로젝트 차원에서 뇌과학과 반도체를 긴밀히 연계하는 사례는 드물다. 중국은 뇌의 인지 원리를 규명하고 뇌과학 → 이를 토대로 알고리즘을 개발하며 AI → 다시 그것을 최적화해 실행할 회로와 소자를 구현하는 반도체 지능 인프라 풀스택 설계를 국가 주도로 추진하고 있다.

이런 통합적 접근은 일종의 거대한 국가적 실험이라 할 수 있다. '인간 수준의 지능을 구현하려면, 반도체 소자 및 칩의 구조부터 근본적으로 재설계해야 하는가?' 중국은 이 물음에 '그렇다'고 답하며, 단순히 좁은 의미의 반도체 경쟁을 넘어 지능 인프라 설계권 경쟁에 뛰어든 것으로 보인다.

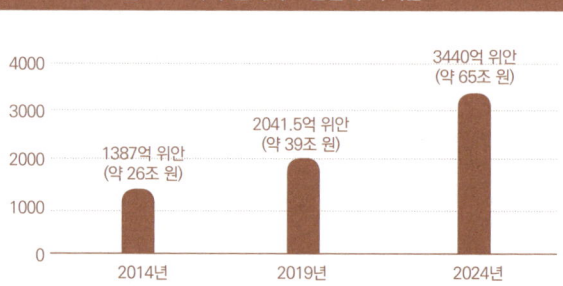

그림 1 — 국가 집적회로 산업 투자기금

한국, 메모리 강국에서 지능 강국으로

불과 얼마 전까지만 해도 '대만 TSMC 없이 중국의 첨단 AI는 불가능하다'는 인식이 지배적이었다. 그러나 이제 AI 반도체 경쟁의 무대는 더 이상 트랜지스터 개수나 초미세공정이 아니라, 미래의 지능 아키텍처와 인프라를 누가 설계할 것인가가 관건이 되고 있다.

중국은 초미세 평면 공정에서 뒤처진 한계를, 수직 적층과 집적 디자인 혁신으로 우회하려 한다. 메모리와 프로세서를 한 칩에 통합하고, 실리콘 위에 뉴런의 구조를 새겨 넣는 방식으로 자신들만의 길을 모색하는 것이다. 물론 이 도전이 당장 상업적 성과로 이어지지는 않는다. 소프트웨어 생태계, 대량 생산, 경제성 등 넘어야 할 산은 여전히 많다. 하지만 한 번 판이 바뀌면 게임의 룰도 함께 바뀐다. 중국의 이런 움직임은 한국에도 분명한 시사점을 던진다.

한국은 오랫동안 메모리 반도체와 디스플레이 등 분야에서 세계 반도체 공급망의 중요한 위치를 차지해 왔다. 기술 경쟁 측면에서, 한국 기업들은 메모리 반도체 기술력을 바탕으로 PIM이나 CIM 분야를 이끌 잠재력이 있다. 실제로 삼성전자와 SK하이닉스는 이미 고대역폭 메모리에 AI 연산 기능을 결합하거나 차세대 메모리를 개발하면서 메모리 중심 컴퓨팅의 가능성을 실험하고 있다. 중국이 소재 및 소자 단계부터 새 판을 짜는 전략을 수행해 가는 만큼, 한국 또한 미리 기술적 우위를 선점하는 선행 연구와 투자가 필요하다.

AI 칩의 연구 생태계도 지금보다 폭넓게 키울 필요가 있다. 지금까지 AI 반도체 담론이 GPU에 치우쳐져 있었지만, 앞으로는 메모리-센서-프로세서 통합 아키텍처나 뇌과학 원리를 반영한 하드웨어와 같은 어젠다가 본격적으로 다루어져야 한다. 특히 이 분야는 장차 휴머노이드 로봇 같은 지능형 로보틱스와 결합하여 앞으로 중요한 성장 동력이 될 수 있다.

안보와 산업 전략 차원에서도 중국의 움직임은 중요하다. 중국이 CIM이나 뉴로모픽 분야에서 독자적 생태계를 구축한다면 AI 인프라 시장의 판도는 크게 달라질 수 있다. 한국은 미국과의 기술 동맹과 중국 시장 의존 사이에서 균형을 잡아야 하며, 상호운용성과 기술 주권을 확보할 전략이 필요하다. 나아가 미국, 일본, 유럽과의 협력을 통해 공동연구와 국제 표준 논의에서 주도권을 확보하는 길도 열어야 한다.

마지막으로, 한국 과학기술이 앞으로 가장 놓치지 말아야 할 것은 AI의 본질을 향한 근원적인 물음이다. 중국의 접근은 산업 기술 개발을 넘어 '인공지능을 어떤 물리적 방식으로 구현할 것인가'라는 근본적 고민에서 출발한다. 한국은 이미 선진국 반열에 올라 AI 반도체 강국을 표방하고 있지만, 여전히 최신 기술을 빠르게 따라잡거나 공급망의 일부를 담당하는 데 그치는 모습도 있다. 지금 필요한 것은 어쩌면 '어떻게 하면 인간 두뇌와 같은 지능을 만들 수 있을까?', '지능은 어디에서 비롯되는가?'와 같은 질문을 던지고, 거기에 대해 한국만의 과학적 해답과 합의를 만들어 가는 일이다. 이야말로 세계 속에서 선진국이 마주해야 할 도전이자, 다음 세대를 위해 남길 중요한 유산일 것이다.

그런 점에서 뇌과학, 신경공학, 인지과학, 반도체공학, AI 소프트웨어를 아우르는 융합 인재 양성과, 장기적인 기초연구 투자는 앞으로 한국이 결코 놓쳐서는 안 될 과제다.

참고문헌

- Ma, D. et al. *Darwin3: A large-scale neuromorphic chip with a novel ISA and on-chip learning*. National Science Review 11, (2024).
- Pei, J. et al. *Towards artificial general intelligence with hybrid Tianjic chip architecture*. Nature 572, 106–111 (2019).
- Yao, M. et al. *Spike-based dynamic computing with asynchronous sensing-computing neuromorphic chip*. Nature Communications 15, 4464 (2024).
- Yu, L. et al. *A fast and reconfigurable sort-in-memory system based on memristors*. Nature Electronics 8, 597–609 (2025).
- Zhang, W. et al. *Edge learning using a fully integrated neuro-inspired memristor chip*. Science 381(6663), 1205–1211 (2023).

14

AI 응용 산업의
폭발적 성장과 전략

조은교 | 산업연구원

중국은 2024년 발표한 AI 플러스AI+ 전략을 통해 AI를 산업·사회 전반에 적용하는 새로운 패러다임을 제시했다. 특히 의료와 제조 분야에서 AI 기반 신약개발, 스마트 제조, 예측 유지보수, 공급망 혁신 등을 추진하며 세계 평균을 뛰어넘는 성과를 내고 있다. 이러한 성장은 미국과의 기술 패권 경쟁 구도 속에서 중국이 산업별 특화 모델과 생산성 혁신을 통해 차별화된 경쟁력을 구축하려는 전략과 맞닿아 있다. 한국에도 AI 응용 산업과 관련된 협력·경쟁 전략 마련이 중요한 과제로 제기된다.

중국의 AI 플러스 전략의 부상

중국 정부는 2024년 2월 26일에 AI 플러스를 핵심으로 하는 국가 정책을 발표했다. AI 플러스는 중국의 두 번째 국가 차원 AI 정책으로, 2017년에 발표된 '차세대 인공지능 발전 계획新一代人工智能发展规划'에 이은 두 번째 국가 차원의 AI 정책이다. 첫 번째 정책은 주로 AI의 프론티어 연구frontier research, 즉 머신러닝, 컴퓨터 비전 등 AI 관련 기술 연구개발에 중점을 두었다면, AI 플러스 정책은 기존과는 매우 다른 접근 방식을 취한다. AI 플러스 정책은 AI 적용을 주목적으로 하며, 금융·의료·교육·산업(제조)·법률·게임 및 전자상거래 등 특정 6개 산업 분야에 집중한다. 또한 기존 정책이 AI 원천기술 개발에 집중했다면, 동 정책은 AI 개발을 위한 더 넓은 시스템 지원, 즉 커뮤니티 조성 및 STEM과학, 기술, 공학, 수학 인재 양성 파이프라인 개발 등 생태계 육성에 집중하고 있다. 즉 AI가 경제·사회 전반에 적용될 준비를 갖추는 것과, AI 성장에 필요한 자원재료을 확보하는 정책을 포함하고 있다. 특히, 미국이 AGI범용 인공지능 경쟁에 집중하는 것과 달리, 중국은 AI를 과거 '전기electricity'의 보급처럼 사회·경제 인프라를 혁신하고 효율성을 극대화하는 '기반 기술'로 바라본다는 점이 핵심이다. 6개 분야 중에서 중국의 경제 및 산업에 가장 크게 영향을 미칠 수 있는 응용영역은 의료 및 산업(제조) 분야다. 두 분야는 중국이 미국과 치열하게 경쟁하고 있는 기술과 산업이 연계된 분야로 중국은 AI를 단순한 기술이 아닌 국가 경쟁력 강화와 산업 구조 고도화의 실질적 수단으로 활용하고자 한다. 따라서, 본고에서는 의료, 산업(제조)를 중심으로 중국의 AI 응용 산업의 성과와 함의를 찾아보고자 한다.

표 1 —중국 인공지능 플러스 액션플랜 6대 응용방향

산업	응용 방향	성숙도
금융	지능형 리스크 관리, 지능형 고객 서비스, 지능형 투자 자문	높음
의료	보조 진단, 의료 영상 판독, AI 문진, AI 신약개발·제약 기술	중상
교육	AI 교사, 맞춤형 학습, 지능형 문제 출제	중간
산업/제조	지능형 품질검사, 예측 유지보수, 스마트 제조	중간
법률	계약 검토, 판례 예측, 법률 자문	중간
게임·전자상거래	NPC 자동 생성, 상품 추천, 라이브 방송 대본	높음

자료: 国务院(2025.8.26.), 〈"人工智能+"行动的意见〉

AI+ 의료: 신약개발과 헬스케어 혁신

AI+ 의료는 중국이 가장 적극적으로 추진하는 분야 중 하나이다. 정부는 AI를 통해 의료 자원 불균형 해소, 신약개발 효율성 제고, 헬스케어 서비스 고도화 등을 추진하고 있다.

특히, AI 바이오 제약 분야는 중국의 가장 중요한 성장 동력 중 하나로 빠르게 부상하고 있다. 최근 중국 AI의 비약적 발전은 제약산업의 연구개발 방식에 구조적 변화를 초래하고 있다. 특히 신약개발 과정은 높은 비용과 긴 소요 기간, 낮은 성공률로 대표되는 산업 특성으로 인해 AI 기술의 도입이 가장 활발히 이루어지고 있는 영역 중 하나다. 글로벌시장에서 AI 기반 신약개발은 연평균 30% 내외의 성장률을 보일 것으로 전망되는데, 중국은 이보다 훨씬 높은 속도로 시장을 확대하며 국제적 주목을 받고 있다.

그리고 이러한 AI 신약개발 분야의 성장은 정부 차원의 적극적인 지원 정책에 기인한다. 중국 정부는 AI 신약개발을 국가 전략 차원에서 육성하고 있다. 2024년 11월 발표된 '보건·의료 산업 AI 응용 지침卫生健康行业人工智能应用场景参考指引'에서는 4대 분야(의료서비스·공공보건·건강산업·의학교육연구)와 84개 세부 응용 항목을 선정하였다. 그리고, 그 중에서도 'AI+신약개발'과 'AI 기반 임상시험'을 우선 영역으로 명시하였다. 또한 지방정부들은 임상 데이터 인프라 구축, 실제임상근거RWE 활용 확대 등을 통해 AI 헬스케어 응용 거점 조성을 적극 추진하고 있다. 이러한 정책적 지원은 산업 생태계의 신속한 성장과 실증 기반 확장에 중요한 촉매 역할을 하고 있다.

아울러, 중국 기업들은 생성형 AI를 활용한 분자 설계, 단백질·항체 엔지니어링, 멀티모달 모델, 로보틱스 및 자동화 기술 등 다양한 핵심 기술을 빠르게 실전에 적용하고 있다. 이러한 기술적 진보는 연구개발 주기를 단축하고 비용을 절감하는 효과를 가져왔다. 전통적 방식이 10~16년 이상 소요되는 신약개발 과정을 AI 기반 접근법은 절반 이하로 줄일 수 있는 것으로 평가된다.

이처럼 중국은 AI 기반 신약개발에서 세계 평균을 뛰어넘는 성장 속도와 기술적 진보를 보이며, 글로벌 제약사와의 대형 협력을 통해 글로벌 위상을 확대하고 있다. 글로벌 의약품 시장조사 기관 이벨류

에이트에 따르면, 중국의 제약바이오 라이선스 수출 규모는 2023년 166억 달러에서 2024년 415억 달러로 150% 급증했고, 2025년 상반기 기준 660억 달러를 기록했다. 2020년 전 세계 기술 수출에서 5%

표 2 — 중국 AI 의료 주요 응용 분야

분야	응용 분야	대표 응용 예시
의료 서비스 관리	AI 영상·병리·심전도·내시경 보조진단	폐결절, 관상동맥 CTA, 유방암, 자궁경부암, 간암, 피부암, 안저질환, 골절, 뇌동맥류, 병리 슬라이드, 소화기 내시경, 기관지경
	임상 의사 결정 지원 (CDSS)	입원 위험평가, 진료경로 추천, VTE(정맥혈전색전증) 경고, 항생제 사용 추천, 종양 MDT 보조
	AI 의무기록 질 관리	실시간 결함 추출, 코드 매핑, DRG/DIP 손익 예측
	수술 로봇	정형외과, 일반외과, 비뇨기과, 산부인과, 신경외과, 안과 등에서의 내비게이션·정밀 위치
	스마트 병원 관리	외래 환자 수요 예측, 스마트 스케줄링, 에너지 관리, 공급망 관리
기초·공공보건	만성질환 추적관리	고혈압, 당뇨, COPD 환자 대상 음성 알림 및 웨어러블 데이터 융합
	감염병 예측	뎅기열, 인플루엔자, COVID-19 확산 시공간 모델
	백신 콜드체인	온도 제어 + 영상 인식 기반 자동 경보
	직업건강 선별	진폐 흉부 X-ray 판독, 소음성 난청 조기 인식
건강 산업 발전	AI 신약개발	타깃 발굴, 분자 생성, 결정구조 예측, ADMET 예측
	중의학 지능형 진료	望·闻·问·切(사상·문진·촉진) 기기 + 지식 그래프 기반 처방 추천, 침술 로봇
	상업보험 AI 설계	다원 데이터 기반 맞춤형 보험료 산정, 만성질환 개입 설계
의학 교육·연구	AI 가상 환자	OSCE 평가, 전공의 수련 시뮬레이션
	대모델 기반 연구 지원	PICOS 자동 추출, 메타분석, 연구비 제안서 자동 작성

자료: 国家卫生健康委办公厅 외, 〈卫生健康行业人工智能应用场景参考指引〉 주요 내용 정리

미만을 차지하던 중국 거래 비중은 올해 약 40%에 이를 것으로 전망되고 있다.

또한, 중국은 코로나19 이후 AI 기술을 활용한 영상판독, 원격진료 등의 의료서비스 분야에서도 성장이 가파르게 이뤄지고 있다. 특히, 2024년 11월부터 AI 보조 진단이 의료보험 지침에 포함되어 환자 부담 감소하면서 시장이 더욱 확대되고 있다. leadleo 연구원头豹研究院, 2025의 <중국 AI의료산업백서中国AI医疗行业白皮书>에 따르면, 중국 AI 의료시장 규모는 2019년 27억 위안에서 2024년 349억 위안으로 증가하여 연평균 성장률CAGR 39.4%를 기록했다. 특히, AI 영상진단 분야에서는 중국 기업의 기술 경쟁력 및 혁신 성과가 뚜렷하게 나타난다. 중국은 영상진단 AI 보급률이 가장 높은 편으로 전국 3,000개 이상의 병원에서 폐결절, 관상동맥 CTA, 안저 병변 등 AI 보조진단 시스템을 상시 활용 중이다. 또한, AI를 활용하여 만성질환 환자를 관리하고 있다. 2025년 기준, 중점 대상군 AI 음성 추적 관리를 진행하고 있으며, 전국 1억 1천만 명 주민이 적용대상이다. AI를 통해 기초 의료진 1인당 환자 관리 수가 3배 정도 증가하였다. 또한, AI 의료에 특화된 대규모언어모델도 출시되고 있다. 기술 스택이 '소규모 모델 → 대규모 모델 → 다중모달 에이전트'의 3단계로 발전하고 있다. 2025년 5월 기준 국내 의료 대규모 모델이 약 288개 출시되었으며, 생성형 AI와 전통적 AI의 융합으로 진료 기록 생성, 영상 보고, 임상 의사 결정 지원 등의 작업 오류율 20~40% 감소시키고 있다.

AI+ 제조: 신질생산력과 스마트공장 확산

중국의 제조업은 단순 조립·가공 중심의 제조에서 벗어나, 고부가가치 제조로 전환하며 세계 최대 제조 강국으로 부상하고 있다. UN 국민계정United Nations National Accounts에 따르면, 중국은 2009년과 2010년 사이 어느 시점에 미국을 제치고 세계 최대 제조국이 되었다. 그 이후 중국의 제조업 생산은 지속적으로 증가하여, 2023년에는 연평균 성장률 4.2%를 기록한 반면, 미국은 0.3% 성장에 그쳐 양국 간 격차가 더욱 벌어졌다.

그림 1 —국가별 제조업 부가가치 변화

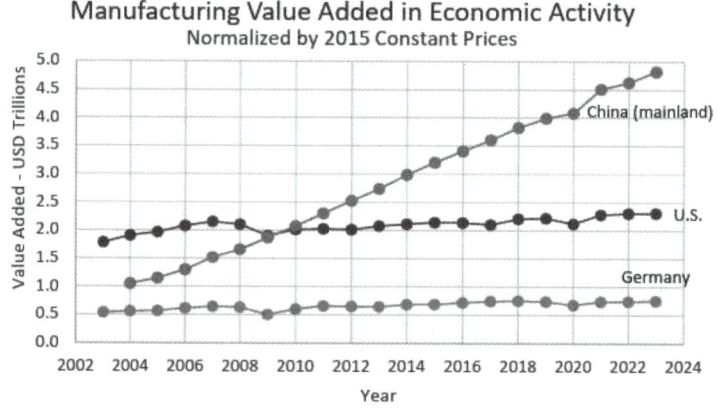

자료: U.N. Stats National Accounts Database, Value added by Economic Activity in Manufacturing at constant prices, 2015 Prices – U.S. dollars Extracted: 20 March 2025.

중국은 이러한 제조업의 생산성을 더욱 극대화하기 위해 2024년 '신질생산력新质生产力' 전략을 발표하였다. 신질생산력이 제조업에서 갖는 의미는 단순히 물리적 생산 확대가 아니라, AI·디지털 기술을 제조업 혁신의 핵심 축으로 지정하여 새로운 형태의 생산 역량을 구축하는 것이다. 이는 중국 제조업 전략이 더 이상 노동집약적 구조에 머무르지 않고, AI 등의 첨단기술을 결합해 혁신적인 경쟁력을 창출하는 방향으로 전환했음을 뜻한다. 또한, 이를 실현하기 위해서는 AI+제조 전략이 핵심적이다. AI는 공정 자동화, 예측 유지보수, 공급망 최적화, 품질 관리 고도화 등 다양한 영역에서 새로운 부가가치를 창출한다. 또한 AI는 대규모 맞춤형 생산과 자율화된 스마트 팩토리를 가능케 하여, 제조업의 효율성과 유연성을 동시에 강화한다. 이러한 점에서 AI는 중국이 제조 대국에서 '제조 강대국Manufacturing Powerhouse'으로 도약하는 데 필요한 핵심 동력으로 작용하고 있다.

2025년 제조업의 주무 부처인 공업정보화부가 발표한 주요 산업 정책을 살펴보면, AI를 제조업 전반에 심층적으로 적용하여 산업 경쟁력을 한층 강화하려는 일관된 흐름이 뚜렷하게 나타난다. 공업정보화부는 제조업에 AI를 접목하기 위한 인프라 구축과 제도적 기반 마련을 중점적으로 추진하고 있으며, 전자정보제조업과 기계공업 등 전통 산업의 디지털 전환을 적극적으로 강조하고 있다. 이는 단순히 AI 기술 인프라 구축에 머무르지 않고, 기존 산업 구조에 AI를 결합하여 디지털 전환을 가속화하려는 전략적 지원이 특징이라고 할 수 있다.

표 3 — 2025년 중국의 AI+제조 관련 주요 정책

정책명	부처 및 발표 일시	주요 내용
인공지능+ 행동 심화 시행에 관한 의견 (国务院关于深入实施"人工智能+"行动的意见)	국무원 2025-08-26	AI+ 적용 가속화, 제조업 현장에 AI 모델·에이전트 확산 추진
지능제조 전형적 시나리오 참조 지침 2025판 (智能制造典型场景参考指引(2025年版))	공업정보화부 2025-04-19	8대 연계, 40개 지능제조 시나리오. 디지털 인프라, 공정 최적화, 지능 의사 결정 포함
2025년 공업화·정보화 융합 업무 요점 (2025年两化融合工作要点)	공업정보화부 2025-07-16	'AI+제조' 행동 계획 실행, 제조업 AI 응용 가이드라인 편찬 추진
디지털·지능형 공급망 가속화 특별 행동방안 (加快数智供应链发展专项行动计划)	상무부, 국가발개위, 공신부 등 8개 부처 2025-03-24	AI·데이터 기반 공급망 혁신, 물류비 절감·공급망 탄력성 강화
중소기업 디지털화 지원 특별 행동방안 2025–2027 (中小企业数字化赋能专项行动方案(2025—2027年))	공신부, 재정부, 인민은행, 국가금융감독 2024-12-13	중소기업 디지털·AI 도입 자금 및 기술 지원
전자정보제조업 디지털 전환 실시방안 〈电子信息制造业数字化转型实施方案〉	공업정보화부 2025-5-28	전자정보제조업 디지털 전환 실행 로드맵 제시, 단계별 추진 과제 포함
기계공업 디지털 전환 실시방안 〈机械工业数字化转型实施方案〉	공업정보화부 2025-08-01	2030년까지 주요 기업의 산업체인과 공급체인 업·다운스트림 간 데이터 연동 및 협력 체계를 구축하며 핵심 기업들의 AI 기술 본격 도입을 목표로 설정

자료 : 중국 정책 문건 활용하여 필자 정리

그림 2 — 주요국의 등대공장 보유 현황도

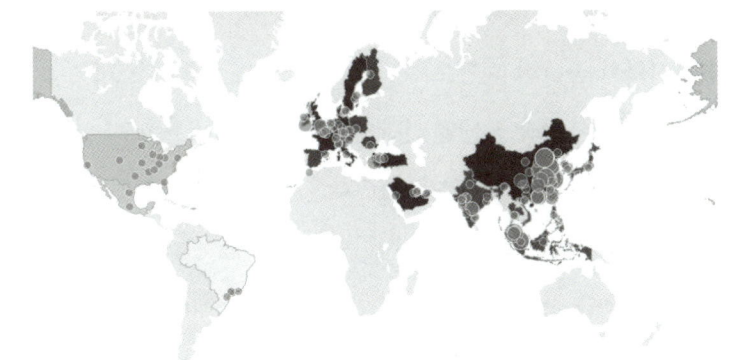

자료: https://initiatives.weforum.org/global-lighthouse-network/lighthouses

이와 같이 중국의 제조업은 정부의 적극적인 정책적 뒷받침 속에서 단순 노동집약적 구조를 넘어, 인공지능AI을 비롯한 첨단기술을 활용하는 고부가가치 산업으로 빠르게 전환하고 있다. 세계경제포럼 WEF이 선정하는 '등대공장lighthouse factory'은 사물인터넷IoT, 클라우드 컴퓨팅, 빅데이터, AI 등 혁신 기술을 통해 제조업의 미래상을 제시하는 대표 사례인데, 현재 전 세계 등대공장의 41.8%(79개)가 중국에 위치해 있다. 특히 중국 내에서 '신싼양新三样'으로 불리는 전기차, 배터리, 태양광 분야의 대표 기업들도 이러한 등대공장을 운영하고 있다. 예를 들어, CATL배터리, 롱기LONGi, 태양광, GAC 아이온전기차은 모두 WEF가 지정한 등대공장 명단에 이름을 올렸으며, CATL은 중국 내 주요 생산거점이 모두 등대공장으로 지정되었다. 이들 공장은 AI와 IoT 기술을 접목해 불량률을 낮추고 에너지 소비를 절감하며 납품 기간을 단축하는 성과를 보여주고 있다. 따라서 중국이 전기차, 배터리,

태양광과 같은 전략 산업에서 가격 경쟁력을 확보할 수 있었던 배경에는 단순히 저임금 노동력이나 보조금 지원만이 아니라, AI 기반 생산공정 최적화가 중요한 요인으로 작용하고 있다. 이러한 스마트공장은 전통 제조업뿐 아니라 신산업 전반의 생산성을 높이는 핵심 동력이 되고 있으며, 향후 다른 산업 부문으로 확산될 경우 더욱 큰 파급 효과를 가져올 것으로 전망된다. 다시 말해, 중국의 주요 신산업은 AI 기술의 적극적인 응용을 통해 생산 효율을 높여가고 있으며, 이는 기존 산업 경쟁력 강화와 동시에 새로운 형태의 AI 기반 제조업의 등장을 이끌고 있다.

미중 경쟁 속 중국 AI 응용 산업의 성장과 함의

중국의 AI 응용 산업의 성장은 단순한 기술적 진보를 넘어, 미중 전략 경쟁의 향방을 가르는 결정적 변수로 작용할 전망이다. 앞서 살펴본 바와 같이 중국은 인공지능을 다양한 산업에 결합하여 실물경제 전반의 혁신을 주도함으로써, 전통적인 제조 강국에서 AI 기반의 산업 강대국으로 도약하려는 전략적 의지를 보여주고 있다. 즉, 중국의 AI 응용 산업의 성장은 중국 경제의 체질을 강화하는 동시에, 국제 질서 속에서 미국과의 기술 패권 경쟁 구도를 재편하는 중요한 함의를 지니고 있다.

특히, 최근 중국은 대규모언어모델LLM을 산업 현장, 그중에서도 제조업 부문에 적용하려는 노력을 강화하면서 미국과는 다른 발전 경로를 택하고 있다. 이는 단순히 기술 격차를 좁히려는 대응이 아니라, 산업 구조와 데이터 활용 환경을 고려한 차별적 전략으로 이해할 수 있다. 미국은 범용성이 높은 초거대 AI 모델을 중심으로, 주로 소비자 시장에서 활용되는 애플리케이션 개발에 집중해 왔다. 대표적으로 챗봇, 이미지 생성, 번역 등 개인용 서비스 분야에서 글로벌 선도적 위치를 확보하고 있다. 이러한 전략은 막대한 GPU 자원과 클라우드 인프라를 기반으로 하며, 엔비디아NVIDIA, 아마존AWS, 구글 클라우드, 마이크로소프트 애저와 같은 빅테크 기업들이 시장을 주도하고 있다. 다시 말해, 미국의 AI는 범용 모델과 B2C 시장 중심으로 성장해 온 것이 특징이다.

반면 중국은 AI의 응용 방향을 산업 현장으로 끌어들여, 특정 부문에 최적화된 특화 모델을 개발하는 데 중점을 두고 있다. 중국 기업들은 금융, 물류, 의료, 에너지, 제조업 등 B2B 영역에서 활용할 수 있는 맞춤형 LLM과 알고리즘을 구축하고 있으며, 이를 생산 시스템 전반에 통합하는 시도를 가속화하고 있다. 예컨대, 제조업에서는 품질검사, 설계, 예측정비 등 공정 효율화를 위한 AI 도입이 본격화되고 있으며, 이러한 과정에서 산업별 데이터와 LLM이 결합하여 새로운 경쟁력을 창출하고 있다.

이러한 중국의 AI 플러스 전략은 미중 경쟁 구도 속에서 중국이 차별화된 위치를 확보하게 할 것으로 전망된다. 미국이 소비자 서비스와 범용 AI 생태계에서 압도적인 우위를 유지하는 동안, 중국은 산업별 문제 해결과 생산성 혁신을 앞세워 글로벌 가치사슬에서 영향력을 확대할 것으로 예상된다. 특히 제조업과 같은 전통적인 경쟁 분야에서 AI 기반의 효율성 향상을 통해 가격 경쟁력뿐만 아니라 품질 경쟁력까지 강화하고 있다는 점은 주목할 만하다. 앞으로 이러한 중국식 AI+ 제조 모델이 얼마나 확산되고 글로벌시장에서 경쟁력을 가질 수 있을지가 미중 기술 경쟁의 향방을 가르는 핵심 요인이 될 것이다.

트럼프 2.0 시대의 'MAGAMake America Great Again' 전략은 본질적으로 제조업의 부흥을 핵심 축으로 삼고 있다. 향후, 미중 경쟁은 제조업 기반이 약화된 미국이 다시금 산업 경쟁력을 회복하면서 제조업 강국으로 부상한 중국과의 전략적 경쟁 구도 속에서 어떻게 승기를 가져갈 것인지에 대한 싸움이다. 특히, AI는 이러한 미중 경쟁에서 촉매적 요인으로 작용하여 향후 글로벌 산업 질서 재편을 가늠하는 중요한 요소가 될 것이다.

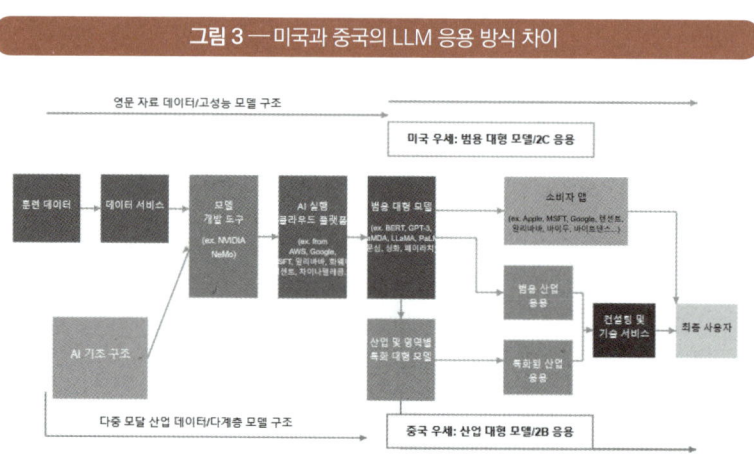

그림 3 ─ 미국과 중국의 LLM 응용 방식 차이

자료 : SWS(2024.3.27.), 〈新质生产力前景下的国产AI〉, 조은교(2025) 재인용

15
휴머노이드 로봇,
중국의 Next Big Thing

백서인 | 한양대학교

딥시크 임팩트 이후 중국의 관심은 휴머노이드로 급격히 확산되었고, 유니트리 H1의 춘절 무대 시연이 대중적·산업적 상징이 되었다. 1990~2000년대생 창업자와 중앙·지방의 '구신지능피지컬 AI' 육성 정책이 결합해, 현장 적용→데이터 축적→성능 개선의 선순환이 빠르게 돌아가고 있다. 4S/6S 로봇 매장, 대규모 실증 등 산업 전반의 얼리어답터 문화가 확산되며 수요-공급 양쪽에서의 빠른 혁신이 진행되고 있다. 핵심 부품·내구성·경제성 등의 해결 과제가 남아 있지만, 응용 주도형 전략과 거대 내수의 결합이 '딥시크 모먼트' 재현 가능성을 키우고 있다.

딥시크 임팩트와 중국 휴머노이드 붐

딥시크 임팩트로 인해 중국에 집중된 전 세계적 관심은 휴머노이드 로봇 분야로 이어지고 있다. 특히 같은 항저우에 기반을 둔 휴머노이드 제조사 유니트리는 2025년 춘절 갈라쇼에서 복잡한 춤 동작을 막힘없이 소화하는 휴머노이드 로봇 H1을 공개하며 세계의 주목을 받고 있다. 중국의 이러한 로봇 붐을 이끄는 것은 중국 경제의 고속 경제성장기에 태어난 청년 인재들이다. 유니트리의 창업자 왕싱싱 1990년생, AGI BOT 창업자 펑즈후이 1993년생, UniX 창업자 양펑위 2000년생 등 걸출한 청년 인재가 속속 로봇의 영역으로 유입되어 새로운 혁신을 이끌고 있다. 이와 함께 중앙정부와 지방정부는 앞다투어 구신지능(피지컬 AI 또는 임바디드 AI)을 핵심 육성 영역으로 선정하며 앞으로 더 많은 로봇 스타트업이 탄생할 것으로 보인다.

그림 1 ― 중국 춘절에서 춤을 춘 유니트리의 H1

출처 : 유니트리 홈페이지(https://www.unitree.com/news/31)

세계로봇협회IFR에 따르면 2018년부터 2023년까지 중국의 산업용 로봇 시장에서 중국산 제품 비율이 27.3%에서 47.2%까지 증가한 것으로 나타났다. 이는 중국이 짧은 시간 안에 현장에서 쓸 수 있는 수준의 로봇 경쟁력을 확보했음을 의미한다. 본고에서는 중국이 어떻게 휴머노이드 로봇 분야에서 빠른 성장을 실현할 수 있었는지 기술, 시장, 정책과 생태계의 측면에서 살펴보고자 한다.

응용 주도형 혁신 : 현장 실증과 데이터가 만든 퀀텀 점프

중국의 휴머노이드 로봇 기술력은 최근 수년간 폭발적으로 상승하고 있는 것이 사실이다. 중국 국가지식재산권국CNIPA에 따르면 2025년 상반기 기준 중국의 로봇 관련 유효 특허 수는 총 19만 건으로 나타났다. 올해 상반기에만 4만 1,696건의 신규 특허가 추가되었는데, 2020년 유효 특허 수가 약 5만 건이었던 것을 고려할 때 5년 만에 특허 수가 4배가량 증가한 것이다.

현재 중국 휴머노이드 로봇의 선두주자는 유니트리, 유비테크, 즈위안 로봇, 에지봇, 링커봇, 캐플러, 푸리에, 로보테라, 딥로보틱스, 러쥐 등이다. '테크놀로지 오브 IoT & AI'에 따르면 중국의 30대 휴머노이드 선도기업이 장삼각, 대만구, 베이징-톈진-허베이 등 주요 산업 클러스터에 집중되어 있는 것으로 나타났다. 또한 이들 기업은 뛰어난 제품성과 함께 핵심 부품 자립화와 오픈소스 전략으로 다양한 영역에 활발하게 도입되고 있다.

대학은 칭화대학, 하얼빈공업대학을 비롯한 주요 공대가 중국 로봇 연구를 리드하고 있고, 연구소는 중국과학원이 중국 휴머노이드 기술 연구개발을 선도하고 있다. 2025년 브라질 로봇 축구대회에서 우승한 칭화대학의 후어션火神 시리즈, 베이징 로봇 마라톤에서 우승한 하얼빈공업대학의 텐공天宫 시리즈 등이 대표적이며, 이외에도 북경항공우주대학의 워커 시리즈, 상하이교통대학의 쟈오롱交龙 시리즈 등이 각 영역에서 두각을 나타내고 있다.

하지만, 아직 기술적 측면에서 중국 휴머노이드 로봇 기술 역량은 글로벌 선두 그룹과 격차가 있는 것이 사실이다. 로봇 매니퓰레이터, 서보모터, 엑추에이터 등 주요 핵심 부품에서 오랫동안 이 분야를 선도해 온 일본의 산업용 로봇 기업과 미국의 첨단 로봇 기업들이 핵심 기술의 우위를 보유하고 있다. 그럼에도 불구하고 중국 휴머노이드 기업들의 가장 두드러지는 경쟁력은 다양한 분야에 빠르게 적용하고, 이를 통해 지속적으로 새로운 암묵지와 데이터를 축적한다는 점이다. 특히 2000년대 초반에는 주로 선진국의 발전경로를 그대로 따라가다가 2010년대 이후에는 다른 나라에서는 시도하지 않는 분야에서 로봇을 선도적으로 적용하는 패턴이 특허, 논문, 그리고 기업의 제품화에서 뚜렷하게 나타났다.

예를 들어 에지봇의 경우 2024년부터 요리, 청소, 돌봄을 맡는 가정용 서비스 로봇을 상하이 선전 등 지역에 배치했다. 실제 가정에서 계란을 깨뜨리고, 물컵을 엎는 등의 조작 실수를 경험해 보면서 6개월 만에 주방 조작 성공률은 38%에서 80%까지 상승했다.

또한 푸리에 로봇은 헬스케어 재활치료 영역에 보조형 휴머노이드 로봇을 선제적으로 배치하였고, 이를 통해 환자의 보행 보조 알고리즘을 신속하게 고도화하여 2025년 기준 중국 재활병원 50여 곳에 도입될 예정이다.

이외에도 딥로보틱스가 생산하는 4족 보행 로봇은 라스트 대학발 창업 기업으로 산간 지역 재난 모니터링, 주요 인프라 순찰 등의 영역에 활발하게 적용하며 기술력과 제품성을 단시간에 끌어올렸다. 기후와 지형 조건을 가리지 않고 자유롭게 이동할 수 있는 기술력을 확보하며 2025년 기준 전 중국 전력 시설 모니터링 시장의 85%, 소방안전 시장의 90%를 점유하고 있다.

인공지능과 로봇과 같은 신기술은 다양한 현장에 적용해 보면서 새로운 혁신을 창출해 내기 때문에, 기초연구 못지않게 선도적 응용 연구가 새로운 원천기술을 발전시킬 수 있는 원동력이 된다. 중국의 휴머노이드 로봇 기업들은 자국이 지닌 풍부한 산업군에 로봇을 반복적으로 적용하면서 상대적으로 부족한 원천기술력을 점차 극복해 나가고 있다.

14억 얼리어답터 : 4S/6S 매장과 수요 측 혁신의 가속화

중국 소비자들은 지난 10여 년간 모바일 페이, 원격 의료, 로보택시 등 세계 최초의 신기술과 서비스를 경험하며 세계에서 가장 빠른 얼리어답터로 거듭났다. 신기술의 부작용에 대한 우려가 없진 않지만 일반적으로 중국 소비자들은 신기술에 대한 거부감이 낮고, 구매에도 적극적이다. 휴머노이드 로봇 도입에 있어서도 중국 소비자의 이러한 현상은 여실히 드러난다.

예를 들어 하이디라오에 도입된 스마트 휴머노이드 샤오하이는 2024년 베이징 및 상하이 30여 개 지역에 약 1,000대가 배치되었고, 유닉스 로봇틱스가 출시한 무인 카페 편의점도 2023년 첫 출시 이후 1년 만에 전 중국 120개 매장으로 확장되었다.

뿐만아니라 2025년 8월 베이징 이좡에서는 세계 최초로 로봇 판매Sale, 부품Spare parts, 서비스Service, 피드백Survey 서비스를 제공하는 로봇 4S 매장을 오픈했다. 해당 로봇 매장은 다양한 휴머노이드 로봇이 실제 서비스를 시연하는 대리점으로 해당 로봇 매장은 공개된 지 하루만에 예약이 꽉 찼다. 이와 비슷한 시점에 선전에서는 4S에 로봇 임대와 맞춤형 제작을 추가한 6S 로봇 매장을 더해 로봇 시연을 보고, 본인이 직접 맞춤형 로봇을 주문하고, 구매하지 않고 임대할 수 있는 형태의 서비스를 제공하는 매장까지 탄생했다.

중국 기업들 역시 이미 인공지능을 가장 신속하고 적극적으로 생산라인과 서비스업에 도입하고 있다. 선전의 UB Tech는 이미 휴머노이드 로봇 워커를 둥펑 자동차, 니오, 폭스콘 등에 도입하기 시작했다. 도입 이후 해당 제품의 짧은 작업시간을 고려하여 스스로 배터리를 교체하는 업그레이드된 버전을 공유하였다.

그림 2 — UB 테크가 공개한 스스로 배터리 공개하는 신형 워커

출처 : UB테크 홈페이지 https://www.ubtrobot.com/en/humanoid/products/WalkerS2

중국의 로봇 도입이 이처럼 빠르게 진행될 수 있었던 요인은 다음과 같다.

첫째, 코로나 봉쇄의 큰 충격으로 인한 언택트 서비스에 대한 수요와 공급의 증가이다. 코로나19 방역 기간에 서비스 로봇이 공공위생·서비스 사업에 투입되며 시장의 관심도 급상승했다. 이러한 현상은 기존에 가사, 손님맞이, 교육 등 단순 서비스에 집중되었던 로봇 도입이 배송, 방역소독, 순찰 등 분야로 확대되는 결정적인 계기가 되었다. 또한 제조기업의 입장에서는 코로나 감염자 발생으로 인한 빈번한 봉쇄 격리 등의 문제로 생산 차질이 잦고, 이로 인한 손실이 막대했기 때문에 과거보다 훨씬 더 강도 높은 무인화를 위해 로봇 도입을 공격적으로 추진할 수밖에 없었다.

둘째, 공장의 구인난 문제다. 코로나19의 충격이 촉매제 역할을 했다면, 중국의 급격한 경제 발전과 이로 인한 공장의 구인난 문제는 구조적으로 지속되어 왔던 문제이다. 중국의 MZ세대들의 화이트 칼라 및 긱노동 선호 현상이 뚜렷해지면서 중국의 대다수 공장에서는 일할 수 있는 공인을 구하기가 점점 더 어려워진 것이 사실이다. 이러한 구인난 문제로 인해 중국 기업들은 공격적인 자동화와 로봇 도입을 가속화하고 있다.

정부의 정책 지원, 기업의 경쟁이 만들어 가는 역동적인 생태계

중국 토종 로봇들의 빠른 기술 굴기에는 정부의 역할이 빠질 수 없다. '중국제조 2025'를 통해 로봇 산업을 국가 전략 산업으로 지정하고, 2016년 '로봇산업발전규획(2016~2020)', '차세대 인공지능 발전계획(2017)', '휴머노이드 로봇 혁신발전 지도 의견', '인공지능 플러스' 등을 차례로 발표하여 휴머노이드 로봇 기술의 발전 방향을 설정하고 체계적으로 지원해 오고 있다. 각 지방정부는 적극적인 행보를 보이고 있는데, 베이징은 2023년 베이징휴머노이드혁신센터 北京人形机器人创新中心를 설립하였고, 광둥은 2024년 구신지능혁신센터 广东省具身智能机器人创新中心를 설립하였으며, 상하이는 2025년 상하이휴머노이드로봇혁신센터 上海人形机器人创新中心를 설립하였다.

해당 혁신 센터는 중앙정부와 지방정부의 협력 형태를 띠며, 이를 통해 기술 혁신을 지원함과 동시에 다양한 로봇을 훈련시키고 이에 핵하는 기업들이 다수 탄생할 것으로 보인다. 이 과정에서 소수의 거대한 휴머노이드 로봇 완제품 기업이 탄생하고 부품, 장비, SW까지 내재화할 것이다. 또한, 전기차 산업과 같이 핵심 부품을 생산하던 기업이 최종재 생산까지 직접 뛰어드는 역방향의 진출도 가능할 것이다. 이와 함께 거대한 로봇 기업들이 임대 사업자로 변화하고, 화웨이와 같은 빅테크는 ROS로봇 운영체제 또는 로봇 플랫폼의 장악을 시도할 수 있다.

중국 휴머노이드 로봇의 '딥시크 모먼트'는 언제 올 것인가?

중국의 휴머노이드 기술 발전과 산업은 빠르게 발전하고 있지만 여러 가지 한계를 지니고 있는 것도 사실이다.

휴머노이드 로봇이 과연 작업 현장에서 기존의 산업용 로봇보다 더 큰 가치를 제공할 수 있을 것인가에 대한 타당성 확보가 필요하다. 다시 말해, 꼭 두 다리가 필요한지, 꼭 두손이 필요한지, 그리고 꼭 손가락이 필요한지에 대한 기술·경제적 타당성이 필요하다. 이에 실패한다면 결국 휴머노이드의 확산은 한 번의 반짝 유행에 지나지 않을 가능성이 매우 높다.

또한 아직도 해결해야 할 배터리 문제, 내구성 문제, 유연성 등의 문제가 남아 있어 전기차와 같이 광범위한 상용화로 이어지기 위해서는 보다 긴 시간이 필요해 보이는 것도 사실이다.

그러나 중국의 현재 추진 방식을 보면, 딥시크처럼 예상보다 빠른 기술적 돌파가 일어날 가능성도 배제할 수 없다. 특히 중국이 보여주고 있는 대규모 실증과 데이터 수집, 그리고 정부와 민간의 총력 지원은 기술 발전의 임곗점을 앞당길 수 있는 강력한 요인들이다.

딥시크 임팩트 이후 중국의 기술 혁신에 대한 시각은 전반적으로 호전되었지만, 우리는 여전히 중국의 기술 혁신을 기술 탈취와 보조금에 기인한 현상으로 단정 짓고 있다. 하지만 중국의 휴머노이드 로봇 발전 과정을 면밀히 분석해 보면, 단순한 모방이나 정부 지원을 넘어서는 체계적이고 전략적인 접근이 뚜렷하게 나타난다.

중국의 로봇 굴기는 수많은 위기와 결핍 속에서 기술 혁신을 통해 위기를 돌파한 우리에게 많은 시사점을 제공한다.

첫째, 응용 중심의 기술 발전 전략이 필요하다. 중국이 에지봇의 가정용 로봇, 푸리에의 재활치료 로봇, 딥로보틱스의 전력 모니터링 로봇 등을 통해 보여준 것처럼, 다양한 현장에서의 실증적 적용이 기술력 향상의 핵심 동력이다. 한국도 기초연구와 함께 실제 현장 적용을 통한 데이터 축적과 기술 고도화에 더욱 집중해야 한다.

둘째, 대규모 내수시장 창출과 얼리어답터 생태계 구축이 중요하다. 중국의 하이디라오 스마트 로봇 1000대 배치, 로봇 4S/6S 매장의 성공적 운영 등은 기술 친화적 소비 문화의 중요성을 보여준다. 한국은 상대적으로 작은 내수시장의 한계를 극복하기 위해 동남아시아 등 해외시장과 연계한 실증 기회를 확대해야 한다.

셋째, 정부-민간-지자체 간 유기적 협력 모델을 구축해야 한다. 중국의 베이징휴머노이드혁신센터, 광둥구신지능혁신센터 등과 같은 지역별 특화 혁신 센터 운영과 지방정부의 기금 조성은 시사하는 바가 크다. 한국도 수도권-대전-부산 등 주요 지역별로 차별화된 로봇 혁신 클러스터를 구축하고, 지자체 간 건전한 경쟁을 통해 혁신을 촉진해야 한다.

넷째, 새로운 비즈니스 모델 개발과 확산에 주력해야 한다. 중국의 RaaS 모델과 구독 서비스 확산 등은 로봇 대중화의 핵심 요소다. 한국도 높은 초기 도입비용 문제를 해결하기 위한 혁신적 금융 상품과 서비스 모델 개발이 시급하다.

다섯째, 국제적 어젠다 세팅과 표준화 선도에 나서야 한다. 중국이 세계 최초 로봇 올림픽, 휴머노이드 마라톤 등을 통해 글로벌 관심을 끌고 사실상의 표준을 만들어 가는 것처럼, 한국도 로봇 분야에서 국제적 담론을 주도할 수 있는 이벤트와 플랫폼을 기획해야 한다.

마지막으로, 장기적 관점에서의 인재 양성과 생태계 구축이 필요하다. 중국의 칭화대학, 하얼빈공업대학 등이 후어션, 텐공 시리즈로 보여준 대학의 역할과 1990년대생 창업자들이 이끄는 혁신 동력을 보면, 한국도 로봇 분야 전문 인재 양성과 창업 생태계 활성화에 더욱 투자해야 한다. 특히 현재 중국이 5년 만에 로봇 특허 수를 4배 증가시킨 것처럼, 한국도 지속적이고 체계적인 연구개발 투자를 통해 기술 경쟁력을 확보해야 할 것이다.

참고문헌

- 김은영 (2024). 「빠르게 진화하는 중국 휴머노이드 로봇산업」. CSF 전문가 오피니언. https://csf.kiep.go.kr/issueInfoView.es?article_id=55029&mid=a20200000000&board_id=4
- 백서인 외 (2018). 「2018년 중국(중화권) 첨단기술 모니터링 및 DB 구축 사업: 로봇·3D 프린팅·드론」. 과학기술정책연구원. 조사연구 2018(9), 1-430.
- https://www.irobotnews.com/news/articleView.html?idxno=40658

16

디지털 공급망 혁신과 기술 주권의 재구성

정지현 | 대외경제정책연구원

글로벌 공급망이 팬데믹, 지정학 리스크, 기후위기 등으로 불안정해지면서 디지털 기술을 통한 공급망의 가시성, 복원력, 자율 통제력 확보가 국가 경쟁력의 핵심으로 부상하고 있다. 중국은 디지털 공급망을 단순한 산업 효율화 수단이 아닌 국가 경제 안보와 기술 자립을 위한 전략적 인프라로 규정하고 있고, 중앙집중식·프로젝트 기반의 디지털 공급망 전략을 국가 전략으로 추진하고 있으며, '기업 단위 디지털화→국가 전략 격상→성과 기반 표준화·확산'의 경로로 발전시켜 2030년까지 자주통제自主可控형 국가 인프라로 완성하려 한다. 중앙 주도의 톱다운 거버넌스와 성과 기반 확산이 강점이라면, 핵심 기술 의존·데이터 표준화 미비 등은 약점이다. 이에 한국은 데이터 주권 기반의 분산형 모델을 유지하면서, AI·디지털트윈·블록체인 기반 가시성·보안 강화와 국제표준 협력으로 차별화된 대응 전략을 구축해야 할 것이다.

중국 디지털 공급망 전략의 진화 및 거버넌스 특징

중국은 2015~2019년 디지털 기술을 적용한 기업레벨의 공급망 디지털화가 시작되었으며, 2020년 이후에는 팬데믹 및 지정학 리스크 등으로 인한 공급망 취약성에 대응하여 디지털 공급망[1]을 국가 전략(인프라)으로 격상시켜 제도화하였다. 2021년에는 디지털 공급망의 핵심 전제이자 시작점인 제조 단계의 스마트화를 추진하는 정책 '14.5 스마트 제조 발전 계획', 디지털 기술과 산업의 융합 정책 '14.5 정보화 및 공업화 심층 융합 발전 계획' 등을 통해 공급망의 최소 단위인 공장과 제조 프로세스를 디지털화하고, 스마트화된 개별기업들을 산업인터넷 플랫폼으로 연결하는 작업을 추진하였다. 2022년에는 디지털경제를 농업·공업 경제에 이은 주요 경제 형태로 규정하고, 데이터를 전통적 생산 요소를 넘어서는 핵심 요소로 격상시키는 '14.5 디지털경제 발전 계획', 데이터 흐름을 국가가 통제·관리할 수 있는 기반인 '공업 및 정보화 분야 데이터안전 관리방법'을 마련하였다. 뒤이어 발표한 '디지털 중국 건설 종합 배치 계획'2023은 디지털 공급망을 디지털 경제의 핵심 인프라(국가목표)로 규정하였으며, '제조업 디지털 전환

....

[1] 디지털 공급망(Digital Supply Chain)은 'AI, IoT(Internet of Things, 사물인터넷), 빅데이터, 클라우드 컴퓨팅, 블록체인 등 첨단 디지털 기술을 활용하여 공급망 참여자를 모두 실시간 연결하고, 데이터 기반으로 의사 결정과 운영을 자동화·최적화하는 공급망 체계'로 정의된다. 이를 통해 공급망의 모든 단계를 실시간으로 파악하고, 예측 불가능한 문제에 신속하게 대응하며 전반적인 생산성과 효율성을 극대화할 수 있다. 이러한 디지털 공급망은 정보기술을 도입해 물류·생산·유통 전 과정을 연결하는 단순한 시스템적 변화가 아니라, 데이터·플랫폼·AI 알고리즘을 기반으로 한 새로운 공급망 거버넌스 체계를 의미한다.

3년 액션플랜(2023~2025)'은 디지털 공급망을 통한 산업 고도화 및 국가 경제운영 기반 강화 등을 명시하였다.

이후 정책에서는 '디지털 공급망'을 '디지털·지능형数智 공급망'으로 발전시켜 공급망의 디지털화 및 지능화를 동시에 추진하고 있다. 2025년 5월, 상무부 등 8개 부처가 공동으로 발표한 '디지털·지능형 공급망 발전 가속화 특별 액션플랜'은 디지털 공급망 전략의 종합버전으로, AI, IoT, 블록체인 등 첨단기술을 활용하여 공급망의 디지털화·지능화·시각화를 추진하고자 한다. 이는 단순한 제조업 디지털화를 넘어서 농업 공급망 개선, 지능형 제조 공급망 개발, 도매 부문 공급망 통합, 소매 공급망 최적화, 물류비용 절감을 포괄하는 전방위적 전략이다. 주요 목표는 2030년까지 100개 선도기업 육성 및 산업별 맞춤형 정책 추진을 비롯하여, 복제 가능한 디지털·지능형 공급망을 구축하고, 주요 산업 및 핵심 분야에서 깊이 통합된 지능형 자주통제 自主可控, self-controlled 공급망 시스템을 운영하는 것이다.[2]

국가목표와 직결된 자주통제 원칙과 정책적 통합성, 하향식 실행, 성과 기반 확산, 데이터 통합 관리, 데이터 거버넌스 등에서 중국 디지털 공급망 전략의 거버넌스 특징을 파악할 수 있다. 2030년까지 통제·관리 가능한 디지털 공급망을 구축하겠다는 목표하에 여러 중앙 부처가 공동 계획을 발표하는 등 '정책 신호'를 명확히 하고 각 부처가

---

2   이 액션플랜(加快数智供应链发展专项行动计划)의 5대 중점 영역은 농업, 제조, 도매, 소매, 물류이며, 해당 업종별 맞춤형 정책을 통해 디지털·지능화를 추진하고자 한다. 10대 과제는 리더기업 육성, 서비스업 디지털·지능화, 대외 협력(전자상거래·해외창고), 공급망 '컨트롤타워', 기초 기술 혁신, 표준 체계, 데이터거래, 데이터보안, 추진·조정 메커니즘, 인재 등이다.

자기 영역에서 연계하여 실행하도록 유도하여, 정책 목표를 통일시키고 부처 간 충돌을 줄이려고 한다. 이러한 정책은 중앙(가이드라인)→지방(시범사업 설계·시행)→기업(파일럿 수행)으로 전달되는 하향식 Top-down 프로젝트 형태로 추진된다(산업별 맞춤형 정책, 선도기업 육성). 이러한 정책 전달 체계는 중앙의 목표를 신속하게 실행하도록 하는 역할을 한다. 정책 추진 과정에서, 지방 및 기업이 시범사업을 통해 얻은 운영데이터를 중앙(부처)으로 제출하면, 중앙은 이 데이터를 근거로 효과를 평가하고 '확산·표준화' 여부를 결정한다. 성과가 검증된 모델은 국가급 표준·모범사례로 지정되어 다른 지역 및 기업으로 빠르게 확산된다(전략→정책→시범시행→평가·피드백→확산·표준화). 데이터 통합 관리는 디지털 공급망 컨트롤타워 구축(실시간 통찰, 운영 분석, 지능형 대응)을 통해 중앙 집중적 관리·통제를 추진하려는 것이며, 데이터 거버넌스는 공급망 데이터의 (거래 가능) 자산화 및 안전 보장 등으로 명시되어 있다. 즉 디지털 공급망에 대한 국가의 실시간 가시성과 통제력을 확보하고 강력한 데이터 거버넌스 법률 체계를 통해 그 통제력의 기반이 되는 데이터 흐름을 장악하고자 한다.

이러한 중국의 디지털 공급망 전략은 정책 속도와 확산력, 범위의 포괄성(전체 밸류체인 적용), 정책-시장 연계, 전략적 목표의 통합(안보+경제) 측면에서 강점을 가진다. 중앙의 강한 조정력과 하향식 전달 체계는 정책을 신속하게 전국으로 확산시킬 수 있도록 하고, 국가급 모범사례 선별을 통해 빠른 확산이 이루어져 기술·운영 표준을 단기간에 확립하고 네트워크 효과를 촉발하는 데 유리하다. 제조에서 유통·농업·소매·물류까지 공급망 전 밸류체인에 걸쳐 디지털화를 추진하고 있어, 모든 경제단위의 데이터 인프라를 연결하여 실질적인 가시성·최적화를 추구할 수도 있다. 또한 정부가 선도기업·플랫폼을 모범사례로 삼아 표준화·확산을 유도함으로써 민간의 혁신 역량과 중앙의 정책 목표가 결합된다. 하이얼 COSMOPlat 등 플랫폼 모델이 정책의 실증무대가 되면, 정부는 성과를 기반으로 추가 인센티브·규제정비를 제공할 수 있다. 중국은 디지털 공급망을 '자주통제' 원칙과 결합함으로써, 국가안보·기술주권과 경제(효율성)라는 전략적 목표를 통합하였고. 이를 통해 공급망 충격에 대한 국가적 대응력을 높이면서 장기적으로 핵심 기술과 플랫폼의 내재화를 촉진한다.

그러나 중국의 디지털 공급망 전략은 핵심·첨단 부문의 기술 의존성, 지방·중소기업 격차, 데이터 거버넌스·표준화 미비, 국제정치·무역 리스크 등의 현실적 한계 및 취약성을 가진다. EUV 노광기 등 첨단장비나 특정 핵심소재·설계 역량 등은 여전히 해외 의존도가 높아, 기술 자립은 장기적 과제로 남아 있으며, 이로 인해 국가 정책은 '자급'과 '국제 협력' 사이의 균형을 찾아야 하는 딜레마에 직면해 있다. 빠른 속도라는 강점이 있는 하향식 실행은 지역별 산업 구조·인프라·인력 수준 차이로 인해 동일한 성과를 내기 어려우며(지역 불균형 초래), 대기업·국유기업·플랫폼기업 중심의 성공사례가 중소기업까지 곧바로 확산되지 않을 리스크도 있다. 또한 데이터 표준과 상호운용성은 디지털 공급망의 핵심이지만, 실제 여러 플랫폼과 시스템의 표준화·데이터 공유 체제가 아직 완전하지 않을 수 있으며, 중앙 표준이 있어도 민간 플랫폼 간 이해관계 충돌, 개인정보·상업비밀 보호 문제 등이 데이터 공유를 제약하기도 한다. 이밖에도 중국의 '국가주도·자주통제' 전략은 외국의 규제·수출 관리·기술 통제 정책과 충돌을 일으킬 수 있으며 미국·EU의 기술 수출 통제, 공급망 탈중국화 움직임은 중국의 디지털 공급망 전략 실행을 제약하거나 국제적 비용을 높일 수 있다.

중국 기업들의 사례와 프로젝트

하이얼(COSMOPlat, 산업 고도화 및 스마트 제조), BYD(수직통합 및 AI 융합), 日日順(RiRiShun, 디지털 재고 및 통합 창고·배송), China Mobile(조달 공급망의 디지털·지능화) 등 기업 사례가 전략적 표준 모델로 주목 받고 있다. 화웨이, 텐센트, 알리바바 등 중국 빅테크 역시 디지털 공급망 플랫폼을 구축·확산시키고 있다. 이들은 중국 경제의 각기 다른 층위에서 상이한 문제들을 해결하고 전략적 목표를 수행하는 상호보완적 포트폴리오 역할을 하고 있다.

먼저, 하이얼은 중국 최대의 제조 생태계 기업으로, COSMOPlat이라는 세계적 수준의 Industry 5.0 플랫폼을 구축하여 생산자·공급자·소비자를 연결하는 개방형 제조 생태계를 구축하였다. COSMOPlat은 대량 맞춤 생산mass customization을 위해 설계된 산업인터넷 플랫폼으로, 빅데이터·AI 분석을 통해 소비자의 수요를 실시간으로 반영하고 맞춤형 생산을 지원하는 것으로, 디지털 공급망 개념이 산업 제조 영역으로 확장된 사례이다. 이는 전통적인 생산자 중심의 제조업 모델을 사용자 중심 모델로 전환시키는 혁신이다. COSMOPlat은 하이얼 자신만을 위한 폐쇄적 시스템이 아니라, 다른 중소기업들도 활용할 수 있는 개방형 플랫폼으로 기능하며 산업 생태계 전체의 스마트 제조 전환을 지원한다. 개인화와 대량생산을 동시에 구현함으로써 제품 설계 속도는 50% 빨라지고, 불량률은 26% 이상 감소했다. 중국 정부는 이를 디지털 공급망의 모범사례로 지정하고, 공업정보화부의 산업인터넷 및 스마트 제조 시범사업에 포함시켰다. COSMOPlat은 공업정보화부의 산업인터넷 시범사업에서 우수사례로 계속 선정되고 있으며, 2024년 기준 COSMOPlat 생태계 기반 협업기업은 화학, 금형, 자동차 산업 등 15개 분야의 90만 개 이상으로 급증하였다.

BYD는 자동차, 배터리, 반도체, 모터 분야에서 수직통합형 스마트 공급망을 구축했다. BYD는 배터리 핵심 기술 습득 후 '각 부품의 편차가 누적되어 제품이 작동하지 않는 문제'를 해결하기 위해 수직통합을 선택한 것으로 알려져 있다. BYD의 수직통합은 비용 절약, 원가 절감, 수익 제고로 이어졌고, 신에너지 R&D와 수직통합형 공급망이 결합되어 경쟁 우위를 창출하였다. BYD는 AI 기반의 수요예측, IoT 창고 추적, 예측정비를 활용해 다른 제조업체 대비 3배 빠르게 생산을 확장하였고, 시장 변화에도 신속하게 대응하고 있다. 2023년 BYD는 기술적 지배력과 원가 우위에 힘입어 R&D 투자율 6~7%, 핵심부품 자급률 70~75%, 글로벌 신에너지차 시장점유율 20~22% 등의 성과를 달성하였다.

하이얼의 물류 자회사인 日日順RiRiShun은 공업정보화부의 디지털·지능형 공급망 시범사업으로서, 전국 단위의 디지털 재고 관리 및 통합 창고-배송 시스템을 도입하였다(물류·유통 디지털화). 日日順은 실물창고와 가상창고를 동적으로 연동시켜 온·오프라인 재고 데이터를 통합함으로써, AI 기반 실시간 수요 예측과 재고 배치를 실현하였다. 또한 여러 유통 채널 및 지역 재고를 하나의 창고시스템으로 통합 관리하고, 배송·설치를 통합한 서비스를 제공한다. 이를 통해 日日順의 자산 효율성이 약 50% 증가하고 창고관리비용은 10~15% 절감되는 성과를 달성했다. 또한 제조업체의 공급-수요 매칭 및 재고회전율 등이 개선되고 빠른 배송 및 설치, 비용·시간 절약 효과 등이 나타났다. 이 사례는 공급망의 투명성 및 협업기능 강화, 기술·효율·비용·체험서비스 개선 등 측면에서 정부 정책과 부합하는 모범사례标杆案例로 선정2024년되었고, 기업 성과가 정책의 사례 확산 체계로 다시 흡수되어 정책 개선 및 후속 프로젝트에 반영되었다.

China Mobile중국이동통신은 데이터 중심의 대규모 조달·구매 프로세스를 구축한 사례로, 조달·공급망의 디지털·지능화 전환 프로젝트이다. China Mobile 그룹 전체의 조달 관련 주요 데이터를 정형화하여 통합 데이터베이스를 구축하였으며, 약 2만 개 이상의 업무 데이터 항목 및 2,000여 개 통계 지표가 표준화되었다. 여러 부서 및 하위 시스템으로 분산되어 있던 조달·구매 프로세스(조달-소싱-실행-공급업체 평가-심사 등)를 하나의 플랫폼·프로세스 흐름 안에 통합하였다(비즈니스 프로세스 재설계). 또한 AI 기술을 적용하여 수요 예측, 조달 소싱 공유, 불공정 경쟁 의심 탐지, 규정 준수 자동화 검토 기능 등을 포함시켰다. 이를 통해 의사 결정 속도 및 정확성 향상, 조달·구매

비용 절감, 조달 투명성 및 공급자와의 협업·평가 개선, 내부 프로세스 간소화 및 조직적 비용·시간 절약 등의 성과를 거두었다.

중국의 국가 주도 모델 vs. 서방의 시장-규제-협력 모델

위에서 살펴본 중국의 디지털 공급망 전략은 개별기업·산업의 디지털화가 아닌 국가 차원의 공급망 생태계 전체를 재구성하는 전략이자[3], '디지털 중국' 전략하에서 기술 주권 확보 및 대외 의존도 감소를 목표로 하는 정치경제적 전략이며, 마르크스주의적 관점에서 데이터를 생산력의 핵심 요소로 간주하며 국가가 데이터를 통제하는 체계를 구축하려는 것이다.

반면, 미국의 디지털 공급망 전략은 '국가안보'를 최우선 동인으로 하며, 팬데믹과 지정학적 갈등을 통해 드러난 글로벌 공급망의 취약성에 대응하는 것이 핵심 목표이다. 주요 정책은 민관 파트너십 강화, 공급업체 다변화(프렌드쇼어링, 니어쇼어링), 그리고 반도체 등 핵심 산업의 국내 제조 역량 강화에 초점을 맞추고 있다. 정책 집행은 민간 주도이며, 정부는 시장을 직접 지휘하는 것이 아니라, 민간 부문의 혁신 촉진 및 제한적 자금 지원과 위기 대응의 조력자 역할을 한다. 데이터 정책에서 개방과 자유 유통을 기반으로 하면서도, 최근 우려 국가 countries of concern로의 국경 간 데이터 전송을 엄격히 제한하는 규정이

---

3   중국사회과학원(CASS)에서 발간한 '中国数字供应链发展报告(2024)'는 디지털 공급망이 중국식 신형 인프라의 한 축이며, 데이터·산업·물류를 연결하는 '국가 디지털경제 인프라'라고 강조했다.

표 1 — 중국, 미국, EU의 디지털 공급망 전략 비교

구분	중국	미국	EU
디지털 공급망 인식	디지털경제 핵심 인프라	공급망 회복력 수단	녹색·디지털 이행 도구
핵심 목적	경제 안보 + 디지털 경제 인프라 구축	공급망 회복력 + 국가안보	디지털 주권 및 전략적 자율성
정책 구조	중앙집중형 + 프로젝트 기반	분권형 + 민간 자율	분권형 + 규제 중심
주도 주체	정부(국가계획·시범사업 중심)	민간 주도 + 정부 인센티브	회원국별 협력 체계
정부 역할	하향식 계획가/지휘자	안보 중심의 투자자/조정자	규제자, 생태계 조성자
데이터 접근 방식	국가통제형 데이터 주권 및 데이터 현지화	시장 주도와 부문별 규제(안보 심사 강화)	권리 기반 규제, 데이터 공간 활성화, 상호운용적
대표 기업 모델	국가 영향력하의 플랫폼 대기업	다각화된 민간 부문	산업 챔피언 및 중소기업
정책 일관성	높음	중간	중간~약함

새롭게 발표되었다(행정명령 14117호 및 美 법무부의 시행규정). 이 규정은 중국의 데이터 확보 전략에 대한 직접적인 견제 수단으로, 원활한 데이터 흐름보다 국가안보를 우선시하는 미국의 전략적 선택을 명확히 보여주는 변화이다.

한편, EU의 디지털 공급망 전략은 전략적 자율성과 디지털주권 확보를 핵심 동인으로 하며, EU의 강력한 제조업 기반(경쟁력)을 활용하여 미국(기술 플랫폼)과 중국(제조업)으로부터 독립성을 추구하며 EU 가치에 기반한 규범적 힘을 확산시키고자 한다. EU 집행위원회는 '디지털 10년'과 같은 목표를 설정하여 시장 규칙을 만들고 '디지털 유럽' 프로그램을 통해 자금을 지원하며 산업 주도 협력 생태계가 자생적으

로 발전할 수 있는 환경을 조성한다. 데이터 정책은 GDPR^{개인정보보호규정}과 같이 기본권 보호에 기반하며, 신뢰할 수 있는 단일 데이터시장을 창출하여 역내 데이터 흐름을 촉진하는 한편, 역외 이전에 대해서는 높은 기준을 설정하고 있다. 정책 추진에 있어, EU 집행위원회나 회원국 정부가 초기자금과 정책적 틀을 제공하지만, 표준 개발과 거버넌스는 산업계가 주도한다. 이와 같은 EU의 전략은 중국의 국가 통제 모델과 미국의 거대 기술기업 주도 모델에 대한 대안을 제시하면서 데이터 주권을 확보하되, 개방성과 상호운용성을 유지하려는 EU의 독자적인 노선이다.

중국은 디지털 공급망을 단순한 공급망 효율화가 아닌, ① 디지털 경제 인프라, ② 국가경제 기반, ③ 산업 안보 측면에서 국가 주도로 추진하고 있으며, 실행 체계 역시 프로젝트 단위로 통합적으로 관리하기 때문에 정책 일관성이 상대적으로 높다. 이는 주요국이 디지털 공급망을 '공급망 회복력 확보'나 '기술 디지털화'라는 기능적 접근에 머무르는 경향과 차별화되며 기업의 자율적 디지털 전환을 지원하는 역할 등에 비해 전략적이라고 할 수 있다.

한국의 디지털 공급망 전략과 대응

한국의 디지털 공급망 전략은 '디지털 뉴딜^{국가프로젝트}', 스마트 제조·물류^{실행 사업} 등 디지털 인프라 및 산업 디지털화를 통해 공급망 투명성과 효율성을 높이면서, 핵심 전략 품목·산업의 공급망 회복력 강화 정책을 병행하는 방식으로 추진되고 있다. 또한 데이터 주권을 보장하는 분산형 데이터 스페이스 플랫폼을 구축하는 전략을 추진하고 있다. 이는 중국의 디지털 공급망 관리 플랫폼이 정부 주도로 산업 데이터를 표준화하고 관리하는 방식과 달리, 개별기업이 데이터 주권을 유지하면서 필요데이터만 선택적으로 공유하는 구조이다. 디지털 공급망 구축에 있어 한국은 ICT·플랫폼 역량, 민관협업 경험, 강한 제조·수출 기반 등에서 강점을 보유하고 있으나 중소기업·지방의 디지털 격차, 데이터 거버넌스·표준 문제, 지정학적 리스크 측면에서 취약한 상황이다.

이에 한국은 ICT·제조 경쟁력과 민관협업의 강점을 살려, ① AI 및 디지털 트윈 기술 경쟁력을 제고하여 에이전틱 AI와 디지털 트윈 솔루션 개발을 가속화하고, ② 중소기업 디지털 전환에 대한 지원을 확대하면서(스마트공장·스마트물류, 공동물류 허브 등), ③ 공급망 가시성과 보안 강화를 위해 IoT-블록체인 통합 솔루션을 확산시킬 필요가 있다. 이와 동시에 ④ 데이터 주권 기반 플랫폼 차별화를 통해 글로벌 표준과 호환되면서도 기업 영업비밀을 보호하는 시스템을 구축하면서, 이러한 차별화 전략을 글로벌 표준으로 확산시키는 노력을 해야 한다. 이를 위해서라도 ⑤ 글로벌 디지털 공급망 협력 네트워크 구축 및 플랫폼 상호운용성 확보 등 국제 협력에 적극 참여하는 것이 필요하다. 이와 함께 ⑥ 산업별 맞춤형 디지털 공급망 전략을 수립하여 반도체, 배터리, 자동차 등 주력 산업의 경쟁력을 강화하는 것이 병행되어야 한다.

17
플랫폼의 글로벌화, 중국식 디지털 확장의 논리

김성옥 | 정보통신정책연구원

중국 플랫폼의 글로벌화는 크로스보더 초저가+초고속 물류에서 현지화 L2L·지분 투자·클라우드/물류 이식으로 진화하고 있다. 틱톡의 확장과 알리익스프레스·테무의 급부상은 가격 경쟁을 넘어 공급망·데이터·알고리즘·물류를 포함한 전면전으로 성격이 바뀌었다. 동시에 미국과 EU의 규제 거버넌스가 강화되며, 이제는 단순 프로모션으로는 방어가 어려운 국면이 열렸다. 따라서 한국도 로컬 플랫폼의 디지털 운영 역량데이터·추천·물류·셀러 생태계을 업그레이드하고, 공정 경쟁·표준·안보 측면의 대응 설계가 필요하다.

초대형 내수플랫폼
→ M&A · 현지화 · 크로스보더로 전환하는 중국

중국의 디지털 플랫폼 기업들은 방대한 내수시장을 발판으로 세계적인 규모로 성장했지만, 글로벌시장에서의 성공은 제한적이었다. 텐센트의 위챗, 알리바바의 타오바오, 티몰 등 전자상거래 플랫폼, 바이두의 검색서비스 등은 내수시장에서는 생활 필수 앱으로 자리 잡았으나 해외에서는 큰 영향력을 발휘하지 못했고, 중국의 대표 플랫폼 바이두, 알리바바, 텐센트 등의 해외진출 시도도 미미한 성과에 그쳤다. 이에 더해 미국의 대중국 수출 통제와 기술 통제 등 중국 기술의 약진을 제어하는 흐름이 가속화되면서, 중국의 플랫폼 서비스에 대한 사이버 안보와 보안, 신뢰 이슈 등이 제기되고 중국의 플랫폼들은 기존 글로벌 경쟁자들의 견고한 장벽을 뚫지 못하고 있었다. 특히, 콘텐츠 검열과 데이터 보안에 대한 우려로 인도, 미국 등 일부 국가들이 중국산 앱을 배척하거나 사용을 제한하는 움직임이 불거지면서, 제조업 영역에서 세계의 공장으로 불리던 중국은 디지털 플랫폼 영역에서는 글로벌화의 벽을 실감할 수밖에 없었다.

바이트댄스의 틱톡TikTok이 전 세계 다운로드 수 1위를 기록하면서 중국 플랫폼의 글로벌 확장이 성공하기 시작하고, 그 뒤를 이어 전자상거래 영역에서 알리익스프레스AliExpress, 테무Temu, 쉬인Shein 등 중국 기반 플랫폼들이 북미·유럽은 물론, 한국 시장에서도 빠르게 영향력을 확대하며 중국 플랫폼은 다시금 주목과 견제의 대상이 되기 시작했다. 특히 이들 플랫폼은 초저가 전략, 적극적인 디지털 마케팅, 고속 물류 체계 등을 무기로 기존 전자상거래 질서에 도전하고 있으며, 이는 단순한 가격 경쟁을 넘어 공급망, 산업 구조, 소비자 행태 전반에 복합적인 변화를 야기하며 전 세계적인 위협으로 대두되었다.

중국 플랫폼 기업들은 근본적으로 몇 가지 강력한 구조적 강점을 지니고 있다. 가장 큰 강점은 거대한 내수시장과 통합 생태계다. 중국 14억 인구의 방대한 시장은 플랫폼 기업들에게 초기 규모의 경제를 달성할 기회를 부여했고, 정부의 보호 아래 외산 플랫폼과의 경쟁자 없이 자국 시장에서 성장할 수 있었다. 이 과정에서 탄생한 알리바바의 전자상거래 생태계나 텐센트의 슈퍼앱 모델은 결제-물류-콘텐츠가 모두 연계된 초거대 플랫폼으로 발전하여 다른 나라 기업들이 모방하기 어려운 종합 서비스 역량을 갖추게 되었다.

또한 중국 제조업의 경쟁력도 디지털 플랫폼의 강점으로 이어졌다. 전자상거래 분야에서 중국 플랫폼들은 광범위한 제조 공급망과 저렴한 제품 조달력을 바탕으로 글로벌 경쟁사에 비해 가격 경쟁 우위를 확보할 수 있었다.

중국 전자상거래 플랫폼들의 글로벌 진출은 최근 몇 년에 눈에 띄게 가시화되었지만, 그 밑바탕에는 이미 예전부터 쌓아올린 진출의 역사가 누적되어 있다. 알리바바와 텐센트는 이미 2018년 이후 동남아시아 시장을 주요 타깃으로 하는 글로벌 진출을 감행한 바 있다. 특히, 전자상거래 분야에서 알리바바는 당시 인도네시아와 싱가포르 등지에서 1위를 점하고 있던 로컬 플랫폼인 라자다Lazada에 지분 투자를 감행하였고, 텐센트는 이에 대항하여 라자다와 동남아시아에서 경쟁구도를 형성하고 있던 쇼피Shopee에 지분 투자를 한다. 이는 중국 내에서 플랫폼 각축전을 벌이고 있던 두 회사의 성장 전략이 해외시장까지 영향을 미친 케이스이다.

알리바바가 지속적으로 지분율을 높여 운영권을 확보하고 진출 지역을 확대해 나가는 반면, 텐센트는 오히려 쇼피에 대한 지분을 18.7%까지 줄이며 글로벌 각축전에서 발을 빼는 양상을 보이며 전자상거래 플랫폼의 글로벌 영향력은 알리바바에게 귀속되는 듯했다.

지금은 기세가 약해졌지만, 초저가 제품으로 무장한 테무의 글로벌 진출은 2023년 전 세계적으로 가장 큰 화두였고, 주춤하던 중국 플랫폼 글로벌화가 다시금 주목받는 계기가 되었다. 우리 시장에서도 알리바바와 테무는 국내 전자상거래 점유율 3~4위를 차지하는 등 빠른 기세로 시장을 확보해 나가고 있다. 그러나 국내에서는 네이버, 쿠팡의 공고한 양강구도가 이어지는 가운데, 중국 플랫폼에 대한 불신과 느린 배송속도, 낮은 제품 신뢰도 등으로 중국 플랫폼의 성장이 제한적일 것이라는 전망이 이어지고, 이에 대해 알리익스프레스와 신세계의 합작, 테무의 한국 직접진출 등 한층 더 본격화된 공세로 국면 전환이 시도되는 중이다.

알리바바 vs 테무 :
물류·클라우드 이식과 L2L(현지 셀러) 모델의 결합

알리바바Alibaba : 지분 투자와 기술 지원을 통한 디지털 역량 이식

알리바바는 기본적으로 개도국과 선진국에 대한 이중 전략을 진행하면서 글로벌 점유율을 높이고 있다. 개도국 대상으로는 대규모 지분 투자/인수로 로컬 시장에 진입하고, 이어서 기술·물류 네트워크를 이식해 성장을 가속하는 방식을 널리 활용하는 한편, 알리익스프레스와 티몰·타오바오 글로벌을 통해 중국 내 수요를 선진국 브랜드에 연결하는 축을 만드는 작업이다.

위에서도 언급한 것처럼, 2016년에 동남아시아 최대 전자상거래 플랫폼인 라자다를 인수하였으며, 알리바바가 2016년에 라자다의 지분 51%를 약 10억 달러에 인수하고, 이후 2017년과 2018년에 각각 10억 달러, 2024년 5월에는 2억 3천만 달러를 추가로 투자한 것이 가장 대표적인 사례이다. 라자다는 현재 태국, 말레이시아, 싱가포르, 필리핀, 베트남, 인도네시아 등에서 운영 중이며, 동남아시아 전체에서 2위의 점유율을 보유하고 있다.

두 번째 알리바바의 성공적인 인수 사례인 트렌디욜Trendyol은 터키 최대의 전자상거래 플랫폼으로, 2023년 기준으로 터키의 전자상거래 시장에서 약 40% 이상의 점유율을 보유하고 있다. 알리바바는 2018년에 지분을 인수하였다. 트렌디욜은 알리바바의 투자 이후 기술 및 물류 인프라를 강화하고, 다양한 제품군을 제공하면서 시장 지배력을 확장하고 있다.

세 번째 사례인 다라즈Daraz는 남아시아의 여러 국가에서 강력한 시장 점유율을 보유한 플랫폼이다. 특히 파키스탄에서는 약 30% 이상의 점유율로 시장을 선도하고 있으며, 파키스탄, 방글라데시, 스리랑카, 네팔, 미얀마 등에서 운영 중이다.

이렇게 알리바바는 현지에서 독보적인 점유율을 보유하고 있는 플랫폼들을 인수하여 글로벌 확장을 지속해 나가고 있는데, 여기에서 주목할 것은, 첫째, 본래 로컬 입점업체들을 대상으로 하던 이들 플랫폼에 알리바바 인수 이후 중국 업체들이 대거 입점했다는 점이다. 라자다와 트렌디욜, 다라즈 등의 플랫폼은 모두 현지업체가 입점해 있는 로컬 플랫폼으로 시작해, 알리바바 인수 이후 중국 업체들이 진입한 상태이다. 즉, 알리바바의 지분 투자를 통해 로컬 업체들의 해외진출뿐 아니라, 로컬 플랫폼이 중국 제조업체와 유통업체들의 해외진출에 해외로 진출하는 데에 교두보 역할을 하고 있다.

둘째, 알리바바가 물류네트워크와 클라우드를 통한 기술 지원을 기반으로 통제력을 확장해 나가고 있다는 점이다. 물류 네트워크 측면에서 보면, 차이냐오는 알리바바의 물류 자회사로, 물류 및 공급망 관리에서 최첨단기술을 공유한다. 스마트 창고 시스템, 물류 경로 최적화, 실시간 추적 기술 등으로, 투자한 플랫폼들이 물류 효율성을 극대화할 수 있도록 지원하는 역할을 하며, 동시에 글로벌 물류 네트워크를 통해 물류 기술을 전수하고, 투자한 플랫폼들이 글로벌시장에 쉽게 접근할 수 있도록 지원한다. 이를 통해 플랫폼들은 국제 배송 및 크로스보더 전자상거래를 더 효과적으로 운영할 수 있게 된다.

즉 차이냐오의 기술력과 글로벌 네트워크를 활용하여 현지의 물류 회사들과 협력하여 글로벌-로컬을 오가는 물류 네트워크를 완성하도록 지원하고, 스마트 물류 기술을 현지 협력 물류 네트워크에 통합하여 자동화된 창고 관리 시스템, 실시간 추적, 경로 최적화 등을 실현하는 것이 알리바바의 자회사 플랫폼들에 대한 차이냐오의 역할이다.

그러나, 차이냐오의 물류 시스템이 현지의 로컬 입점업체들을 위해 구축된 네트워크라기보다는 로컬 플랫폼들에 입점한 중국업체들이 현지에 재화를 판매하기 위해 활용된다는 점에 주의를 기울일 필요가 있다. 즉 아직까지는 중국의 로컬 플랫폼 지분 인수가 현지 입점업체들의 글로벌 진출보다는 중국 업체들의 글로벌화를 위한 수단으로서의 성격이 상대적으로 강하게 드러나는 것이다.

기술 지원은 주로 클라우드를 통해 진행된다. 알리바바는 지분을 투자한 플랫폼들에게 자사의 클라우드 인프라인 알리바바 클라우드를 제공하여 데이터 관리, 컴퓨팅 파워, 인공지능 및 머신러닝 기능을 지원한다. 이를 통해 플랫폼들은 대규모의 트래픽 처리, 데이터 분석, 보안 강화 등의 기술적 요구를 효과적으로 관리할 수 있게 된다.

또한 알리바바 클라우드는 고급 데이터 분석 툴과 AI 기능을 제공하여, 투자한 플랫폼들이 사용자 데이터를 분석하고, 개인화된 서비스나 추천 시스템을 구현할 수 있도록 돕는다. 라자다, 트렌디욜과 다라즈는 모두 알리바바가 제공하는 알리바바 클라우드를 이용하는데, 알리바바 클라우드에 데이터를 탑재하고, 클라우드에서 지원하는 각종

기술 자원들에 의존하면서 데이터와 기술에 대한 의존도가 높아지는 경향이 있다.

테무Temu : 중국 제조업-세계의 연결에서 로컬시장으로

테무가 중국의 제조공장으로부터 전 세계 구매자들에게 직접 판매를 이어주는 거래 플랫폼으로 초저가 전략과 공격적인 마케팅으로 글로벌 전자상거래 시장의 판도를 뒤흔든 것은 주지의 사실이다. 이제는 테무발 이슈가 잠잠해진 것 같지만, 테무는 여전히 지속적인 성장세를 보이며 글로벌화에 박차를 가하는 중이다.

테무는 2025년 2분기 기준으로 월간 활성 사용자MAU 4억 1,650만 명을 기록하며 전년 동기 대비 68% 증가하는 폭발적 성장을 보였다. 일일 활성 사용자DAU도 7,050만 명으로 전년 동기 대비 65% 증가했으며, 글로벌 누적 다운로드는 10억 건을 돌파했다.

테무의 지역별 성장은 매우 차별화된 양상을 보인다. 유럽연합U은 MAU가 전년 동기 대비 74% 증가하며 테무 전체 사용자 기반의 34%를 차지하는 최대 시장으로 부상했다. 라틴 아메리카는 더욱 강력한 성장세를 보이며 MAU가 전년 동기 대비 122% 증가해 전체 사용자의 26%를 차지했다.

반면 미국 시장은 MAU가 전년 동기 대비 28% 감소하며 테무의 글로벌 사용자 점유율이 11%로 축소됐다. 전 세계 월간 활성 사용자의 90%가 미국 외 지역 사용자로 테무는 이미 미국 의존도를 크게 낮춘 상태이며, 트럼프 대통령이 그간 800달러 이하의 개인 해외직구에 대해 적용하던 소액면세제도정책을 폐기하고 2025년 4월 145%의 관세를 부과하면서, 테무는 오히려 한국, 동남아시아, 유럽 등 다른 지역에서의 글로벌 전략을 더욱 강화해 나가는 중이다.

테무의 글로벌화에서 가장 주목할 만한 점은, 기존 테무 플랫폼을 통해 중국의 초저가 제품을 글로벌시장에 판매하던 전략에서 로컬 시장으로의 직접 진출로 전략을 전환했다는 점이다. 이는 즉, 현지 고객과 판매자를 대상으로 한 오픈마켓 서비스이며, 모집 대상은 자체 물류 및 배송 시스템을 갖춘 국내 업체로 해외 판매를 지원하는 것은 아니다. 테무는 작년 2월 미국을 시작으로 남미, 영국, 독일, 프랑스 등 유럽, 일본 등 16개 국가에서 현지 판매자들을 모집한 바 있다. 이는 테무가 단순히 중국 플랫폼을 통해 중국의 저가 제품과 글로벌 각지의 소비자를 중개하던 행위에서, 로컬 시장에서 영향력을 가질 수 있는 공급자로서 역할을 강화해 나가겠다는 의미이다.

중국 플랫폼의 한국 시장 진출 전략

우리 전자상거래 시장은 기본적으로 쿠팡, 네이버쇼핑 등 로컬 플랫폼들의 우위가 강하고 아마존, 이베이 등의 진출도 무위로 돌아간 경험이 있을 만큼 로컬 강세가 존재하는 시장이다. 여전히 쿠팡과 네이버가 양강 구도를 확립한 가운데, 2025년 6월 기준 MAU 알리익스프레스905만 명, 테무는 800만 명을 기록하며, 국내 이커머스 플랫폼 시장에서 쿠팡3,422만 명, 11번가796만 명에 이어 3, 4위의 점유율을 차지한다.

알리바바는 한국 진출 초기부터 알리익스프레스 플랫폼을 통해 중국 제품들을 국내에 판매하는 동시에, 한국 제품 전문관으로 구성된 K-베뉴 카테고리를 만들어 한국 입점업체들을 끌어들이며 국내 시장에서의 영향력을 확대해 나가는 중이다.

또한 배송 속도도 크게 단축되어 해외직구의 고질적인 문제를 해소해 나가는 중인데, 이는 역시 차이냐오의 역할이 그 중심을 차지한다. 차이냐오는 AI 기반의 수요예측을 통해 한국과 가장 가까운 물류센터에 제품을 적재하고, 국내에서는 CJ대한통운, ICB 우체국 등과의 협업을 통해 라스트마일을 실현한다.

뿐만 아니라, 알리바바는 신세계와 합자회사인 오푸스 인터내셔널을 설립하여 2025.9.18., 신세계 산하의 지마켓과 알리익스프레스 코리아 간의 시너지를 도모한다. 그러나 빠른 배송과 제품 신뢰성을 앞세운 국내 전자상거래 플랫폼이 강고한 우위를 점하고 있는 상황이며, 양사의 합작 조건으로 해외직구 서비스에서는 양사의 소비자 데이터 상호 공유 및 활용이 엄격히 금지된 가운데, 양사의 기업결합이 가져올 수 있는 시너지는 국내 오픈마켓 시장에서는 단기적으로는 상당히 제한적일 것으로 예상된다.

단, 현재 알리익스프레스의 한국 내 전략이 국내 입점 사업자들 입장에서 보면, 단기적으로는 국내보다 저렴한 입점 수수료와 판매 수수료로 사업을 시작하고 알리바바 같은 글로벌 플랫폼을 통해 해외매출을 확대할 수 있으며, 반면, 국내 플랫폼들의 국내 제조사와 입점업체에 대한 영향력은 약화될 수 있다는 우려가 존재한다. 알리익스프레스는 국내 신규입점자에게 90일간 수수료 면제, 연간 판매액 5억 원 이하 판매자에 대한 수수료 50% 환급 등 다양한 지원 정책 등을 통해 입점업체들을 유치하고 있으며, 이를 통해 국내시장 영향력을 높여가는 중이다. 판매수수료 또한 국내 플랫폼들에 비해 낮은 편으로, 우리 입점업체들이 알리익스프레스로 유입될 유인이 충분한 상황이다.

표 1 — 플랫폼 수수료 비교

알리익스프레스 수수료

카테고리	수수료
식품, 뷰티 가전	8.8%
커피, 과일, 대형가전	5.5~6.6%
태블릿, 노트북	5.5~6.6%
애완용품, 차량용 액세서리	7.7%
기타	3.3~8.8%

지마켓 수수료

대분류	수수료	대분류	수수료	대분류	수수료
가정/잡화	13%	모바일/태블릿	9%	여행/항공권	8%
건강/의료용품	9%	문구/사무용품	13%	자동차용품	9%
건강식품	13%	반려동물용품	13%	조명/인테리어	13%
공구/산업용품	13%	브랜드 남성의류	13%	주방용품	13%
남성의류	13%	브랜드 여성의류	13%	출산/육아	13%
노트북	7%	브랜드 잡화	13%	카메라	9%
도서/음반	15%	생필품	11%	캠핑/낚시	13%
등산/아웃도어	13%	생활/미용가전	9%	화장품/향수	13%
모니터/프린터	7%	신발	13%	e쿠폰	4%

출처 : G마켓, 윈들리(windly.cc)

테무 또한 국내에서는 알리바바와 비슷한 전략을 구축 중이다. 테무는 2025년 2월부터 한국 시장에서 '로컬-투-로컬L2L' 모델을 차용하여 한국 판매자 모집을 공식화했으며, 현재 1,500여 개의 사업자가 테무의 KR 스토어가 입점한 상태이다. 한국에 등록된 사업자 중 현지 재고 보유·자체 주문 처리·국내 배송 가능 업체를 대상으로 입점을 받고 있으며, 전용 Temu Seller Center를 통해 가입·심사를 진행한다. '중국발 초저가 직구' 이미지에서 벗어나 국내 셀러가 국내 소비자에게 파는 오픈마켓으로의 전환을 꾀하며, 이를 통해 한국의 유통시스템에 직접적인 영향력을 행사할 수 있게 된 것이다.

현재 테무는 국내에서 판매 수수료 0% 혜택을 제공하며 광범위하게 사업자들을 끌어모으는 중이며, 국내의 대형 물류 센터를 임차해 수요예측을 통한 선재고 축적으로 익일배송도 가능해지고 있다.

즉, 국내 시장에서 중국 전자상거래 플랫폼들은 낮은 입점수수료, 판매수수료로 입점 사업자들을 유인하여 네트워크 효과를 확대하려는 전략을 기본으로, 국내 풀필먼트 실현을 통해 배송기간을 단축하며 제품의 신뢰도와 배송지연이라는 고질적인 문제를 해소하고자 한다. 알리익스프레스와 테무는 모두 AI 기술을 활용하여 진출 지역의 수요를 파악·예측하고, 가장 많이 팔리는 상품들을 한국과 최대한 근접한 해외 물류센터 및 국내 물류센터에 사전 배치하여 배송시간을 극대화로 단축한다.

상기한 것처럼, 알리익스프레스와 신세계의 합작으로 인해 우리 소비자 데이터와 알리의 AI 기술이 결합되어 국내 전자상거래 생태계에 큰 파급력을 불러올 수 있다는 우려가 제기되었다. 합작 조건으로 해외직구 시장 데이터의 양사 간 분리 원칙이 명시되면서 이러한 우려는 일정 부분 완화되었지만, 여전히 몇 가지 구조적 문제는 남아있다. 첫째, 국내 물류 인프라와 운영 노하우를 통해 축적되는 간접적인 시장 정보까지 완전히 차단하기는 어렵다는 점이다. 둘째, 알리익스프레스는 신세계의 유통망과 소비자 접점을 활용하면서 브랜드 인지도와 신뢰도를 높여 독자적인 시장 확대를 가속화할 수 있다. 셋째, 이러한 합작 모델이 선례가 되어 다른 중국 플랫폼들의 국내 유통기업과의 제휴를 촉진할 가능성이 있으며, 이는 장기적으로 국내 이커머스 시장의 경쟁구도를 근본적으로 변화시킬 수 있다. 특히 쿠팡, 네이버 등 국내 플랫폼들이 상대적으로 높은 수수료 구조와 제한적인 AI 역량으로 경쟁력을 잃을 경우, 판매자들의 이탈과 소비자 선택지의 편중이 심화될 우려가 있다.

표 2 — 중국 전자상거래 플랫폼의 글로벌 확장 전략

	지분인수				직접 진출	
	알리바바			텐센트	알리	테무
	라자다	트렌디올	다라즈	쇼피		
자본	중국	중국	중국	중국	중국+한국	중국
물류	차이냐오+자체	차이냐오+자체	차이냐오+자체	자체	현지 협업	현지 협업
클라우드	알리 클라우드	알리 클라우드	알리 클라우드	AWS, GCP	-	-
셀러 구성	중국 셀러 현지 셀러	중국 셀러 현지 셀러	중국 셀러 현지 셀러	현지 셀러	중국 셀러 현지 셀러 (한국)	중국 셀러 현지 셀러 (유럽 등)

중국 플랫폼 글로벌 확장의 위험 요인과 대응 방향

테무, 알리익스프레스 등 중국 전자상거래 플랫폼의 공습은 기존 글로벌 생태계의 지형을 바꾸며 글로벌 차원의 이슈로 대두되었고, 이들 플랫폼은 미국, 유럽, 동남아시아 등지를 넘어 한국의 플랫폼 생태계에도 지대한 영향을 끼치고 있다.

바이두, 텐센트, 알리바바 등 중국 플랫폼 기업들이 광활한 내수시장을 바탕으로 빠른 서비스 혁신과 성장을 보여주었으나, 그 성과는 중국 내에 제한되어 글로벌시장에서는 뚜렷한 존재감이 없었다는 점은 모두가 주지하는 사실이다. 이후 출현한 틱톡TikTok 서비스가 전 세계가 열광하는 글로벌 서비스로 자리매김하였으나, 2024년 4월 24일 일명 H.R.815를 제정해 '중국계 앱의 미국 내 통제권' 문제를 법률 차원에서 정면으로 다뤘고, 2025년 9월에는 미국판 틱톡을 미국이 과반 지배하고, 추천 알고리즘과 데이터·보안을 미국 측오라클 중심이 관리하는 방향의 합의안을 공식화했다. 미국 경내에서 중국 플랫폼 서비스의 운영·감독 권한을 실질적으로 미국에 귀속시키는 구조로 기울었다고 볼 수 있으며, 사실상 추천 알고리즘의 미국 내 재훈련·감독을 전제로, 향후 다른 중국계 AI·플랫폼에도 확장 적용 가능한 거버넌스 모델로 해석된다.

중국의 전자상거래 플랫폼 글로벌화는 점차 로컬 시장에서의 역할과 입지를 강화하는 방향으로 진행되고 있다. 다만 지속가능성에 대해서는 견해가 엇갈린다. 미국은 2025년 중국발 저가 직송에 적용되던 무관세 예외를 폐지해 비용·리드타임의 변동성을 키웠고, 145%라는 고율 관세 카드까지 병행하며 통상 압박을 높였다. 개인정보·안전·지식재산 이슈는 여전히 국가안보·소비자 보호 차원에서 상시 점검 대상이다. 유럽연합은 DSA/DMA를 통해 중국계 플랫폼의 상품안전·추천시스템 투명성·위해상품 유통 방지를 강하게 요구하고, 2025년에는 테무의 DSA 위반 소명 절차 착수예비판단, 알리익스프레스의 DSA 이행 약속 법적 구속화 등 잇단 조치를 내놨다. 규제의 강도와 범위가 커질수록, 가격·프로모션만으로는 방어가 어려운 국면이 온다.

한국에서의 논의도 달라질 필요가 있다. 중국산 저가 공세로 인한 우리 제조업 위기라는 프레임에서 중국 전자상거래 플랫폼이 보유한 디지털 역량 그 자체로 대응 체계도 바뀌어야 하는 시기이다.

여기에 중국 AI의 빠른 고도화를 기반으로 AI를 탑재한 플랫폼으로 전자상거래가 진화함에 따라 알리바바와 테무 등 기업의 기술 역량에 대응할 수 있는 우리 플랫폼의 디지털 방어선을 구축할 필요가 있다. 요컨대, 중국 플랫폼의 부상은 더 이상 저가 수입의 문제가 아닌, 디지털 운영 역량의 경쟁이며, 제조업을 배후로 한 AI를 장착한 플랫폼 대 플랫폼의 총력전이 될 가능성이 존재함을 주지해야 할 것이다.

참고문헌

- 인포스탁데일리 (2024.5.24.). 「알리바바, Lazada에 3,100억 추가 투자」. https://www.infostockdaily.co.kr/news/articleView.html?idxno=199253
- 머니투데이 (2025.9.18.). 「쿠팡·네이버 '양강 구도' 흔들릴까… 신세계-알리 합작법인 닻 올렸다」. https://news.mt.co.kr/mtview.php?no=2025091813533533788&type=2&sec=politics&pDepth2=Ptotal
- 매일경제 (2025.2.18.). 「C커머스 상륙 본격화… 테무 한국 안방 직접 진출 선언」. https://www.mk.co.kr/news/business/11243662
- Cainiao 홈페이지. https://www.cainiao.com/en/index.html
- Daraz and Alibaba Cloud forge partnership to drive digitalisation in Pakistan. https://daraz.com/newsroom/daraz-and-alibaba-cloud-forge-partnership-to-drive-digitalisation-in-pakistan/
- https://kr.investing.com/news/company-news/article-93CH-1538378
- https://www.digitaltoday.co.kr/news/articleView.html?idxno=554072

제4부

협력의 재설계

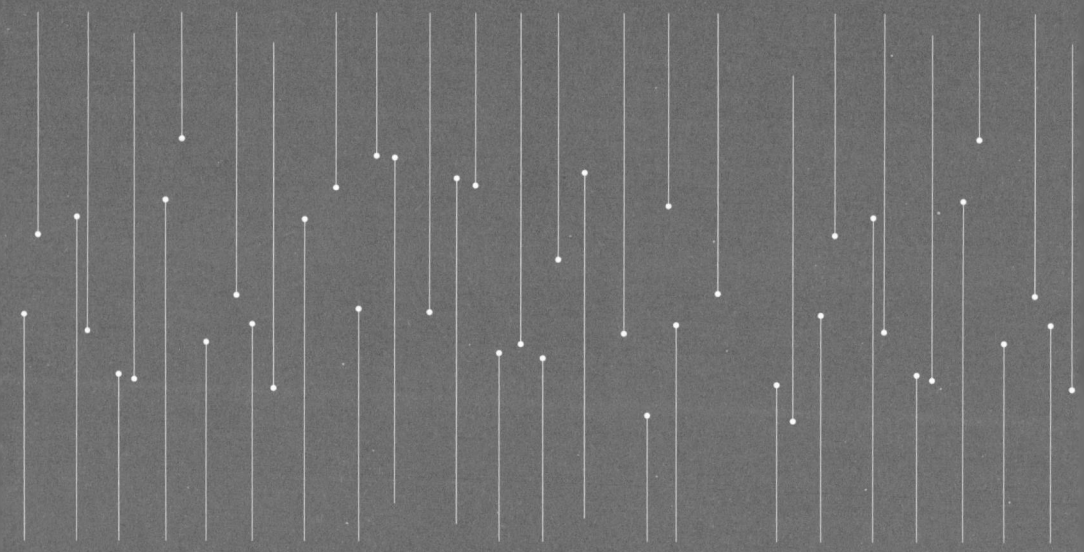

새로운 한중 과기 협력 패러다임

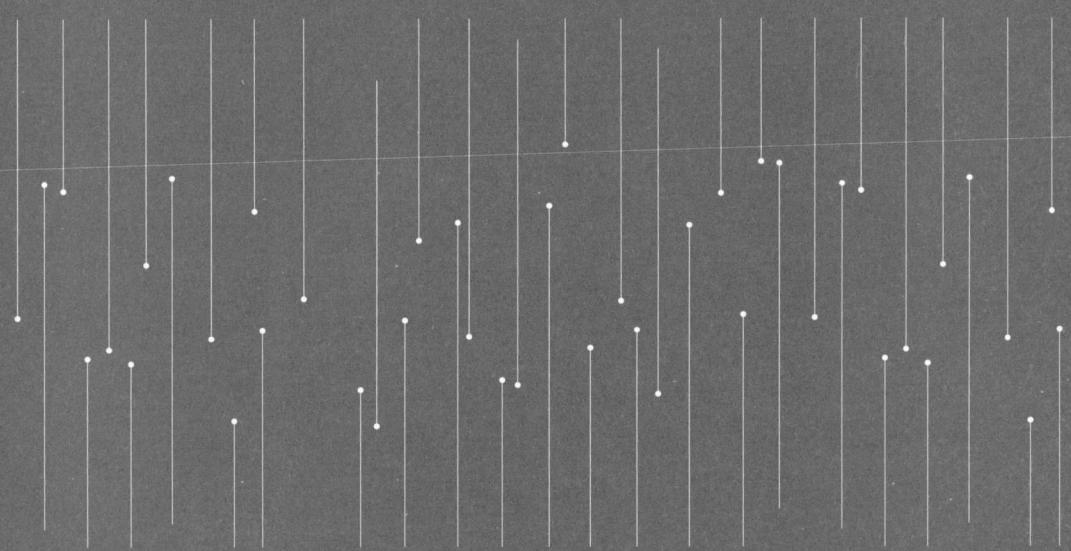

18 　딥시크 이후, 과학기술의 부상과 국제정치
19 　미중 경쟁 시대, 기술의 안보화와 한국의 선택
20 　글로벌 전환기 속 한중 협력의 새로운 전략 프레임

18
딥시크 이후,
과학기술의 부상과 국제정치

김상배 | 서울대학교

딥시크 쇼크는 중국의 '양→질' 전환 가능성을 드러내며 미중 기술 패권 경쟁을 전면 가속했다. 미국은 개방에서 봉쇄로 전략을 전환해 반도체·클라우드·플랫폼·LLM까지 제재 범위를 넓히는 한편, 동맹·규범 네트워크로 AI 거버넌스를 설계하고 있다. 중국은 독자 생태계와 대항 플랫폼을 구축하며 '봉쇄의 역효과'를 자원화하고, 일부 분야에선 기습적 성과로 간극을 축소 중이다. 한국은 선도·특화, 폐쇄·개방, 안보·경제라는 '3중 딜레마'를 균형 있게 돌파하는 국가책략이 필요하다.

중국 과학기술의 부상과 딥시크 쇼크

최근 중국 과학기술의 부상으로 인해 촉발된 미중 기술 경쟁은 패권 경쟁이라 부르는 것이 무색하지 않을 정도로 여러 분야에 걸쳐서 거세게 전개되고 있다. 최근 벌어진 5G 이동통신 장비 관련 갈등이나 반도체 분야의 기술 경쟁 및 이와 연계된 수출입 제재 논란, 인공지능AI 기술 혁신과 제품 개발 및 막대하게 생성되는 데이터의 활용을 놓고 불거진 다양한 갈등은 그 대표적 사례들이다. 코로나19 팬데믹으로 인해서 백신과 치료제 개발 등과 같은 보건·바이오·의료 분야의 기술 패권 경쟁도 가속화되었다. 게다가 코로나19로 인해서 우리 삶의 많은 부분이 비대면 환경으로 옮겨 가면서 사이버 공간의 주도권을 장악하기 위한 미중 양국의 디지털 플랫폼 경쟁도 촉발되었다. 소셜미디어, 전자상거래, 핀테크, 콘텐츠 등과 관련된 다양한 디지털 플랫폼 서비스가 경합을 벌이고 있다.

이렇게 다양한 분야에서 진행되고 있는 미중 기술 패권 경쟁과 중국 과학기술의 부상을 어떻게 평가할 것인가? 여태까지는 '응용기술' 분야에서는 중국이 많이 따라왔지만, '원천기술' 분야는 미국이 여전히 앞서 있다는 평가가 주를 이루었다. 중국이 양量적으로 공세를 벌이는 가운데 미국이 질質적으로 수성하고 있다는 의미로 '양중질미量中質美'라고 불러 볼 수 있을 것 같다. 여기서 관건은 중국이 그간의 '양적 성장'을 바탕으로 앞으로 미국을 능가하는 '질적 변화'를 달성하게 되는, 이른바 '양질전화量質轉化'를 달성할 수 있느냐의 여부였다.

반면 미국의 시각에서 볼 때, 점점 더 가속화되는 중국의 기술 추격을 차단하고 자국의 기술 패권을 지속하는 것이 관건이었다. 사실 여태까지 미국은 질적으로 기술 경쟁력이 앞섰을 뿐만 아니라, 개방적 생태계의 구상을 근간으로 하는 글로벌 기술 질서를 구축해서 운영해 왔다. 지난 시절 미국의 전략은 이러한 자국 주도의 생태계에 중국을 참여시켜 순화시키려는 '개방의 효과'를 노렸다고 할 수 있다. 그러나 최근 중국의 기술 추격이 거세지면서, 미국의 전략은 개방에서 봉쇄로 전환하고 있다. '봉쇄의 효과'를 노리고 중국의 추격을 차단하기 위해서 다양한 경제적·정치적 제재 조치가 동원되는 것이 작금의 추세다.

그런데 문제는 중국이 이러한 미국의 봉쇄 전략에 굴복하여 주저앉지 않고 반발하고 있다는 데 있다. 최근 중국은 미국 주도 생태계에 편입하여 학습했던 기존의 전략 기조를 넘어서, 자국이 주도하는 나름의 독자적 생태계를 국내외적으로 구축하려는 전략을 채택하고 있다. 미국이 부과한 '봉쇄의 역효과'가 발생하면서, 오히려 중국이 여러 분야에 걸쳐서 미국의 기술 패권에 맞서는 양상이 발생하고 있는 것이다. 게다가 최근의 양상은 중국의 과학기술이 주요 분야에서 예상치 못했던 큰 성과를 거두기까지 하고 있다.

이러한 중국 과학기술의 부상을 보여주는 가장 극명한 사례는 이른바 '딥시크 쇼크'이다. 중국산 AI 모델인 딥시크가 국내외에서 큰 파장을 일으켰다. 딥시크의 AI 모델 'R1'이 오픈AI 'o1' 모델의 18분의 1밖에 안 되는 적은 개발비로 그 성능을 따라잡았다고 한다. 미국이 AI 반도체 수출을 통제하는 상황에서 낮은 사양의 AI 칩을 사용해서 거둔 성과라 더 큰 화제다. 강화학습 중심 모델 개발이나 '전문가 혼합' 기법, 오픈소스 방식 등을 채택해서 비용을 절감한 것도 눈에 띈다. 딥시크 개발의 주역들이 중국 '국내파' 인재들이고, 이런 수준의 AI 기업이 중국에 훨씬 더 많이 있다는 사실도 '쇼크'다. '중국제조 2025'를 내걸고 전폭적으로 지원한 중국 정부의 정책도 재조명되고 있다.

미국 업계는 '제2의 스푸트니크 모멘트'라며 놀라움을 감추지 않았다. 미국 증시가 출렁였고 트럼프 대통령도 민감한 반응을 내놓았다. 그러나 딥시크 발표의 신뢰성을 의심하는 유명 인사들도 있고, 오픈AI는 자사 데이터를 무단 사용한 의혹을 제기하며 마이크로소프트와 함께 조사에 나섰다. 딥시크가 중국 정부의 검열을 받는 정황을 들춰내고, 딥시크의 지나치게 광범위한 데이터 수집과 개인정보 보호의 취약성뿐만 아니라, 중국 정부로의 유출 가능성도 경계 대상이 됐다. 그야말로 딥시크 쇼크는 최근 불붙기 시작한 미중 AI 패권 경쟁을 더 가속화하는 계기를 마련한 것이 분명해 보인다. 최근의 미중 AI 패권 경쟁은 단순한 기술과 산업의 경쟁만이 아니다. 경제뿐만 아니라 안보, 국방, 외교, 규범 등 국제정치 전반에 걸친 다차원적 패권 경쟁의 성격을 띠고 있다.

미중 AI 패권 경쟁의 국제정치

첫째, 최근 가속화되는 미중 기술 경쟁에서 AI의 비중은 점점 더 높아지고 있다. 과거 해당 시기 첨단기술의 우위를 확보한 나라가 글로벌 패권을 장악했던 것처럼, 오늘날 AI 기술은 디지털 부국강병을 달성케 하는 첨단기술 역량을 상징한다. 이러한 인식을 바탕으로 미중 양국은 모두 국가적 차원에서 AI 기술 혁신에 매진하고 있다. AI 기술 투자 면에서 미중은 선두를 겨루며 경쟁하고 있다. AI 모델 개발에서도 미중은 1, 2위를 다투고 있다. AI 모델 개발을 위한 컴퓨팅 파워를 의미하는 AI 반도체 분야에서는 미국의 엔비디아가 글로벌시장의 80~90%를 점유하며 압도적 우위를 차지하고 있다. 그러나 최근 중국의 추격도 섣불리 예단하기 어려울 정도도 매섭다.

둘째, AI 생태계의 성격 변화는 미중 AI 패권 경쟁의 양상을 보여주는 좋은 사례이다. 기존에 AI는 개방형 오픈소스 생태계에서 학습됐으나, 최근 오픈AI나 구글과 같은 AI 선두주자가 나서 소스코드를 공개하지 않는 추세를 이끌어 가고 있다. 이러한 폐쇄화의 조짐은 개방형 생태계에 편승하여 미국을 추격해 온 중국의 행태를 견제하려는 미국의 전략 변화와도 맥을 같이 한다. 이러한 대립의 양상은 양국의 디지털 플랫폼 경쟁에서도 나타나고 있다. 전반적으로 미국 플랫폼 기업들이 앞선 가운데 디지털 미디어와 콘텐츠 및 전자상거래 등 여러 층위에 걸쳐서 '차이나 플랫폼'이 약진하고 있다. 최근에는 기업 간 플랫폼 경쟁에 양국 정부까지 가세하면서 '플랫폼 지정학'을 들먹일 정도가 되었다.

셋째, 최근 미국의 대중국 AI 수출입 제재도 양국의 패권 경쟁 맥락에서 이해할 수 있는 현상이다. 중국산 AI 제품과 서비스가 지닌 데이터 안보 문제를 경계하는 미국의 제재는, AI 반도체뿐만 아니라 안

면인식 AI와 틱톡 플랫폼, 커넥티드카 부품 등으로 확장되고 있다. 미국은 2023년 8월에 발표한 'AI 행정명령'에서 특정 AI 시스템에 대한 대중국 투자를 금지했다. 또한 미국 정부는 중국 AI 기업들의 미국 클라우드 서비스 사용을 금지하기도 했다. 이러한 대중국 규제의 행보는 최근 거대언어모델LLM인 딥시크에도 적용되고 있다. 그런데 AI 기술의 안보 문제를 보는 미중 양국의 인식이 너무 달라서 그 자체가 갈등의 소지를 안고 있다. 미국이 '경제 안보'와 '중국 견제'를 중시한다면, 중국은 '체제 안정'과 '국가 주권'을 앞세운다.

넷째, AI 수출입 제재 논란은 군사 안보 분야로도 전이되고 있다. 전통적으로 민군 겸용의 첨단기술과 전략 물자는 수출 통제의 대상이었는데, 최근 미국은 AI를 전략 자산으로 천명하며 수출 통제 목록에 군사 관련 AI도 포함했다. 특히 미국 상무부가 들고 있는 LLM의 수출 통제 카드에 주목할 필요가 있다. 최근 메타가 자사의 오픈소스 기반 LLM인 라마의 군사적 활용을 허용하면서 중국이 미국산 AI를 군용으로 전용할지도 모른다는 우려가 더 커졌다. 이러한 AI의 군사화 추세 속에 미중 AI 군비 경쟁이 본격화될 가능성이 있다. 미중을 포함한 주요국들은 첨단무기 개발에 AI를 적극 활용하고 있으며, 이를 지원할 자국 기반의 첨단 방위산업 육성에 주력하고 있다.

끝으로, 최근 AI는 외교 안보, 특히 동맹 외교의 주요 안건으로 부상했다. 아직 이 분야의 국제규범이 없는 상황에서 서방 국가들의 정부 간 정책 공조가 그 역할을 대신하고 있다. 그 대표적 사례는 2020년 6월 발족한 AI 전담 협의체인 GPAI Global Partnership on AI이다. 이외에도 미국은 동맹·파트너 국가들과 협력하여 쿼드Quad, 오커스 AUKUS, 나토NATO 등에서 AI 분야의 연대를 모색하고 있다. 서방 진영의 AI 거버넌스 구축 노력은 2023년 5월 G7 정상회의에서 '히로시마 AI 프로세스'로 결실을 보기도 했다. 이외에도 최근 여러모로 AI 국제 규범이 모색되고 있는데, AI 무기규범 분야는 향후 미중 AI 패권 경쟁의 주요 싸움터가 될 것이다.

한국의 AI 국가책략

'딥시크 쇼크'는 한국에도 AI 국가책략statecraft에 대한 논의의 불을 지폈다. 향후 AI 국가책략은 단지 기술 역량을 기르는 데만 그치는 것이 아니라, 미중 두 강대국 사이에서 전략적 선택의 난제도 풀어야 하고, 우리 나름의 AI 안보 담론도 세워야 하는 문제임을 깨닫게 했다. 특히 국가 역량의 규모나 지정학적 위치, 국제사회적 역할 등에서 '중견국'이기에 겪을 수밖에 없는 '3중 딜레마'를 고민케 한다.

첫째, AI 기술 혁신 전략에서 '선도 전략'과 '특화 전략'의 어느 쪽을 채택하느냐이다. 범용 AI 모델인 '기반foundation 모델'을 자체 개발할지, 외국산 기반 모델을 빌려서 '도메인 특화 모델'로 응용해서 쓸지의 고민이다. 선두그룹과 경쟁하려면 자체적으로 기반 모델을 개발할 기술 역량이 있어야 한다. 기술을 빌려 쓰면 종속된다. 시험에서도 가중치가 높은 국·영·수 과목을 포기하면 상위권 진입은 어렵다. 사실 여태까지 한국은 녹록지 않은 상황임에도 여러 첨단기술 분야에 도전하여 지금의 '디지털 한국'을 이루어 냈다. 미중이 크게 앞서가고 여타 국가들이 아직 뚜렷한 우열을 가리지 못한 AI 분야에서도 한국은 여전히 기회가 있다. 그러나 국가 역량의 규모 면에서 중견국인 한국이 AI 분야 '규모의 게임'을 감당하기에는 태생적 한계가 있다. 일개 빅테크 기업의 투자가 한국 전체의 규모를 수십 배나 능가한다. 게다가 기반 모델 경쟁은 '승자독식'의 논리가 작동하는 분야다. 밑 빠진 독에 물붓기식으로 접근하다가는 자칫 모든 걸 잃을 수도 있다.

그런데 최근 딥시크의 '가성비 행보'는 '추격 전략'을 효과적으로 세우면 저비용으로도 고성능의 AI 모델을 개발할 가능성을 보여줬다. 이런 전략은 한국이 잘하는 분야이고 산업화도 이런 정신으로 따라왔다. 이른바 '선택과 집중'의 관점에서 '한국형 AI 모델'의 필요성이 제기되는 것은 바로 이런 맥락이다. 주력 분야에 특화된 소형언어모델SLM, 온디바이스 AI, 저전력 AI 반도체, 소버린sovereign AI 등이 자주 거론된다. 또한 '개발 전략'을 넘어서 '적용 전략'의 중요성을 강조하는 목소리도 크다. 조선, 반도체, 자동차, 항공, 의료 등 산업 경쟁력이 있는 분야별로 솔루션을 제공하는 '특화 AI'를 개발하자는 것이다. 이는 AI와 제조업을 융복합하는 4차 산업혁명의 구상과도 맞닿는다. 결국 장기적으로는 기반 모델 개발로 선도적 잠재력을 익히면서도 단기적으로는 경쟁력 있는 특화 영역을 공략하는 '복합 전략'이 답이다. 국·영·수 공부는 게을리하지 말아야 하지만, 부족한 점수는 암기과목에서 만점을 받아서 메워야 한다.

둘째, AI 생태계 전략에서 '폐쇄형'과 '개방형'의 어느 진영과 연대하느냐이다. 이는 비싼 비용을 치르고 미국의 폐쇄형 AI 모델을 계속 써야 할지, 무료로 제공되는 중국의 개방형 AI 모델을 새로 채택할지의 문제와 통한다. 앞서 언급한 바와 같이, 최근 미국은 AI 프로그램의 소스 코드를 공개하는 개방형 AI 생태계 전략에서 소스 코드 비공개의 폐쇄형 전략으로 이행하고 있다. 특히 2021년을 거치면서 구글, 오픈AI 등이 막대한 투자금의 회수와 대중국 견제 등을 목적으로 폐쇄형 전략을 채택하였다. 이에 반해 딥시크, 알리바바 등 중국 AI 기업들은 개방형 전략을 내세워 도전하고 있으며, 이를 일대일로 一帶一路 선상의 국가들로 확대하고 있다. 최근 국내 AI 스타트업의 상당수도 개방형 모델인 딥시크를 자사 서비스에 탑재해서 쓰고 있다.

그런데 개별 기업 차원이 아니라 국가적 차원에서 볼 때, 지정학적으로 미중 사이에 낀 중견국인 한국이 선뜻 중국발 개방형 모델에 편승하기는 쉽지 않아 보인다. 미국의 대중국 제재가 AI 모델뿐만 아니라 디지털 기술과 플랫폼 서비스 전반에 걸쳐 가동되는 상황에서, 여태까지 유지해 온 한미 관계 전반의 밀착 기조를 무시하기 어렵기 때문이다. 그렇다고 중국발 개방형 모델을 섣불리 멀리하기도 힘들다. 중국 시장 진출 문제는 고사하고라도, 중국 플랫폼이 세력을 넓혀가고 있는 동남아 지역 진출에 차질이 생길지도 모른다. 만약에 우리가 멀리해서 호환이 잘 안되는 AI 모델을 채택한 중국 기업이 이 지역 시장을 선점하게 되면, 이는 일종의 '표준의 장벽'으로 작용할 우려가 다분하다. 결국 이는 플랫폼 선택의 문제로 귀결된다. 최근 안으로 웅크리는 미국의 지배 플랫폼 위에서 한국이 어떠한 역할을 담당할지, 개방적으로 팽창하는 중국 주도 대항 플랫폼과의 관계를 어떻게 설정할지의 문제를 의미한다.

다만 중국발 개방형 모델에 편승하는 것과 '개방형 AI 모델 일반'에 가담하는 것은 별개의 문제다. 최첨단 개방형 AI 모델에 의지하면 후발주자라도 저비용으로 유용한 응용 프로그램을 개발할 수 있다. 이러한 이점을 살려 미중이 아닌 여타 동지국가들이나 개도국들과 연대할 여지가 생긴다. 특히 자국 역사와 문화를 반영한 AI 모델의 개발을 지지하는 국가들과 기술 연대의 전선을 구축할 수 있다. 이 과정에서 글로벌 AI 격차 해소와 같은 보편적 가치를 주창하는 AI 규범외교도 펼쳐 볼 수 있다. 그야말로 중견국 외교의 좋은 소재가 아닐 수 없다.

끝으로, AI 안보 담론·규범 전략에서 '안보 담론'과 '경제 담론' 중 무엇을 중시할지이다. 중국산 AI를 국가안보 문제로 보고 제재하려는 미국의 행보에 동참할지, 어느 정도의 안전 문제를 감수하고 가성비 좋은 중국산 AI를 도입하여 사용할지의 선택이다. 트럼프 2기 미국은 경제 안보뿐만 아니라 군사 안보 논리까지 전방위적으로 동원하여 AI 분야에서 중국을 견제할 것으로 전망된다. 딥시크가 중국 정부의 지침에 따라 알고리즘을 조작하고 검열된 데이터만 학습하여 친중 내러티브를 생성한다는 서방 진영의 우려도 흘려듣기 어렵다. 다만 이러한 과정에서 발생할 수 있는 '과잉 안보화'는 경계해야 한다. AI 기술의 특성에서 기인하는 안전의 위험에 대비하는 것은 당연하지만, 그렇다고 그 활용 자체를 완전히 봉쇄하는 것은 경제적 후생 차원에서 그리 바람직하지 않다.

트럼프 2기 미국의 AI 정책이 초래할 '과소 안보화'도 문제다. 트럼프 대통령은 취임하자마자 기술 혁신과 규제 완화를 강조하며 바이든 행정부의 AI 규제 행정명령을 폐기했는데, 이는 그동안 미국이 공들여 온 AI 윤리규범 형성의 노력을 경시하는 조치로 해석되었다. AI 규제 표준을 주도해 왔던 EU의 법·정책이 미국 기업들을 겨냥한다며 탈규제의 압박을 가하기도 했다. 이런 미국발 '과소 안보화'의 행보는 향후 한국의 AI 규제 규범 형성에도 압박 요인으로 작동할 것이며, 더 나아가 최근 AI 규범 외교의 장에서 발휘해 온 중견국 리더십을 위축시킬 가능성도 없지 않다.

결국 강대국의 오락가락 안보화 행보에 휘둘리지 않으려면 '적정 안보화'에 대한 우리 나름의 원칙을 세워야 한다. 정 필요해서 중국 AI 제품을 규제하더라도 어떤 AI 안보 담론을 원용할지의 기준이 필요하다. 또한 AI 규제 완화를 바탕으로 기술 혁신을 추진하더라도 군사적 오남용에 반대하고 인간 안보의 가치는 지켜야만 한다. 결국 신흥 안보 이슈로서 AI 안보의 성격을 정확히 이해하고, 이를 바탕으로 강대국과 차별화되는 중견국 AI 안보 담론의 콘텐츠를 창출하는 것이 관건이다. 이를 바탕으로 국제사회를 설득할 규범적 상상력을 발휘해야 한다.

요컨대, 중견국으로서 당면한 AI 분야의 '3중 딜레마'를 정확히 인식하고 이에 대응하는 국가책략의 모색이 시급하다. 선도 전략과 특화 전략을 적절히 복합하고, 폐쇄형과 개방형 사이에서 전략적 입장을 설정하며, 안보 담론과 경제 담론의 유연한 균형을 추구해야 한다. 이는 단순히 AI 현장의 기업들에 맡겨 놓을 문제가 아니다. 그야말로 개별 행위자들의 전략을 아우르는 국가적 차원의 숙제다. 사실 이들 문제는 경제와 외교, 안보 분야에서 드러나는 미래 국가책략 전반의 고민을 응축해서 담고 있다. 그렇기에 더욱 국가책략의 거시적인 시각을 원용해서 AI라는 미시적 문제를 풀어갈 방안을 고민할 필요가 있다.

19

미중 경쟁 시대, 기술의 안보화와 한국의 선택

이승주 | 중앙대학교

미중 전략 경쟁 속에서 첨단기술은 단순한 경제자원이 아니라 국가 생존과 직결된 안보 자산으로 격상되었다. 미국은 수출 통제·투자 심사 등으로 중국을 견제하며 '풀스택 리더십'을 구축하고, 중국은 미국의 견제에 대한 맞대응과 자립적 생태계의 강화를 추구한다. 이러한 경쟁 구도는 국제 공동연구 네트워크의 재편을 촉발하고 있다. 한국은 미중 전략 경쟁으로 촉발된 과학기술 협력의 지형 변화를 고려하여 개방과 폐쇄의 균형, 상향식·하향식 전략의 결합, 취약성 보완형 협력 네트워크를 모색해야 한다.

미중 전략 경쟁과 첨단기술

　미중 첨단기술 경쟁은 국가가 기술 경쟁을 주도하는 기술-경제적 통치술techno-economic statecraft의 시대의 도래를 촉발하였다. 기술 민족주의가 역사상 전면에 부상한 것은 이번이 처음은 아니다. 기술 민족주의의 주인공이 미국과 중국으로 바뀌었을 뿐, 경쟁의 성격과 전개 양상은 본질적으로 과거와 다르지 않다. 그렇다면 미국과 중국이 첨단기술 경쟁에 돌입하게 된 원인이 무엇인가라는 질문에서 논의를 시작할 필요가 있다. 2020년대 미국과 중국이 벌이고 있는 기술 경쟁, 특히 첨단기술 경쟁은 패권 경쟁과 긴밀하게 연계되어 있다는 점을 지적하지 않을 수 없다.

존재적 위협

　미중 전략 경쟁의 특수성을 이해하는 첫 번째 키워드는 존재적 위협existential threat이다. 전략 경쟁은 한편으로는 패권, 다른 한편으로는 국가적 생존을 건 경쟁이다. 경쟁에서 패배한다는 것은 패권에서 밀려나는 것은 물론, 국력과 영향력 면에서 세계 질서의 주변부로 밀려날 수 있다는 것을 의미하기 때문에, 사실상 생존을 위한 경쟁이라고 해도 무방하다. 전략 경쟁을 하는 두 국가는 상대의 존재 자체를 위협으로 느끼게 되는 것이다. 미국과 중국은 정치 체제, 경제 시스템, 지향하는 가치와 규범 등 많은 면에서 이질적이기 때문에, 상대의 행위 하나

하나가 나의 존재에 대한 더 큰 위협으로 다가오기도 한다.

비대칭적 상호의존

미중 전략 경쟁의 이해를 위한 두 번째 키워드는 상호의존inter-dependence의 역설이다. 우선, 미국과 중국은 비대칭적 상호의존을 전략적으로 활용하는 모습을 보이고 있다. 패권을 다투는 두 국가들은 일반적으로 상대국에 대한 의존도를 낮추는 선택을 한다. 상호의존이 평화를 증진하는 효과가 있다는 자유주의적 시각이 있기는 하지만, 역사적 경험에 비추어 볼 때, 상호의존, 특히 비대칭적 상호의존을 전략적으로 활용하는 사례가 적지 않았기 때문이다. 국가들은 상대국에 대한 압박의 효과를 높이기 위하여 의도적으로 비대칭적 상호의존의 상황을 만들어 내기 위한 전략적 행동을 하기도 하였다. 바로 이 때문에 패권 경쟁하는 국가들은 상대국에 의존도를 낮추거나 적어도 높이지 않기 위해 노력한다. 가장 가까운 사례는 냉전기 미국과 소련이다. 비록 양국의 경쟁이 군사, 과학기술과 같은 일부 분야에 국한되기는 하였으나, 미국과 소련은 거대한 진영을 형성하여 자국에 유리한 세계질서를 형성하기 위해 경쟁하였다. 두 국가는 상대국에 매우 낮은 수준의 의존도를 보였을 뿐 아니라, 실질적으로 절연에 가까운 경제 관계를 냉전기 내내 유지하였다. 당시 소련을 '철의 장막'으로 묘사했던 비유적 표현이 이를 잘 표현한다.

반면, 미중 양국은 이미 매우 높은 상호 의존 관계를 형성한 가운데 전략 경쟁에 돌입하였다는 점에서 특수하다. 높은 수준의 상호의존은 상대국을 압박하는 전략적 수단으로 효용성이 크지만, 역으로 상대국의 압박에 매우 취약한 구조적 원인이 되기도 한다. 미중 전략 경쟁이 보복 관세의 부과와 같은 무역 전쟁에서 시작되었다는 것이 비대칭적 상호의존의 역설을 보여주는 전형적인 사례이다. 무역은 미국과 중국이 상호의존되어 있는 대표적인 분야임에도 불구하고, 양국이 이를 상대국 압박의 수단으로 삼았기 때문이다. 이는 그만큼 상대국에 대한 압박의 효과가 크다는 것을 반증한다.

무기화된 상호의존

전략 경쟁 과정에서 '무기화된 상호의존weaponized interdependence'이라는 새로운 현상이 대두되었다. 지난 수십 년간 진행된 세계화의 결과, 세계 경제는 매우 촘촘하고 단단한 네트워크를 이루게 되었다. 주요 첨단산업의 경우, 다수의 국가들이 참여하여 형성한 지구적 가치사슬global value chains: GVCs 속에서 제품 생산이 이루어지고 있다. GVCs가 네트워크의 한 종류라는 점에서, GVCs 내 핵심적인 위치를 차지한 허브 국가는 그 산업에 대한 지배력을 가질 수 있게 된다. 허브 국가는 상대국이 네트워크 내 다른 주요 노드에 대한 접근을 차단하는 초크 포인트choke point 효과를 누릴 수 있게 된다.

반도체 산업은 무기화된 상호의존의 전형적 사례에 해당한다. 미국은 반도체 가치사슬에서 IP와 장비에서 지배적 위치를 구축하고 있을 뿐 아니라, 한국 및 대만 등과 협력할 경우 반도체 제조 단계에 대해서도 지배력을 갖는다. 미국이 AI 반도체의 수출 통제를 중국에 대한 주요 압박 수단으로 활용하는 이유는 여기에 있다. 트럼프 2기 행정부 출범 이후 희토류 수출 통제를 단행한 데서 나타나듯이, 중국은 반도체 가치사슬에서 독점적 위치를 활용한 대미 전략을 구사하기 시작하였다.

전략 경쟁 시대 과학기술 협력의 변화

과학기술의 안보화

첨단기술과 패권 경쟁이 긴밀하게 연계되면서 과학기술의 안보화가 진행되었다. 첨단기술 경쟁을 안보적 관점에서 접근하게 된 이유는 전략 경쟁의 특성과 밀접한 관련이 있다. 전략 경쟁은 한 쟁점에 대하여 단번에 판세가 결정되는 게임이 아니라, 여러 쟁점을 아우르면서 30~50년의 장기간에 걸쳐서 진행되는 게임이다. 장기 경쟁의 승리를 위해서는 현재 경쟁력과 미래 경쟁력을 동시에 확보하는 것이 관건이다. 현시점의 우위를 위해 미래 경쟁력을 위한 자원을 과도하게 소비할 경우, 궁극적인 승리를 담보하기 어렵게 된다. 현재와 미래 경쟁력을 모두 담보할 수 있는 유력한 수단 가운데 하나가 첨단기술 능력의 확보이다. 더욱이 미래전이 전통적인 육해공 중심의 전쟁에서 사이버와 우주를 결합한 다영역 전쟁이 될 것이라는 점을 감안할 때, 첨단기술의 전략적 중요성은 더욱 커진다.

다음은 미국과 중국이 첨단기술을 안보화하는 방식을 살펴볼 필요가 있다. 중국에 대항 공세를 주도한 트럼프 대통령은 중국의 부상을 경제적 침공, 더 나아가 국가안보에 대한 위협으로 규정하였다. 2015년 발표된 <중국제조 2025>는 중국에 대한 미국의 의구심이 확신으로 바뀌는 계기가 되었다. 미국은 <중국제조 2025>를 미국과 서구 선진국에 대한 의존으로부터 탈피하고, 새로운 세계 질서를 수립하겠다는 '선언'으로 받아들였다.

이 시점부터 미국의 정책 서클과 전문가들은 전략 경쟁의 관점에서 중국의 첨단기술 부상에 주목하기 시작하였다. 2021년 하버드대학교 벨퍼과학-국제문제연구소Belfer Center for Science and International Affairs가 발간한 '강대국 기술 경쟁Great Tech Rivalry'은 중국이 대다수 주요 첨단과학기술 분야에서 이미 미국과 대등한 수준에 도달하였으며, 일부 분야에서는 미국을 추월했다는 진단을 내놓았다. 이 보고서가 미국과 중국의 과학기술 수준을 얼마나 객관적으로 평가하고 있는지는 별도의 분석을 필요로 한다. 다만, 이 보고서의 평가를 계기로 미국에서 중국의 첨단기술 굴기를 일제히 강조하는 안보화가 본격화되었다는 점이 중요하다. 중국이 과학기술 분야에서 빠르게 추격하고 있다는 불안감을 미국 과학기술 생태계의 근본적 재편을 위한 수단으로 활용하는 '창조적 불안creative insecurity'이 발생한 것이다. 수출 통제, 투자 심사 강화, 과학기술 교류 감소 등 미국의 전방위적 견제에 직면한 중국 역시 과학기술의 토착 역량만이 유일한 생존 전략임을 역설하는 '혁신 명제innovation imperative'를 추구하기 시작하였다.

딥시크DeepSeek 충격

　미국과 중국의 첨단기술 경쟁은 5G 통신에서 시작하여 반도체와 배터리로 확대되었고, 현재는 AI가 새로운 전장의 핵으로 부상하였다. 이는 AI가 미래 산업 경쟁력은 물론, 군사적 우위를 확보하는 데도 중추적인 역할을 할 것이라는 전망에 따른 것이다. 미국은 중국의 AI 추격 속도를 늦추기 위해 엔비디아Nvidia가 독점적 지배력을 행사하는 첨단 AI 전용칩의 대중국 수출 통제를 지속하는 한편, 독자적인 AI 생태계 구축을 위해 에너지 인프라, 데이터 센터, AI 알고리즘, 앱, 운용, 사후관리에 이르는 전영역에서 우위를 확보하는 '풀스택full stack' 리더십 전략을 수립·추진해 왔다. 트럼프 대통령은 재집권에 성공하자마자, 2025년 1월 스타게이트Stargate 프로젝트를 선언하며, 미국의 AI 지배력에 대한 강력한 의지를 표출하였다.

　중국의 대응 또한 만만하지 않았다. 중국의 딥시크는 스타게이트가 발표되던 바로 그 시점에 오픈AIOpenAI와 구글Google의 대규모언어모델LLMs; Large Language Models과 차별화된 대안적 추론 모델 R1을 발표하였다. 이 모델이 미국의 수출 통제로 인해 최첨단 AI 반도체를 사용하지 못하는 상황에서 불과 150명의 연구 인력으로 개발되었다는 점에서 미국은 물론 세계를 충격에 빠뜨렸다. 미국 내 일각에서는 이를 '딥시크' 충격을 넘어, '제2의 스푸트니크 순간Sputnik moment'이라고 부르기에 이르렀다.

　딥시크 충격은 미중 첨단기술 경쟁을 새로운 단계로 나아가게 하였다. 트럼프 대통령은 딥시크가 미국 AI 산업에 대한 경종이며, 더욱 세밀한 대응이 필요하다고 언급하였다. 이후 미국 내에서는 수출 통제의 효과에 대한 근본적 재검토가 이루어지기 시작하였고, 트럼프 행정부는 2025년 8월 엔비디아의 H20 수출을 허가하였다. 이와 더불어, 미국 내에서는 오픈소스open source 모델 대 폐쇄형 모델의 이분법적 논의를 넘어 양자 사이의 균형을 위한 방안을 검토하기 시작하였다.

한국의 과학기술 협력 전략

지정학적 불확실성이 증대되고, 국가 간 경쟁과 갈등이 고조되는 상황에서 과학기술 협력이 기존의 그것과 차별화되어야 한다는 점은 분명하다. 전략 경쟁 시대 한국이 추구해야 할 과학기술 협력의 방향은 무엇인가? 과학기술계 역시 경쟁에서 원천적으로 자유로운 것은 아니기 때문에, 수월성을 지향해야 한다는 점 자체에는 변화가 없다. 그동안 과학기술계는 연구 집단의 수월성을 위해 국제 공동연구와 협력을 적극 추구하였다. 그러나 전략 경쟁이 국제 공동연구에도 영향을 미치기 시작하였다는 점을 인식할 필요가 있다.

취약성의 완화를 위한 협력 네트워크 구축

전략 경쟁의 영향은 미국과 중국에서 가장 먼저 나타나기 시작하였다. 과학 분야에서 미국과 중국의 공동연구가 2020년을 정점으로 감소하기 시작하였다. 이러한 현상은 미중 첨단기술 경쟁의 주무대인 AI 분야에서도 더욱 두드러진다. 그러나 2018년 이후 중국에서 미국으로 이동하는 AI 연구자들의 수가 감소함에 따라, 미국과 중국의 공동 연구가 감소하기 시작했다. 여기에는 2018년 미국 법무부의 중국의 지적재산권과 기술 관련 국가안보 위협 조사, 중국의 재정 지원과 관련한 수백 명의 과학자들에 대한 미국 국립보건원National Institute of Health의 조사 등이 영향을 미친 것으로 보인다.

이는 국제 공동연구 네트워크에 상당히 중요한 변화가 발생하고 있음을 의미한다. 한국은 이러한 변화에 대한 엄밀한 분석의 토대 위에 새로운 과학기술 협력 전략을 구축할 필요가 있다. 최근까지 한국은 과학기술 선도국 가운데 미국, 중국, 일본을 중심으로 한 협력을 우선 추구하였다는 점에서 과학기술 협력 전략의 근본적 재검토가 필요한 시점이다. 특히, 한국은 지정학적 리스크가 증가하고 있기 때문에, 기존의 수월성 중심의 과학기술 협력에 더하여 취약한 지점을 보완하기 위한 국제 협력 전략을 병행할 필요가 있다.

개방과 폐쇄 사이의 균형

개방과 폐쇄의 경계를 잘 획정하는 것 또한 과학기술 국제 협력의 새로운 도전 과제이다. 과학기술 협력은 기본적으로 개방성을 기초로 이루어졌지만, 전략 경쟁의 시대에는 과거와 같이 오로지 수월성에만 기초하여 개방성을 유지하기 어렵다는 점이 명확해졌다. 그렇다고 해서 폐쇄성의 확대가 대안이 아니다. 결국 지정학적 리스크를 고려하여 일정 수준의 폐쇄성이 불가피하다는 점을 반영하는 가운데, 혁신 생태계의 건강성을 위한 개방성의 확보라는 차원에서 과학기술 협력을 추진할 필요가 있다.

상향식과 하향식의 결합

21세기 첨단기술 경쟁은 과학기술의 원천 경쟁력과 상업적 경쟁력을 유기적으로 확보하는 데 요체가 있다. 정책 측면에서 보면, 순수 과학기술을 지원하는 혁신 정책과 산업 경쟁력의 향상을 위한 산업 정책의 결합이 절대적으로 요구된다. 기존의 분산적 정부 거버넌스는 이러한 도전에 대응하는 데 적합한 구조는 아니다. 다양한 영역을 아우르고 통합하는 정부의 역량을 우선 확보하고, 이를 바탕으로 상향식과 하향식을 결합한 과학기술 협력 전략을 설계할 필요가 있다.

기존의 과학기술 협력은 개별 연구자 또는 연구기관들이 국제 협력의 필요성을 자발적으로 발굴하여 정부의 지원을 요청하는 상향식 방식을 취하는 것이 일반적이다. 과학기술 현장의 연구자들이 협력의 가능성을 가장 잘 판단할 수 있을 것이라는 판단에 따른 것이다. 그러나 전략 경쟁 시대 과학기술 협력은 하향식 협력을 병행할 필요가 있다. 상향식 협력은 그 장점에도 불구하고, 기존 연구 성과에 기초한 점증주의의 한계를 갖는다. 그러나 첨단기술 경쟁이 신속하게 진행되는 상황에서는 때로는 점증주의적 접근에서 벗어나 파격적인 국제 협력을 추구할 현실적 필요성이 제기된다. 파격은 정상회의와 같은 정상 간 합의가 계기가 되기도 한다.

참고문헌

- 이승주 (2024). 「연결성과 무기화된 상호의존: 미중 첨단기술 경쟁을 중심으로」. 『통일정책연구』, 33(2), 29-56.
- Andrew B. Kennedy and Darren J. Lim. (2018). *The innovation imperative: technology and US-China rivalry in the twenty-first century*. International Affairs, 94(3): 553-572.
- Bedoor Alshebli, et al. (2024). *China and the U.S. produce more impactful AI research when collaborating together*. Scientific Reports, 14: 28576. https://doi.org/10.1038/s41598-024-79863-5
- Graham Allison, et al. (2021). *The Great Tech Rivalry: China vs the U.S*. Belfer Center for Science and International Affairs, Harvard Kennedy School.
- Henry Farrell and Abraham L. Newman. (2019). *Weaponized Interdependence: How Global Economic Networks Shape State Coercion*. International Security, 44(1): 42-79.
- Seungjoo Lee. (2024). *U.S.-China Technology Competition and the Emergence of Techno-Economic Statecraft in East Asia: High Technology and Economic-Security Nexus*. Journal of Chinese Political Science, 29(3): 397-416.

20
글로벌 전환기 속 한중 협력의 새로운 전략 프레임

김준연 | 한중과학기술협력센터

미중 기술 패권 경쟁은 반도체·AI·양자 등 첨단기술을 안보와 결합하며 국제 협력 환경을 근본적으로 흔들고 있다. 중국은 미국의 통제와 국내 경제문제를 돌파하기 위해 과학기술에 대규모 투자를 집중하며 기술 자립을 강화하고 있는 반면, 한국은 대중 무역수지가 구조적 적자로 전환되고, 산업·기술 구조 유사성으로 협력보다 경쟁 구도가 심화되고 있다. 특히 중국 국제 과학기술 협력에서 한중 산업 구조의 유사성이 심화된 현실은 기존 '시장 진출형 협력'의 한계를 보여준다. 따라서 한중 과기 협력은 공급망·안보·국제규범을 포괄하는 새로운 패러다임이 요구된다.

급변하는 국제 환경과 새로운 과학기술 협력

AI, 양자, 반도체, 바이오 등 첨단과학기술 분야에서 미중 기술 패권 경쟁과 안보화 트렌드가 심화되는 가운데, 트럼프 행정부의 관세 전쟁으로 촉발된 글로벌 공급망 재편 등은 과학기술 국제 협력의 구도를 근본적으로 흔드는 결정적 변수로 작용하고 있다. 특히 한국과 중국은 기술·산업 구조 유사성이 심화되면서 협력보다는 경쟁 구도가 부각되는 국면에 직면했고, 기존의 모델인 '기술 우위를 바탕으로 한 현지 시장진출형 협력'은 유용성이 상실되어 새로운 협력의 패러다임이 요구되는 상황이다. 한국의 대중국 무역 적자가 지속되고 있는 상황이나 중국의 과학기술 국제 협력에서 한국의 위상이 남아공·핀란드보다도 낮은 12위 수준이라는 점이 이를 단적으로 보여주고 있다. 따라서 지금 한중 과기 협력은 단순 기술 협력이나 시장진출 차원을 넘어, 글로벌 공급망 재편과 국제 질서 변동, 기술 안보화 패러다임을 포괄하는 새로운 모델로 설계해야 할 시점이다.

견제하는 미국과 돌파하는 중국

피터슨국제경제연구소PIIE의 애덤 포즌 소장은 "미국 제재로 중국의 기술 굴기가 좌절되거나 느려지기는커녕 오히려 미국과 전 세계의 혁신 속도만 느려질 수 있다"고 했는데, 블룸버그의 분석에 따르면 중국은 13개 핵심 기술 영역 가운데 전기차·리튬배터리, 무인항공기

UAV, 태양광 패널, 그래핀차세대 나노 신소재의 일종, 고속철 등 5개 분야에서 이미 글로벌 선두로 평가됐고, 비록 아직 선두는 아니지만 경쟁력을 갖췄다고 평가된 분야는 LNG 수송선, 제약, 대형 트랙터, 공작기계, 로봇, 인공지능AI, 반도체 등이 있다.

미국의 대중국 기술 통제는 2022년 10월 첨단 반도체와 컴퓨팅 기술 수출을 통제하며 본격화되었는데 최근 AI 칩과 반도체 제조장비, 핵심 SW까지 확대하며 중국의 굴기를 견제하고 있다. 2023년에는 미국 상무부 산업안보국BIS이 140개 중국 기업을 미국의 안보에 위협이 될 수 있다고 판단하고 거래제한명단Entity List에 올렸는데, 중국도 이에 맞서 갈륨·게르마늄·흑연 등 희토류의 수출을 제한하며 맞서고 있다. 한편 AI, 반도체 외에도, 중국의 유전자 분석, 바이오의약품 위탁 개발생산CDMO 등 분야의 기업을 타깃으로 생물보안법 통과도 목전에 두고 있는 상황이다. 이렇게 첨단기술을 둘러싼 미중의 패권 경쟁은 기술 경쟁 + 통상외교 경쟁 + 안보 경쟁이 서로 얽힌 다층적 전쟁터에서 펼쳐지는 복합전의 특성을 보이는데, 문제는 최근 중국의 기술력이 만만하지 않다는 현실을 봐야 한다.

첨단과학기술에서 어떤 지표를 봐도, 중국은 이제 미국의 기술 패권에 도전하는 가장 강력한 상대임에 틀림이 없다. 패권 경쟁의 핵심에 있는 AI의 경우, 중국 지표인 2025 글로벌AI혁신지수에서 미국은 77.97점으로 1위이고 중국은 58.01점으로 2위이며, 미국 지표인 AI Index 2025스텐포드大를 보면, 미중 간 AI 기술 성능 격차는 2023년 20%에서 2025년 0.3%로 거의 차이가 없다. 이제 과거의 중국이 아니다.

미국이 대중국 기술 견제에 활용하는 차보즈 핵심기술(미국의 기술 통제 기술 35개)에 대해서도 중국은 이미 대부분 국산화에 성공했고, 아이 클립iCLIP기술, 투과전자현미경 등 겨우 2개 정도가 남은 상황이라며 자신감을 드러내고 있다. 미국의 대중국 기술 견제에 대한 중국의 자신감이 엿보이는 대목이다.

심지어 네이처Nature Index 2025 Research Leaders는 첨단과학기술 분야의 세계 상위 1% 학술연구 역량에서 중국이 이미 미국을 넘어섰다고 발표한 바가 있다. 미국의 기술 견제 속에서도 중국이 자립형 기술 개발 전략을 더욱 강하게 밀어붙이는 배경이다. 실제로 중국의 R&D 투자 규모는 세계 2위이며, 상위 1% 학술논문 비중은 이미 미국을 추월한 상황이다.

전환기에 처한 중국의 국제 과기 협력

미국의 반도체, AI, 양자, 첨단소재, 바이오 등 대중국 기술 통제 기조와 글로벌 공급망 재편에 따라 일본도 대중 과학기술 협력을 축소하면서 중국의 과학기술 국제 협력 규모는 2022년을 정점으로 지속적으로 감소했고, 예산 규모 또한 5년간 약 25% 감소했다. 그간 중국이 선진국과 협력하던 공간은 일대일로 정책의 일환으로 추진되는 국제개발원조형 과학기술 협력이 3.6배로 확대되며 과기 협력의 대상국이 신흥개발도상국으로 빠르게 대체되는 상황이다.

중국의 과학기술 국제 협력의 예산과 규모를 보면, 협력 예산은

2021년 9억 930만 위안약 1,749억 원에서 2025년 6억 7,790만 위안 약 1,304억 원으로 약 25.4% 감소했고 2024년 일시적으로 소폭 반등했으나, 2025년 다시 하락세로 전환됐다.

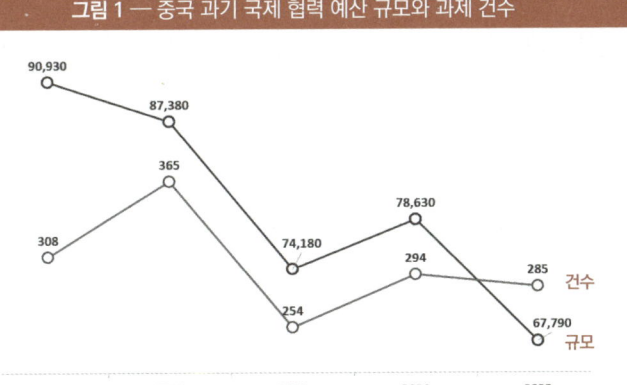

그림 1 — 중국 과기 국제 협력 예산 규모와 과제 건수

출처 : 중국 과기부 통계를 기반으로 KOSTEC에서 재조합

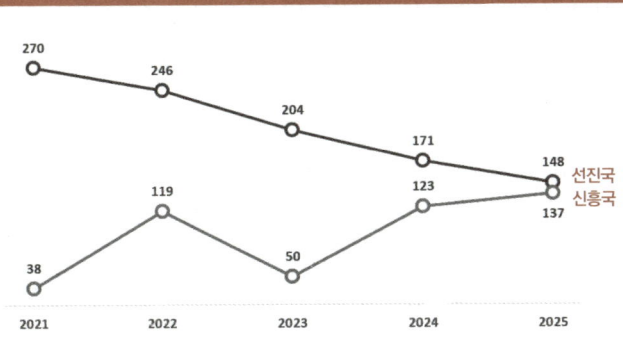

그림 2 — 중국 과기 협력의 대상국 유형

출처 : 중국 과기부 통계를 기반으로 KOSTEC에서 재조합

국가별로는 우선 미국과의 협력이 2022년에 18,000만 위안346억 원, 과제 수 90건으로 최고치를 기록했으나, 2023년 10,500만 위안201억 원으로 급감한 뒤 2024~2025년 협력 과제가 1건도 추진되지 못하며 양국은 협력의 전면 중단 상황에 들어갔다. 유럽연합과 일본도 협력의 규모가 대폭 축소되었는데, 유럽은 2024년 22,800만 위안438억 원에 도달한 후, 25년에는 6,000만 위안115억 원으로 73.7% 급감했고, 일본은 21년 21,000만 위안403억 원→22년 9,000만 위안173억 원→23년 3,000만 위안57억 원으로 하락한 뒤, 24년 9,000만 위안173억 원, 25년 6,000만 위안114억 원으로 등락을 반복하지만 전체적으로 하락세이며, 협력 과제 수도 21년의 70건에서 25년의 20건으로 70% 이상 감소되었다.

협력의 유형 측면에서 보면, 정부 간 협력이 주로 진행되는 양자 협력은 '확대-위축-회복'의 흐름을 보이고 있고, 국제기구를 중심으로 한 다자 협력은 전체 중국의 국제 과기 협력에서 차지하는 비중이 2021년 8.6%에서 2025년 16.2%로 증가하고 있다. 이 과정에서 미국·일본 등 경쟁국은 배제되었고, 아랍·아프리카 등 일대일로 대상국에 집중화가 진행되었으며, BRICS, 상하이협력기구SCO, 지구관측조직GEO 등과의 협력도 소폭 확대되는 추세이다.

기술+안보 일체화 시대에 대응하는 한중 협력의 新패러다임

그간 한중 협력을 설명하는 지배적 관점은 안미경중安美經中이었다. 즉, 안보는 미국에 의존하고 경제는 중국에 기대는 방식으로 균형을 도모하는 구도였다. 그러나 글로벌 공급망 재편과 첨단기술의 안보화 추세 속에서 이러한 이분법적 틀은 더 이상 유효하지 않다. 안보와 기술을 분리해 사고할 수 없는, 즉 '기술+안보' 일체화의 시대가 도래했기 때문이다. 한편 중국은 과학기술의 자립자강을 강조하고 있는데, 미국의 대중국 기술 통제가 본격화되면서 선진국의 첨단 지식과 기술에 접근하기 점점 더 어려워진 것이 근본 이유이며, 동시에 중국이 과학기술 국제 협력의 전략과 모델을 전환하는 결정적 배경이기도 하다.

과학기술 국제 협력에 대한 전략적 전환은 한국도 마찬가지로 필요하다. 중국과 유사한 연구 역량과 산업 구조를 보유하고 있어, 반도체나 이차전지와 같은 시장 지향적 응용기술 분야에서 한중 양국의 협력은 수요도 적고 구조적으로 제약도 많다. 양국 모두 경쟁우위와 공급망 안보를 쉽게 공유하기 어렵기 때문이다. 이제 한중 과기 협력은 더 이상 '경제와 안보'라는 단순 이분법으로 설명되지 않으며, 오히려 첨단기술의 안보화라는 국제 환경 속에서 어떤 영역에서 선택적·탐색형 협력을 설계할 것인가가 핵심 과제다.

미래기술·기초연구의 선택적 협력

한중 과기 협력의 첫 번째 전략은 기술과 안보를 동시에 고려한 미래기술·기초연구 영역에서의 협력이다. 시장과 거리가 있는 미래기술일수록 탐색의 범위가 넓고, 시행착오의 위험이 크다. 이러한 특성은 양국이 공동연구를 통해 위험분산과 시행착오의 비용을 줄이며, 서로의 혁신 가능성을 확장할 수 있는 배경이 될 수 있다. 더구나 글로벌 첨단과학기술 인력에서 중국 연구자의 비중이 빠르게 늘어나고 있다는 점은 한국이 중국을 협력 파트너로 배제하기 어려운 현실적 동인이기도 하다. 중국도 방대한 R&D 자원과 인력을 동원해 응용기술 내재화를 추진하고 있으나, 미래기술·기초연구영역에서 한국 연구자의 기술 지식을 통해 미국, 유럽 등 선진국 지식에 우회접근이 가능하기도 하다. 예를 들어 첨단 바이오의학, 뇌과학, 양자기술, 첨단 신소재 같은 분야는 지배 기술의 탐색이 시작되지 않았을 만큼 초기 단계라서 기술 탐색의 범위가 넓으며, R&D 실패 위험이 높다. 이러한 특성은 오히려 한중 양국 간 전략적이고 선택적인 협력의 유인을 제공할 것이다. 이 영역은 단순한 과학기술 교류를 넘어, 불확실한 세계 질서 속에서 한국과 중국 모두가 기술 자율성을 확보하면서도 그간의 과학기술 혁신을 이어갈 수 있는 가장 현실적인 영역과 경로라 할 수 있다.

글로벌 공공재와 과학기술 협력

또 다른 전략적 협력이 바로 국제 공공재 문제 해결에 기여하는 과학기술 협력이다. 기후·에너지, 환경·생태, 보건·의료, 농업·식량 안보와 같은 분야는 단순한 기술 경쟁을 넘어 지역 안정과 번영, 그리고 국제사회에 대한 기여와 직결된다. 이러한 영역은 양국 협력이 국제적 정당성을 확보하기 용이하다는 점에서 협력 유인이 크다.

특히 탄소중립, 기후모델링, 저탄소 기술 등은 국제 환경 규범 준수와 직결된다. 한국과 중국 모두 국제협약 이행과 탄소배출 감축의 책무를 지니고 있으며, 실제로 협력 규모는 크지 않지만 점차 확대되는 추세다. 예컨대 기후·에너지 협력 프로젝트는 2021년 3건에서 2024년 6건으로 늘었다. 이는 중국이 국제사회에서 '책임 있는 과학기술 대국'으로 자리매김하려는 자국 수요와도 연결된다. 이 영역은 글로벌 공급망 재편과 직접적 이해관계가 적어, 한중 협력의 유용성이 여전히 유지되는 분야이기도 하다.

환경 분야는 특히 협력 잠재력이 크다. 지난 5년간 중국은 총 35건의 국제 환경 협력을 추진했는데, 주로 수질 관리, 폐기물 처리, 대기질 개선 등 전통적 환경기술에 집중되어 있었다. 현재 양국은 한중 환경협력센터를 운영하며 기여형 협력 모델을 실천하고 있다. 규모는 크지 않지만, 탄소중립·기후모델링·저탄소 기술 등 국제 규범에 부합하는 협력 프로젝트를 추진하고 있다는 점에서 의미가 크다.

나아가 국제 공공재 차원의 협력은 양자 협력에 국한되지 않고,

국제기구나 동북아 환경 거버넌스, 제3국 참여 모델로 확장될 때 더 큰 효과를 낳는다. 실제 사례에서도 '한중+제3국' 형태의 공동연구가 한중 양자 협력보다 높은 성과를 보여주었다. 이는 양국이 국제사회에서 공적 기여를 확대하고 동시에 협력의 정당성을 강화하는 일거양득의 효과를 낳는다.

보건·의료 분야는 다소 특수하다. 백신과 신약 공동개발은 기초연구 단계의 탐색과 위험 분산 성격을 가지면서도, 감염병 대응과 글로벌 보건 기여라는 기여형 협력의 속성을 함께 지닌다. 따라서 정부뿐 아니라 기업, 의과대학, 병원 등 다양한 이해관계자가 참여하는 다층적 협력 거버넌스가 필요하다.

미국, 유럽 등과의 병렬적 과기 협력

위의 두 가지 전략적 협력과 병행하여 한국은 풀어야 할 새로운 과제도 있다. 미국은 국방수호법, 생물보안법 등 첨단과학기술과 안보를 연결하며 중국의 확장을 견제하고 있다. 한국은 중국과의 과학기술 협력을 이런 견제와 제재의 압박 속에서 전략적으로 이어가면서도, 동시에 미국이나 유럽과의 병행 협력을 강화해야 한다. 이를 통해 중국이 제재로 인해 진출하기 어려운 차별화된 시장을 개척하고, 협력의 정당성과 국제적 공간을 동시에 확보해야 한다.

정리하자면 한중 과기 협력의 새로운 패러다임은 ① 기술+안보 일체화 시대의 선택적 협력, ② 국제 공공재 문제 해결을 통한 기여형 협력, ③ 미국·유럽과의 병행 협력을 통한 차별화된 기회 창출이라는 세 축으로 요약된다. 응용기술에서는 경쟁이 불가피하지만, 미래기술과 공공재 협력에서는 위험 분담과 국제적 정당성 확보라는 협력 유인을 극대화해야 할 것이다.

한국이 놓치지 말아야 할 부분은 첨단과학기술 분야에서 중국 연구 인력의 현실적 영향력을 고려하면서도, 서방과의 연계를 병행하는 새로운 균형을 유지하는 것이고, 한중 양국이 중시해야 하는 것은 단순 기술 교류를 넘어, 국제 규범과 지역 안정, 그리고 글로벌 책임을 공유하는 협력 파트너로서 새로운 지평을 모색해야 하는 역할일 것이다.

부록

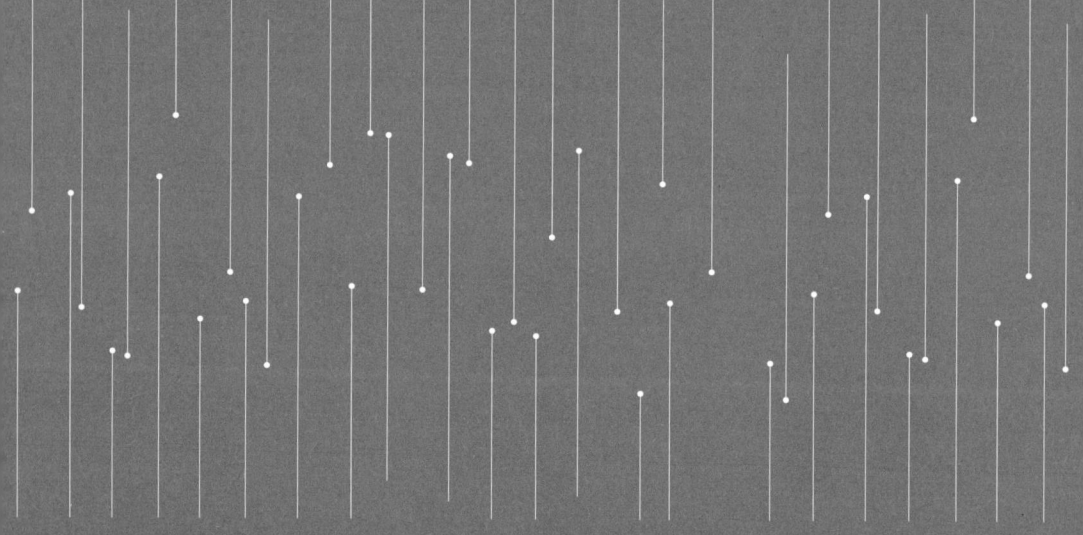

중국 과학기술 통계

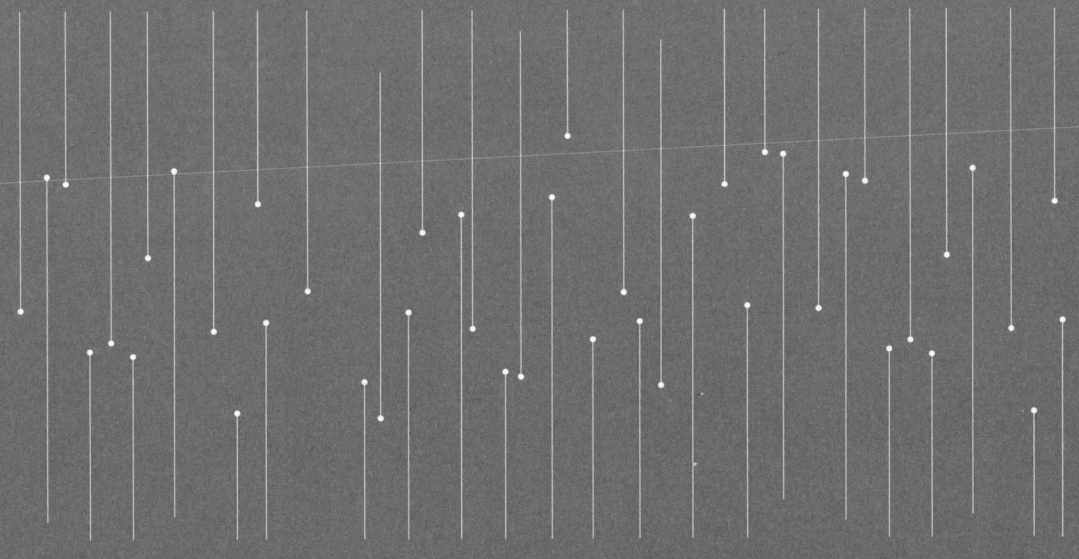

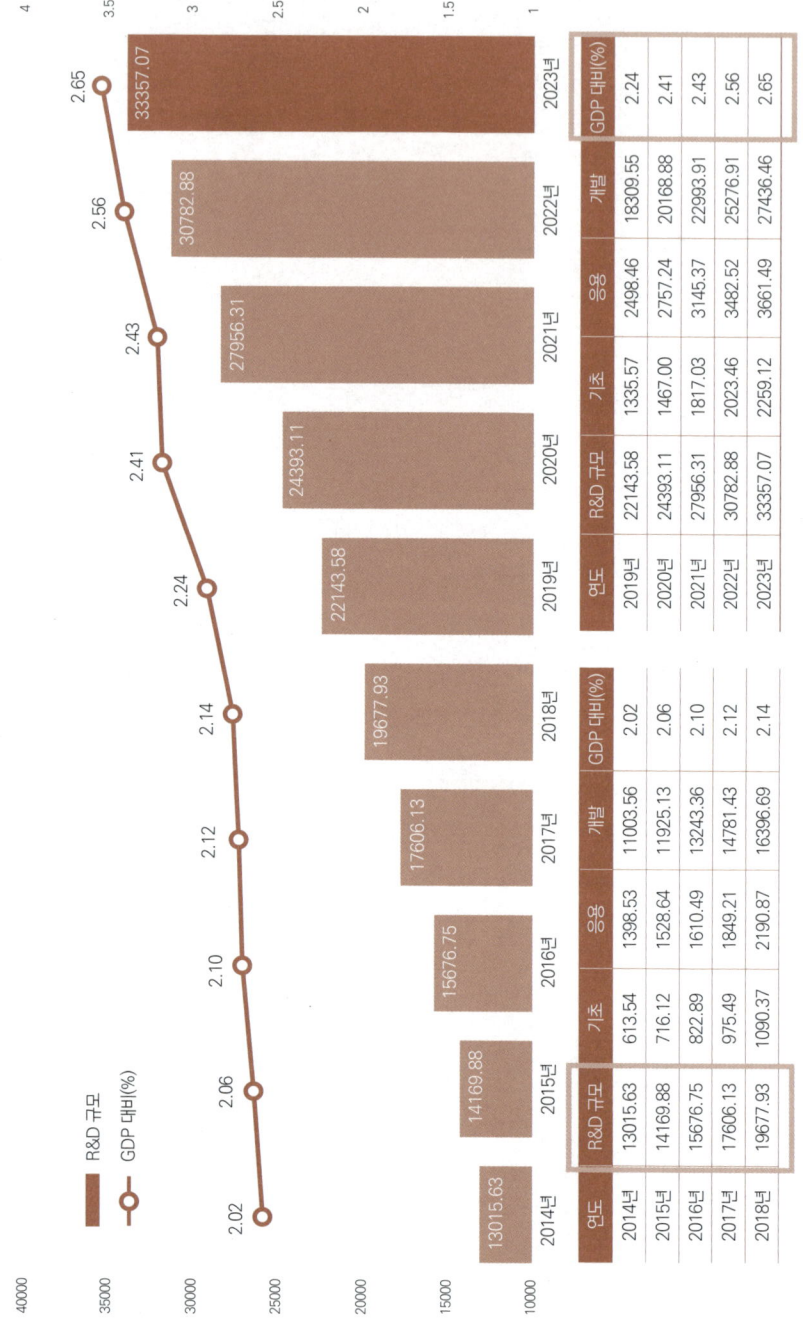

지난 10년간 중국 과학기술 연구개발비 증가 추이

292 2026 중국 과학기술의 부상과 미래 전망

중국 지난 10년간 재원별 R&D투자액 및 비중

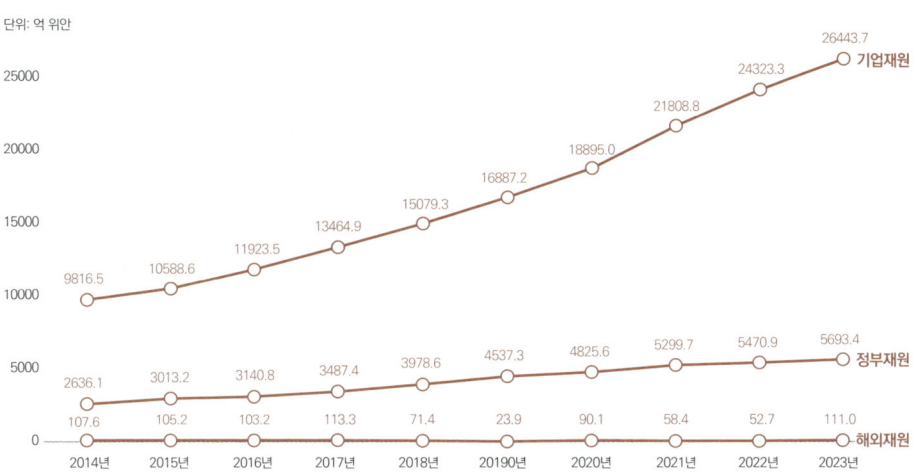

중국 중앙과 지방의 과학기술 배정액

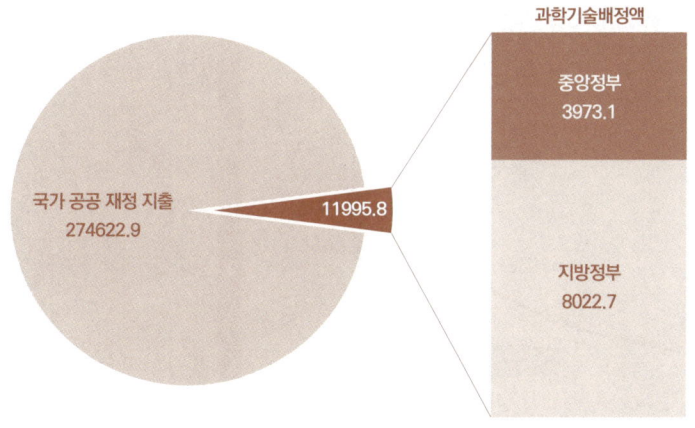

중국 지역별 R&D 투입 및 집약도 (2023년)

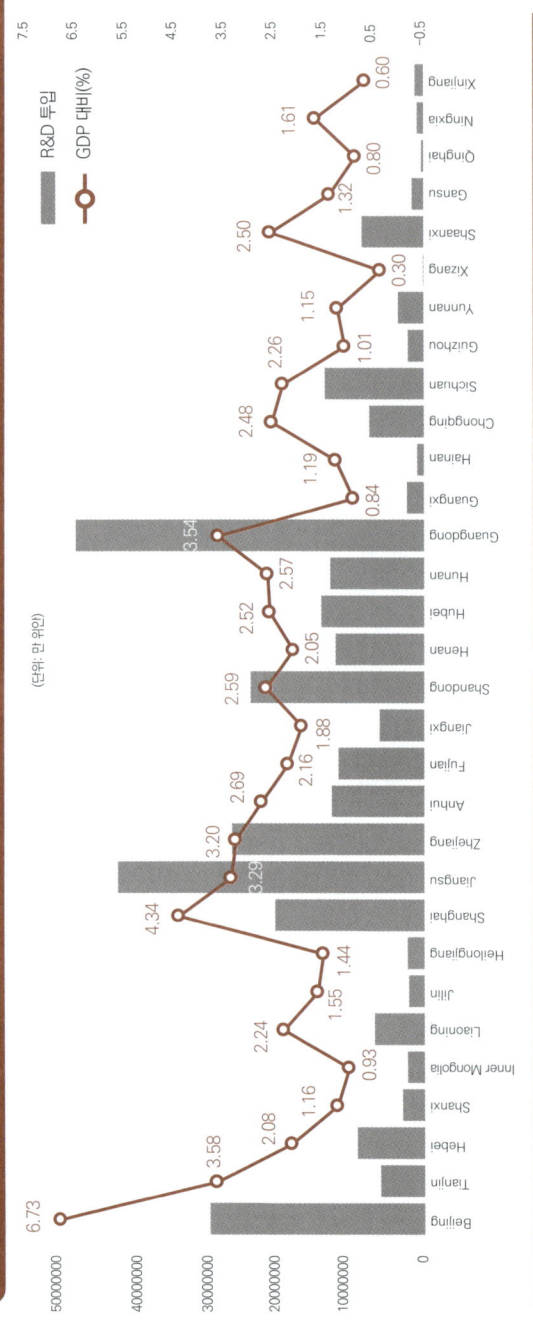

지역	R&D 투입	기초	응용	개발	GDP대비(%)
Beijing	29470733	4723226	7526219	17221288	6.73
Tianjin	5992326	363162	733408	4895756	3.58
Hebei	9121066	259838	855826	8005402	2.08
Shanxi	2981763	139200	382033	2460530	1.16
Inner Mongolia	2281480	76341	169788	2035351	0.93
Liaoning	6764433	469274	1034897	5260262	2.24
Jilin	2102377	274724	524398	1303254	1.55
Heilongjiang	2292913	308577	606994	1377342	1.44
Shanghai	20496028	2163477	2377650	15954902	4.34
Jiangsu	42122900	2080104	2029126	38013670	3.29
Zhejiang	26401910	1227337	1748717	23425855	3.20
Anhui	12647399	858463	1106808	10682127	2.69
Fujian	11716772	440118	738515	10538139	2.16
Jiangxi	6041404	320909	486748	5233747	1.88
Shandong	23860197	999856	1765383	21094958	2.59
Henan	12116649	375704	1130041	10610904	2.05

지역	R&D 투입	기초	응용	개발	GDP대비(%)
Hubei	14081660	770028	1932393	11379239	2.52
Hunan	12839424	882411	1289979	10667033	2.57
Guangdong	48026161	2667431	3595701	41763029	3.54
Guangxi	2281453	156901	241046	1883506	0.84
Hainan	897986	174817	174797	548372	1.19
Chongqing	7466710	363026	835816	6267868	2.48
Sichuan	13578026	884163	2432960	10260903	2.26
Guizhou	2113776	193957	206399	1713428	1.01
Yunnan	3467372	382132	403820	2681421	1.15
Xizang	71560	19088	9125	43347	0.30
Shaanxi	8460446	553596	1634500	6272350	2.50
Gansu	1562492	257991	369812	934689	1.32
Qinghai	303113	29562	48710	224841	0.80
Ningxia	854985	42952	73768	738265	1.61
Xinjiang	1155178	132812	149619	872846	0.60

지난 10년간 중국 R&D 분야별 투입

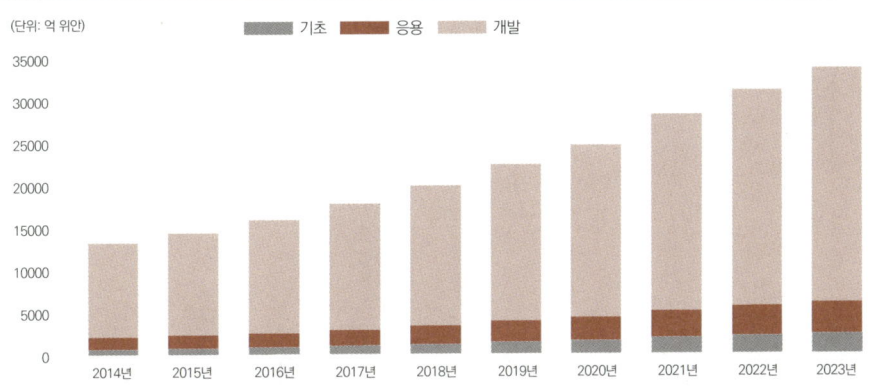

연도	총 투자액	기초	응용	개발
2014년	13015.63	613.54	1398.53	11003.56
2015년	14169.88	716.12	1528.64	11925.13
2016년	15676.75	822.89	1610.49	13243.36
2017년	17606.13	975.49	1849.21	14781.43
2018년	19677.93	1090.37	2190.87	16396.69
2019년	22143.58	1335.57	2498.46	18309.55
2020년	24393.11	1467.00	2757.24	20168.88
2021년	27956.31	1817.03	3145.37	22993.91
2022년	30782.88	2023.46	3482.52	25276.91
2023년	33357.07	2259.12	3661.49	27436.46

주요국 R&D집약도

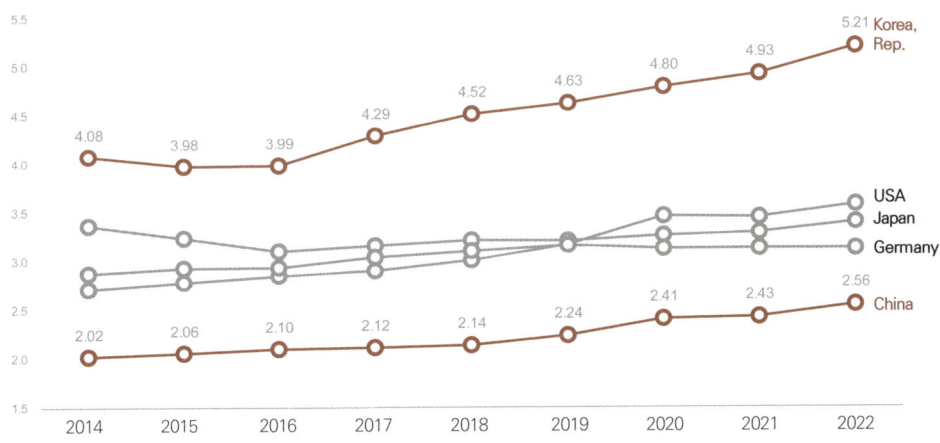

중국 과학기술 통계 295

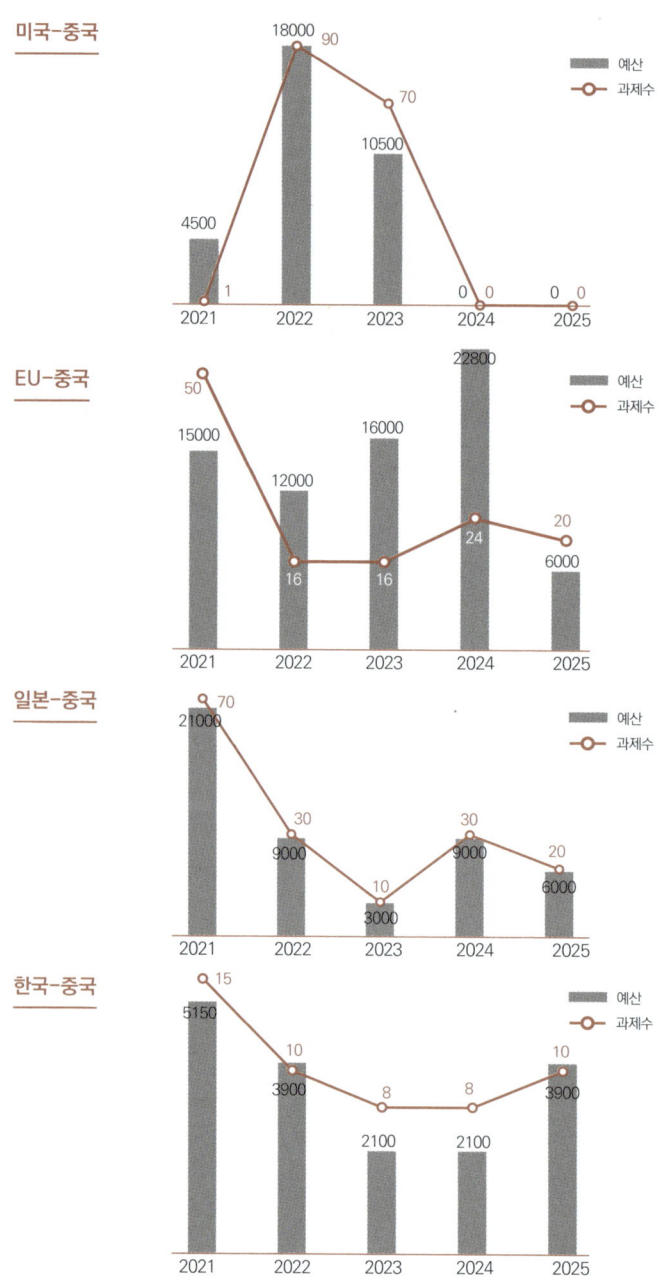

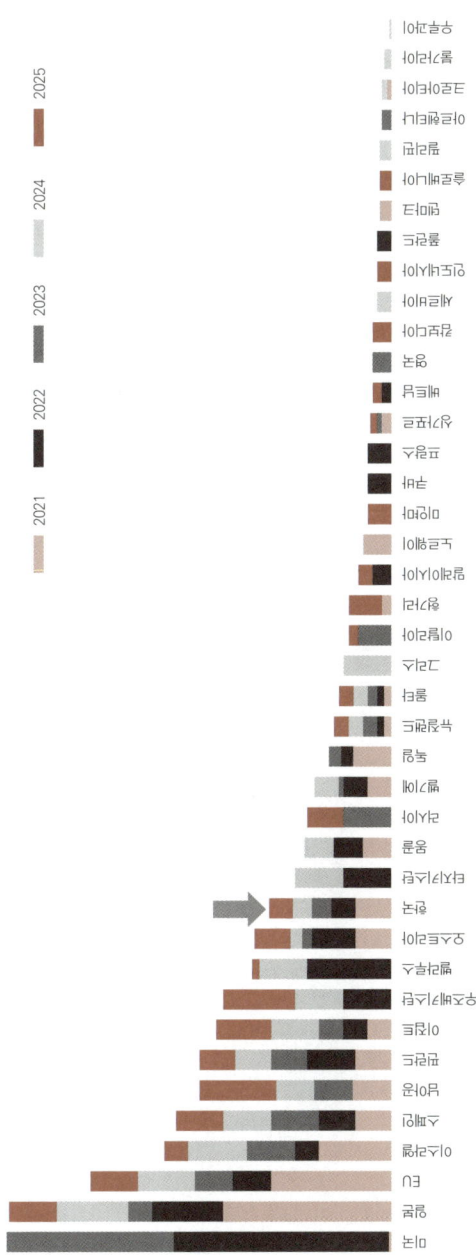

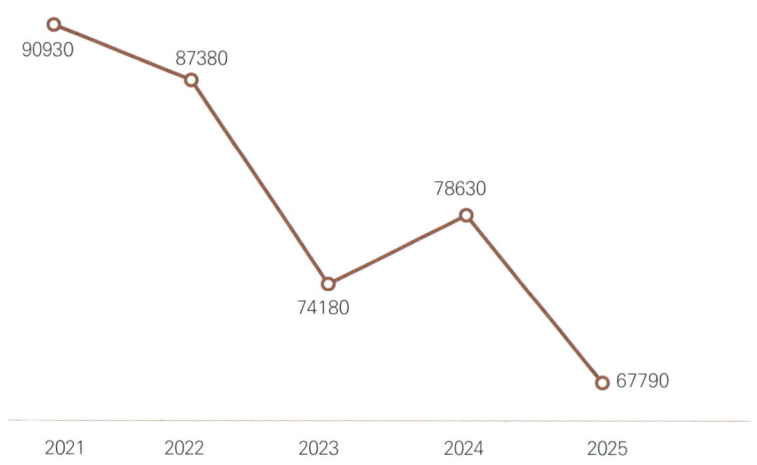

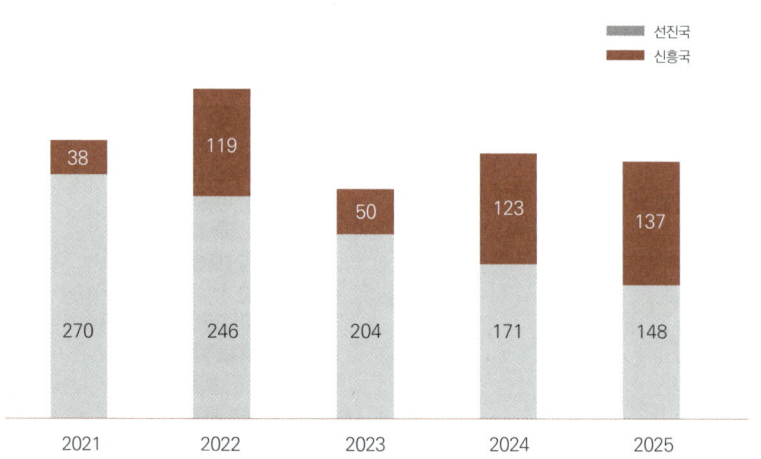

중국의 국제과기협력 모델

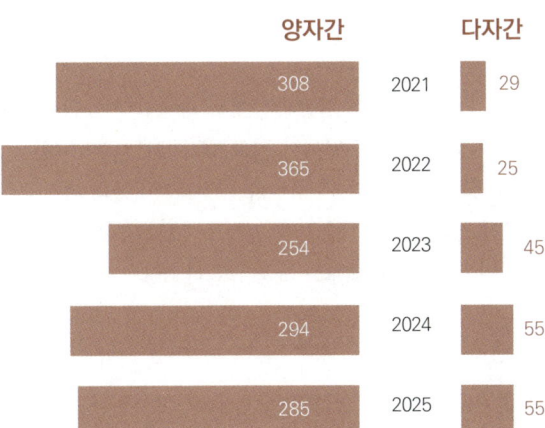

	양자간		다자간
2021	308		29
2022	365		25
2023	254		45
2024	294		55
2025	285		55

저자 소개

박진서

KAIST 경영과학과를 졸업한 뒤 고려대 과학학협동과정에서 과학관리학 석사 및 박사 학위를 받았다. 한국과학기술정보연구원에서 글로벌R&D분석센터 센터장을 역임하였으며, 「학술논문 데이터로 바라 본 부실학술지 게재비중의 국가별·분야별 비교」(2019), 「글로벌 미·중 과학기술경쟁 지형도」(2021), 「인공지능반도체 및 전고체배터리 글로벌 경쟁 분석」(2023) 등을 발표하였다.

김종선

KAIST 화학공학과에서 박사 학위를 받았으며 일본의 화학기술전략추진기구 연구원, 국가과학기술자문회의 연구위원, 한중과학기술협력센터 센터장을 거쳤다. 현재 북한연구학회 부회장, 과학기술정책연구원 선임연구위원으로 활동하고 있다.

김창현

연세대학교 경영학과 학부 및 대학원을 거쳐, 미국 UNC-CH(University of North Carolina at Chapel-Hill)에서 MBA 및 박사 학위를 받았다. LG경제연구원에서 책임연구원으로 컨설팅 및 연구활동을 수행했다. SMU(Singapore Management University)를 거쳐 현재 CEIBS(China Europe International Business School)에서 전략분야 부교수로 재직중이다.

황명중

POSTECH에서 학사 및 박사 학위를 취득하고, 독일 Ulm University에서 박사후연구원으로 근무하였다. 현재 Duke Kunshan University 물리학 종신교수로 재직중이다. 주요 연구분야는 양자정보 및 양자광학 이론으로, 초전도 회로와 이온트랩 기반의 양자컴퓨팅 플랫폼을 활용한 양자기술 구현에 대한 연구를 중점적으로 수행하고 있다.

김정식

영국 버밍험대학교 공과대학에서 박사 학위를 받은 후 Imperial College London, Loughborough University 등의 교수 활동을 거쳐 현재는 북경항공항천대학에서 고온형 연료전지와 수전해 기술 연구를 이어가고 있다. 보유한 수소 센서 특허를 바탕으로 활용처를 넓혀가며 수소 시장 형성과 기술이전에 관심이 있다.

김종명

서울대학교 화학과를 졸업하고 미국 UC 버클리에서 화학 박사 학위를 받았다. 이후 UC 버클리와 노스웨스턴대에서 박사후연구원으로, 일본 교토대에서 조교수 및 부교수로 근무했다. 2017년부터 중국 상하이과기대학에서 부교수로 재직 중이며 2023~2024년 재중국한인과학기술자협회 회장을 역임하였다.

정용삼

배재대학교에서 유전공학을 전공하고 미국 캘리포니아주립대-데이비스(UC Davis) 수의대 비교암생물학센터를 거쳐, 중국 난징농업대학 수의대 정교수로 재직 중이다. 중국 장쑤성 노동영예훈장을 받았으며, 중국 장쑤성 및 산둥성 외국인 전문가 워크샵에서 수석과학자로 활동하고 있다. 주요 연구분야는 세포공학 기술과 바이러스학을 기반으로 한 산업동물의 감염성 질병 백신개발 연구다. 현재 재중국한인과학기술자협회 회장을 역임하고 있다.

김은유

연세대학교 생물학 박사 학위를 받고 동 대학 박사후연구원 및 연구교수로 재직 후, 중국과학원 분자식물과학 우수연구센터(CEMPS)에서 부연구원으로 근무했다. 현재 Duke Kunshan University 생물학 조교수이자, 한국 기초과학연구원(IBS) 유전체교정연구단(CGE)의 초빙 그룹리더로 활동 중이다. 주요 연구분야는 식물 분자생물학, 환경스트레스 적응 유전체학, 미세조류 기반 기후기술 개발이며, 2024년에는 중국 장쑤성 고급인재로 선정되었다.

김성수

성균관대학교 물리학과를 졸업한 후 미국 플로리다대 물리학 박사 학위를 받았다. 스웨덴 찰머스공과대학교, 벨기에 브뤼셀자유대학교, 한국 고등과학원(KIAS)에서 연구 활동을 수행했으며, 현재는 중국 청두시에 위치한 전자과기대학에서 교수로 재직하며 고에너지 이론 물리학 분야의 연구와 후학 양성에 매진하고 있다.

김장용

고려대학교 전기공학과를 거쳐 스웨덴 왕립과학기술대학교(KTH) 마이크로전자 및 응용물리학과에서 전자공학 박사 학위를 받았으며, 현재 시안교통리버풀대학교(XJTLU)에서 부교수로 재직 중이다. 유럽 7개국의 10개 학술 기관에서 박사후연구원 및 책임연구원으로 근무했다. 주요 연구분야는 세라믹 합성, 박막 성장 기술, 마이크로 및 나노 소자 제작(MEMS/NEMS) 등을 포함 한 다양한 응용 분야에 활용되는 첨단 기능성 박막 소재 개발이다.

정다훈

서강대학교 중국문화학과 정치외교학을 전공한 후 예일대학교에서 동아시아학 석사, 북경대학교 국제관계대학원에서 외교학 박사 학위를 받았다. 현재 서강대학교 사회과학연구소 선임연구원으로 재직 중이며, 중국의 우주산업정책과 미중 전략경쟁을 주제로 연구하고 있다. 주요 연구로는 「중국 우주산업 생태계: 미중경쟁과 군민협력체계의 역할」(『동서연구』, 2025), 「중국 우주경제: 미국제재 이후의 변화와 성장(2011-2023)」(『국제지역연구』, 2024) 등이 있다.

오종혁

대외경제정책연구원(KIEP)에서 전문연구원으로 중국 디지털 경제, 반도체 산업 등을 연구 중이다. 대만 중화경제연구원(CIER)에서 방문학자를 역임하였으며, 대외경제정책연구원 북경사무소, 대통령 직속 북방경제협력위원회 등에서 근무하였다.

백은혜

포항공과대학교 전자전기공학과를 졸업하고 독일 드레스덴공과대학교에서 소재과학 박사 학위를 받았다. 중국 칭화대학 박사후연구원을 거쳐 현재 연구조교수로 재직 중이다. AI 반도체를 이용해 사람의 뇌를 모방하는 컴퓨터를 개발하는 연구를 진행하고 있으며, 관련 성과는 『네이처 일렉트로닉스』에 두 편의 논문으로 소개되었고 다수의 특허도 출원 및 공개되었다.

조은교

중국 북경대학에서 경제학 박사 학위를 받고 산업통상자원부 사무관을 거쳐 산업연구원 중국연구팀장으로 재직 중이다. 주요 저서로는 『미중 경쟁에 따른 중국의 AI 혁신전략과 우리 산업의 대응』, 『한중 첨단산업의 공급망 구조 변화와 우리의 대응전략: 반도체·배터리·의약품을 중심으로』, 『미국의 대중 반도체 수출통제에 따른 중국의 공급망 영향과 시사점』 등이 있다.

백서인

중국 칭화대학 정밀기계 공학사, KAIST 기술경영 공학 석사 및 공학 박사 학위를 취득했다. 과학기술정책연구원에서 부연구위원 및 과학기술외교안보단장으로 근무하였으며, 현재 한양대학교 ERICA 글로벌문화통상학부 조교수, LIONS 자율전공학부 학부장(인문사회계열)을 맡고 있다. 현재 현대중국학회 과학기술분과위원장, 한중사회과학학회 디지털경제분과위원장을 맡고 있다.

정지현

한양대학교 국제학대학원을 거쳐 중국 사회과학원에서 경제학 박사 학위를 취득했다. 현재 대외경제정책연구원(KIEP) 중국팀장을 맡고 있으며, 2018~2019년 KIEP 북경사무소장을 역임했다. 한중 경제무역관계, 중국의 디지털/그린 전환과 공급망, 중국 혁신생태계, 중국 지역경제 등에 대해 연구하고 있다.

김성옥

중국 사회과학원에서 경영학 박사 학위를 받고 2012년부터 정보통신정책연구원에서 중국의 디지털 기술·산업 동향과 정책, 혁신생태계와 스타트업, 플랫폼 산업 동향과 정책 등을 연구하고 있다. ICT 기업 글로벌 진출 활성화 방안 연구, 중국 유통 플랫폼의 글로벌 확장과 대응방안 등의 보고서가 있다.

김상배

서울대학교 외교학과를 거쳐 미국 인디애나대학에서 정치학 박사 학위를 받았다. 서울대학교 정치외교학부 교수로 교육과 연구를 진행하고 있으며, 한국국제정치학회장, 한국사이버안보학회장, 정보세계정치학회장을 역임했다. 주요 저서로는 『미중 디지털 패권경쟁: 기술-안보-권력의 복합지정학』, 『아라크네의 국제정치학: 네트워크 세계정치이론의 도전』 등이 있다.

이승주

현재 중앙대학교 정치국제학과 교수이며 사회과학대학 학장이다. 싱가포르국립대(National University of Singapore) 정치학과 교수를 역임했다. 현재 동아시아연구원(East Asia Institute) 무역기술변환연구센터의 센터장, 양자전략위원회 민간위원, 외교부 경제안보외교자문위원회 위원으로 활동하고 있다.

김준연

현재 한중과학기술협력센터장으로 근무 중이다. 한양대학교 국제학대학원에서 중국의 기술추격으로 박사 학위를 취득한 후, 정보통신산업진흥원과 SW정책연구소 산업제도실장, 외교부와 행안부의 자문위원 등을 역임했다. 주로 AI 등 디지털기술 혁신과 중국의 전략을 탐구하고 있다.